当代人工影响天气原理与方法

刘晓莉　王玉莹　陈景华　编著
邹嘉南　陈　倩　蒋　惠

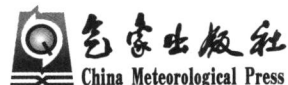

内 容 简 介

在现有国内外人工影响天气相关书籍的基础上，本书围绕人工影响天气的基本科学原理，作业技术手段，云降水宏、微观探测技术，数值模拟手段在人工影响天气中的应用及人工影响天气的效果评估和业务系统等内容进行介绍。第 1 章主要介绍了人类科学人工影响天气的起源及人工影响天气早期一些具有代表性的试验计划；第 2 章介绍了人工影响天气基本科学原理及无意识人工影响天气；第 3 章的内容围绕人工催化过程中常用的催化剂及催化工具展开；第 4 章和第 5 章分别介绍了云降水观测及数值模式在人工影响天气中的应用及发展概况；第 6 章介绍了人工影响天气效果评估的主要方法和手段；第 7 章对于人工影响天气业务系统的组成及运行进行了介绍。

本书可作为本科生、研究生教学使用，也可供从事相关专业的业务人员参考使用。

图书在版编目（ＣＩＰ）数据

当代人工影响天气原理与方法 / 刘晓莉等编著. ‒‒ 北京：气象出版社，2023.4（2024.5重印）
　ISBN 978-7-5029-7936-2

　Ⅰ．①当… Ⅱ．①刘… Ⅲ．①人工影响天气－研究 Ⅳ．①P48

中国国家版本馆CIP数据核字（2023）第041415号

当代人工影响天气原理与方法
Dangdai Rengong Yingxiang Tianqi Yuanli yu Fangfa

出版发行：气象出版社	
地　　　址：北京市海淀区中关村南大街46号	邮政编码：100081
电　　　话：010-68407112（总编室）　010-68408042（发行部）	
网　　　址：http://www.qxcbs.com	E-mail：qxcbs@cma.gov.cn
责任编辑：黄红丽　林雨晨	终　审：张　斌
责任校对：张硕杰	责任技编：赵相宁
封面设计：地大彩印设计中心	
印　　　刷：三河市君旺印务有限公司	
开　　　本：720 mm×960 mm　1/16	印　张：12.5
字　　　数：252 千字	彩　插：1
版　　　次：2023 年 4 月第 1 版	印　次：2024 年 5 月第 2 次印刷
定　　　价：48.00 元	

本书如存在文字不清、漏印以及缺页、倒页、脱页等，请与本社发行部联系调换。

前 言

南京信息工程大学(前身为南京气象学院)是我国较早开设人工影响天气专业及人工影响天气课程的单位之一。在多年的本科、研究生人才培养中,南京信息工程大学大气物理专业向业务单位输送了大批人工影响天气领域专门人才。

教学团队以往多基于国内外云降水物理、人工影响天气相关专业书籍及课程小组讲义开展教学工作。在教学过程中也暴露出一些亟待解决的问题。人工影响天气既有其科学原理,也有其特殊的技术方法和手段;既要考虑对云、降水宏微观特征的综合观测,也要借助数值模拟手段,还要对作业效果开展综合、客观的评价;还包含业务组织、实施相关内容,可谓包罗万象。此外,伴随着观测和计算机技术的飞速发展,人工影响天气的理论和技术也在不断地发展。伴随着这门学科的不断发展,对人工催化过程和对云降水过程影响机理的科学认识也在不断深入,人工催化的技术水平及有效性也在不断发展。因此,在人工影响天气相关的教学过程中或者参考书中,一方面需要对该学科众多知识点组织得更为系统化,帮助初学者更快地认识到其中精髓;另一方面需要结合学科和认识的发展,对理论体系和催化技术手段进行内容上的更新。

基于以上考虑,南京信息工程大学大气物理系人工影响天气课程小组的主讲教师分工合作、结合自身科研教学专长,整理得到一本我们认为适合于高校本科、研究生专业学习及业务人员参考使用的专业书籍。在本书编写过程中,很多内容借鉴了国内外人工影响天气领域的相关专业书籍及学术论文,内容设置上以方便读者学习为主。在第 7 章内容的撰写中,获得了中国气象局人工影响天气中心提供的大量宝贵资料与素材,在此诚挚致谢。

本书第 1 章、第 2 章第 1—5 节和第 6 章由刘晓莉博士编写完成;第 3 章由邹嘉南博士编写完成;第 4 章第 2—5 节和第 7 章由王玉莹博士编写完成;第 5 章由陈景华博士编写完成;陈倩博士和蒋惠博士分别完成了第 2 章第 6 节和第 4 章第 1 节内容。因编写者水平有限,特别是业务经验的欠缺,使得本书内容在深度和广度上还存在一定不足,在此深感抱歉,并恳请各位同仁能对书籍中的不足给予批评指正。

刘晓莉

2022 年 12 月

目 录

前言
第 1 章　绪论 (1)
  1.1　人工影响天气发展的历史进程 (1)
  1.2　国外人工影响天气最新研究进展 (4)
  1.3　我国人工影响天气的发展概况 (4)
  1.4　人工影响天气活动初期有代表性的计划 (8)
  1.5　人工影响天气两种不同的研究方法 (14)
  1.6　政策的起落 (17)
  1.7　人工影响天气研究——从黑箱到物理过程链 (18)
第 2 章　人工影响天气基本科学原理 (20)
  2.1　人工影响冷云降水 (20)
  2.2　人工影响暖云降水 (29)
  2.3　人工防雹原理 (34)
  2.4　其他人工影响天气的原理和方法 (40)
  2.5　人工影响天气的环境效应 (47)
  2.6　气溶胶-云-降水相互作用研究进展 (48)
第 3 章　人工影响天气催化剂及催化技术 (56)
  3.1　冷云催化剂 (56)
  3.2　暖云催化剂 (62)
  3.3　催化剂运载工具 (63)
第 4 章　云与降水物理探测在人工影响天气中的应用 (72)
  4.1　云室介绍 (72)
  4.2　地面观测介绍（雨滴谱，冰雹谱） (78)
  4.3　机载平台介绍 (81)
  4.4　遥感探测 (88)
第 5 章　数值模式在人工影响天气中的应用 (101)
  5.1　模式动力框架介绍 (101)

5.2 云物理参数化方案介绍 …………………………………………… (103)
5.3 分档方案介绍 ……………………………………………………… (106)
5.4 人工催化方案介绍 ………………………………………………… (112)

第6章 人工影响天气的效果检验 ………………………………………… (114)
6.1 概述 ………………………………………………………………… (114)
6.2 人工影响天气效果的统计检验 …………………………………… (126)
6.3 人工影响天气效果的物理检验 …………………………………… (149)
6.4 人工影响天气效果的综合评价 …………………………………… (157)

第7章 人工影响天气业务系统 …………………………………………… (160)
7.1 人工影响天气业务系统的组成和功能 …………………………… (160)
7.2 人工影响天气业务系统的应用现状 ……………………………… (168)

参考文献 …………………………………………………………………………… (177)

第1章 绪　论

　　人工影响天气,是基于对自然云物理结构及降水机理的科学认识,实施合理的人工催化,促使云和降水过程朝着人类希望方向发展的活动。人工影响天气,既有其科学基础,也有其技术方法。早期由于人们对云、降水现象的规律性了解不多,人工影响天气的良好愿望终难实现。

　　19世纪30年代以前云物理的探测、实验和理论研究有了一定积累。Kelvin(1870)推导出纯水胚滴表面平衡水汽压与其曲率关系的理论公式。Aitken(1881)发明了爱根核计数器,并证实云雾滴中含有凝结核。Köhler(1925)发展了吸湿性核的核化理论并证实了海盐核在成云致雨过程中的重要性。

　　挪威学者Bergeron(1933)根据德国Wegener(1911)在《大气热力学》一书中关于冰晶水滴共存,水滴蒸发和冰晶凝华增长的明确论述,提出了冰水混合云的降水理论。德国学者Findeisen(1938)进一步扩充和完善了这一理论,为解决冷云降水机制奠定了坚实的基础。现在常把这一理论称为Bergeron-Findeisen理论,该理论开创了现代云物理研究的先河。1938年,Houghton指出,在无冰晶的云中,云滴增长初期滴谱偏窄,产生降水的原因在于大、小水滴不同落速引起的碰并,并提出大滴的形成可能由吸湿性巨核产生。

　　此后,美国最早的诺贝尔奖获得者Langmuir(1948)提出大滴破碎连锁效应的假设,对降水形成理论做了进一步的补充。1955年Telford在云滴碰并增长中引入"随机碰撞"概念和理论,使云滴谱的拓宽速度趋近于自然云过程。至此,为解决暖云降水机制奠定了基础。

　　美国Schaefer(1946)和Vonnegut(1947)在实验中分别发现干冰和碘化银可以作为高效的冷云催化剂,在过冷云雾中产生大量冰晶,才真正开创了人类科学人工影响天气的新时代。

1.1　人工影响天气发展的历史进程

1.1.1　冷云催化剂的发现

　　作为最有效的播云催化剂(干冰和碘化银)的发现过程有些偶然和巧合。20世纪40年代初，Schaefer在诺贝尔物理奖获得者Langmuir的指导下，在纽约通用电气公司实验室中从事过冷却水滴的冻结研究。1946年7月12日，为使云室进一步降温，Schaefer从保温箱中取出一大团干冰投入云室，立即在云室内形成浓密的小冰晶雾。这一偶然事例促使Schaefer发现干冰作为致冷剂可造成-40 ℃以下的低温，促使大量冰晶的形成。

在Langmuir的主持下，同年11月13日，在飞行员Curtis Talat驾驶的丽婴(Fair Child)单翼机的座舱里，Schaefer对美国马萨诸塞州(Massachusetts)西部格雷洛克(Greylock)山上空的一块过冷层积云上部播撒了3磅(≈ 1.36 kg)干冰，实施了人类首次对过冷云进行的科学催化试验。Langmuir在地面上观看了催化效果，播撒干冰5 min后几乎整个云层转化成雪晶并形成雪幡，雪幡降落约2000 ft(≈ 609.6 m)后升华消失。

几乎同时，Vonnegut也在通用电气公司从事成核过程的研究工作，受Schaefer实验的启示，开始关注冰的成核作用。当他了解到冰晶可在具有与它类似晶体结构的物质上核化附生接长之后，查阅《X光晶体手册》，定向寻找晶体结构与冰晶相近而不溶于水的物质，几经试验，于1946年11月14日发现纯度较高的碘化银作为成冰异质核的突出效应，可在过冷水滴云中产生大量冰晶。随后，Vonnegut还在碘化银烟剂发生法研究方面起到了先导作用，使碘化银作为有效催化剂能很快成功地应用于人工影响天气作业。此后，全世界开始大规模、持续地开展人工影响天气试验活动。

Schaefer和Vonnegut的伟大发现开创了人工影响天气的新时代。20世纪40—50年代，大量的科学实验和研究结果验证了人工影响天气理论的有效性，为理论向实践的过渡打下了良好的基础。

1.1.2 人工影响天气活动雨后春笋般地兴起

Schaefer第一次飞机播撒干冰造成云中产生雪幡的消息，立即在美国新闻界广为传播。随后在美国联邦政府主持下由通用电气公司联合美国陆军通信兵、空军和海军研究部组织实施《卷云计划》，当时的美国国家气象局也作为顾问参加。从1947年4月开始进行飞机在云中播撒干冰的试验，10月13日进行了首次人工影响飓风的尝试，在一个飓风云墙外围的薄层云中，沿一条160 km长的航线播撒了36 kg干冰，在Langmuir的积极参与下，1948—1949年先后在中美洲的洪都拉斯对热带云进行了飞机播撒干冰的消云试验(过量催化)和在新墨西哥对积云进行多次播撒干冰试验，并开始使用地面喷射碘化银烟的发生器进行所谓的周期化播撒(1949—1951年)。

Langmuir过分热情地鼓吹所谓"天气控制"，实际并不利于人工影响天气的正常发展。美国国家气象局不得不与之展开争论，并对公众舆论进行疏导，同时于1947

年8月做出反应,由自己主持进行两项短期的云物理计划以检验播云效果。经近两年实施的结果,虽未证实播云可产生明显的增加降水效果,但却从侧面证实了卷云计划的结果,即云体被播撒后出现明显的发展和变化。

20世纪50年代初期人工影响天气的不少项目受到了统计学家们的关注,并首次开始注意科学的试验设计。由美国国家气象局、陆军、海军和空军联合组成的以著名气象学家Petterssen为主席的委员会的指导下,实施了如下计划:

①由天气局主持的对与锋面和气旋相关的移动性云系的催化;
②在海军研究部主持下由纽约大学进行的对温带气旋的催化;
③由空军支持的芝加哥大学进行的对对流云的催化;
④消冷性层云和雾,由陆军通信兵工程实验室进行;
⑤冰雾物理研究,由空军主办,斯坦福研究所承担;
⑥暖性层云和雾的特殊作业系统,由 A. D. Little 公司根据与陆军签订的合同执行。

其间还开展了由Schaefer领导的以抑制闪电为目的的《天火计划》。这些计划几乎已涉及至今仍很活跃的所有人工影响天气领域。或许可以这样说,正是由于Langmuir在科学界和民众中享有崇高威望,加上舆论宣传,才使美国政府有关部门超常地投入大量物力财力支持云物理研究和人工影响天气的催化作业。

澳大利亚是世界上最干燥的大陆,大部分面积为沙漠,雨量稀少,人工催化降雨的设想对澳大利亚来说具有很大的吸引力。澳大利亚最早在1947年初就进行了对层积云的飞机播撒干冰作业。Kraus和Squires首先观测到播云使云体向上发展,导致了假设大量播撒干冰可引起低层对流云冰晶化,其释放的潜热提供了附加的浮力使云体上升,此即后来提出动力催化概念的最初构思。其后于1955—1959年实施了用碘化银进行播撒的斯诺伊山区计划,试验获得一定成功。同样严重缺水的以色列其播云活动始于1948年,并在1952年就开始在人工降雨试验中引进了随机化播撒的概念,为其后成功地实施人工降水随机分区窜渡试验奠定了基础。

据世界气象组织(World Meteorological Organization,WMO)的统计,目前有30多个国家每年进行着100多项的人工增雨、防雹和消雾工作。世界上一些国家和地区通过对层状云、地形云和积雨云的人工增雨原理和作业技术的大量、长期的科学研究,在确定人工增雨作业条件和效果的基础上,加强了人工增雨的综合监测和作业网建设,已将人工增雨作为抗旱减灾和水资源综合利用的重要业务,并长期坚持。

通过多年来的努力,人类对于自然云(雨、冰雹、雪)的微物理、动力和降水过程以及人为干预上述过程所造成的影响在认知上有了很大的提高。在美国、俄罗斯、以色列、乌克兰等国家的一些地区,通过长期深入的科学试验研究,掌握了当地云雨特点和相应的人工增雨技术,证实了具有增雨的效果,这项工作在一些地区已经作为长期业务开展。这些项目大都利用云水条件好的季节作业，增加的降水再利用水库、水渠等水利设施的调蓄输运，较好地开发了空中水资源。

国外从20世纪50年代起开始发展人工防雹技术，到现在先后有30~40个国家开展了人工防雹的减灾作业和试验研究。美国和俄罗斯等国通过对冰雹云结构和发展规律的飞机和雷达观测试验研究，提出了冰雹云形成和人工防雹的概念模型，俄罗斯还建立了有坚实科学基础的人工防雹作业业务系统。俄罗斯人工防雹主要采用火箭运载催化剂方式，并研制了自动化识别、决策和作业实施系统。美国、法国、德国等国还采用地面自动化燃烧焰剂的方式。南非近些年来开展了使用吸湿性烟弹对对流云开展随机催化试验。

我国自1958年在吉林省开展飞机人工增雨试验以来，为满足农业抗旱、缓解水资源短缺等社会需求和一些特殊的服务需要，全国各地陆续开展了人工增雨抗旱、防雹减灾等工作。现今，我国人工影响天气作业规模已跃居世界前列。

1.2 国外人工影响天气最新研究进展

经过人工影响天气和气象学者的多年努力，人们在云和降水系统发生、发展的物理规律、催化条件和催化潜力方面取得了进展，对许多科学前沿问题的理解有了进一步的提高，在一些方面取得很大成绩，例如新型催化剂成冰性能的成倍提高。最近用吸湿性物质在混合相云中催化的试验取得了令人鼓舞的成果，即通过延长降水云的生命期达到增加降水的目的。对冬季地形云的催化也取得了正效果。

近年来，利用室内实验、外场观测和数值模拟技术，对撒播成冰剂和吸湿性核分别影响冰相和暖雨过程，增加降水的物理原理、过程和技术的研究不断深入。中尺度和可分辨云尺度的数值模拟技术，已在人工影响天气云降水物理过程、催化机理和方法、作业方案设计、效果预测和检验的研究和应用中发挥了重要作用，数值模拟技术已成为人工影响天气的重要研究手段，发挥的作用越来越大。

过去几十年中，用于监测和模拟云降水、风暴系统物理过程的新工具、新手段也有了很大发展。装备云微物理和空气运动观测仪器的飞机、雷达、卫星、微波辐射计、风廓线仪、自动雨量站网以及中尺度常规观测网，已在人工增雨和防雹工作中得到日益广泛地开发和应用。可以处理大量数据的计算机和通信网络系统已普遍应用于人工增雨和防雹的设计、作业实施和效果评估。示踪技术为确定入云和出云的气流以及作为播云催化剂的冰核或吸湿性核是否已有效核化提供了新的途径。在人工影响天气试验和业务作业中，这些新的监测手段与技术的作用日益明显。

1.3 我国人工影响天气的发展概况

1956年1月毛泽东主席召开最高国务会议，讨论并通过《1956—1967年全国农业发展纲要》。其间,在讨论中央气象局涂长望局长汇报《气象科学研究 12 年远景规划》时,一致同意把人工降雨试验列入重点项目。毛泽东主席说:"人工造雨是非常重要的,希望气象工作者多努力。"

1956 年 10 月发布的《气象科学研究 12 年远景规划(草案)》中,提出了云与降水物理过程和人工控制水分状态的试验研究专题。从此把我国从未涉足的这一科技领域列入发展计划。

1958 年吉林省遭遇 60 年未遇的特大干旱。吉林省气象局受"人工影响云雾"文章的启发,提出要开展人工造雨,并在苏联专家的协助下,由吉林氮肥厂生产出干冰。1958 年 8 月 8 日首次在我国实施飞机在云中播撒干冰,8 月 8 日至 9 月 13 日以吉林市丰满水库为中心,共进行了 20 架次人工增雨试验,取得了不同程度的增雨效果。吉林省的人工增雨活动受到了中央气象局领导的关怀和支持,并委派有关部门领导和专家、科技人员赴现场考察和协助开展人工增雨试验。

为了缓解西北干旱和开发利用祁连山的冰雪资源,中国科学院地球物理研究所与甘肃省气象局、北京大学、中央气象局协作组成工作小组。1958 年 7 月下旬叶笃正、顾震潮进入祁连山实地考察人工降雨条件。8 月下旬至 9 月底在祁连山和兰州一带进行地面和飞机人工增雨试验,高山融冰化雪和河西水库减少蒸发的综合考察和试验,共开展了 18 架次飞行观测和播撒干冰、盐粉人工催化试验,播撒干冰后观测到云底出现雨幡或雪幡的人工影响效果。同时在飞机上用云物理探测仪器观测获取了云微结构的资料。

同年,科研人员在武汉、河北、南京、安徽、广东等地开展包括暖云和冷云人工增雨、消云等催化试验,从而大大加快了我国人工影响天气试验研究的步伐,开创了我国有组织的科学的人工影响天气活动。

1958—1980 年为第一个时期,处于外场作业规模不断扩大时期,同时结合作业对云、降水微物理结构、冷云催化剂制备方法、播撒装备、暖云催化剂核化机理等开始进行研究。1962 年以后,在"10 年科学发展规划"指导下,人工影响天气研究不断深入,研究领域不断扩大,开始对我国不同地区自然云的宏、微观特征有了初步认识,并对人工增雨的可能性、积云动力学以及暖云降水微物理学等问题进行了理论研究。在这一时期,采用区域回归随机试验方案的福建古田水库人工降水试验计划开始实施。中国科学院大气物理研究所组织几十名科技人员利用雷达、探空、闪电计数器,对山西昔阳和大寨进行有设计的人工防雹试验,对雹云资料和防雹效果进行了分析。在全国范围内逐步形成了一个基本上以"三七"高炮为主体的人工影响天气催化作业体系。但由于作业中存在一定盲目性,造成作业效益低、浪费多的现象。科技人员忙于外场作业,研究工作得不到保证,科技水平提高较慢,管理不严,作业中的伤亡事故时有发生。

1981—1987年为第二个时期。1980年底根据中央提出的"调整、改革、整顿、提高"方针，主管部门对人工影响天气工作提出了加强科学试验，大规模作业要慎重的调整意见。经过几年努力，无论在技术装备的引进和研制，还是在科学研究等方面都有了很大的改善和提高，同时缩减了作业次数和规模，减少了盲目性。就在这一时期，实施了我国范围大、参加单位和人员多、获得丰富成果的"北方层状云人工降水试验研究"科研项目。期间，利用引进的粒子测量系统（Particle Measuring Systems，PMS），于1982年改装了伊尔-14飞机一架，在我国北方多个省（区）进行了云微物理特征飞机探测。但由于未及时地对调整方针进行必要的解释和宣传，在部门内部产生了理解和认识上的不一致，放松了对人工影响天气的组织管理和技术指导，有些地方刮起了"下马风"，有些地区放任自流，造成了一些不应有的损失和反复。

1987年下半年开始进入第三个时期。在认真总结前两个时期的成绩和经验教训的基础上，国家气象局为了使人工影响天气工作正常开展，对一些政策性的提法做了必要的调整，制定了《关于当前开展人工影响天气工作的原则意见》（以下简称《原则意见》）。《原则意见》的主要原则为，积极慎重，稳步前进，强调人工影响天气由各级政府领导，加强科学研究，外场作业密切结合科学试验。在《原则意见》指导下，结合需求，逐步扩大作业规模，重视现代化建设、作业科学水平和效益提高，组织开展多项研究计划，建设人工影响天气试验和作业基地。从此，我国人工影响天气工作逐步走上健康发展的道路。

改革开放之后，特别是进入20世纪90年代以后，随着我国经济和社会的快速发展，在人工增雨解决水资源短缺、防雹减灾和提高重大灾害性天气的预测水平的巨大需求下，云降水物理和人工影响天气的研究和业务技术提高受到了极大的关注，科技投入明显加大。各地开展的以抗旱增蓄、防雹减灾、改善生态环境、扑灭林火等为目的的人工增雨（雪）作业，机场、高速公路、城市的人工消雾试验，以及保障大型社会活动的人工消雨和防雹作业试验等，均取得了积极成效，在某些领域也取得了明显的进展，主要表现在以下几方面。

（1）探测技术的提高

利用引进的云粒子测量系统（PMS）、多普勒和数字化天气雷达、卫星和自行研制的探测设备和技术（如地基和机载微波辐射计），开展了有关人工增雨和人工防雹的云降水结构、作业条件选择及其催化物理效果的试验研究；开始了云参数的卫星监测技术研究；研制了人工增雨和防雹的实时监测技术，大大扩展了探测范围、提高了探测质量和时空分辨率，并为人工增雨和防雹提供了更加丰富的资料，综合提高了人工影响天气的探测技术。

（2）催化技术的改善

人工影响天气工作在实验技术和催化作业工具上也取得了重大进展。对以碘化银为主要成分的复合核的成冰性能进行了系统研究,通过优选催化剂配方研制了新的高效碘化银焰剂,显著提高了成冰阈温和成核率,达到国际先进水平;研制了多种类型的焰剂式火箭、焰弹、飞机和地面发生器;开展了机载碘化银焰剂末端燃烧器催化设备的研制和液氮、液态二氧化碳致冷剂型催化设备的试验研究;开始了吸湿性焰剂的研制实验。这些新的催化剂和催化工具为提高人工增雨的作业水平和成效奠定了基础。

(3)云降水数值模式的应用

近年来,我国先后研制了一维、二维、三维的对流云和层状云数值模式,在物理机制和催化原理的模拟和预报方面取得了有特色的成果,并在完整、精细地考虑微物理过程参数化和层状云、冰雹数值模拟等方面处于世界先进水平。研制的云降水物理过程方案耦合到一些中尺度模式中,在人工影响天气研究中显示出优势。一些模式已开始应用于人工增雨和防雹的方案设计、催化机理研究和效果检验,起到了减少盲目性、增强科学性的作用。

(4)作业指挥系统的改进

随着气象现代化的发展,包括有信息监测、实时传输、数据处理和分析决策的省、市级人工增雨和防雹的作业指挥系统有了显著改进。其主要特点是云降水综合监测系统和计算机通信网络紧密联合,包括数值模拟等多项专家系统快速运行分析,可对云降水场的增雨潜力进行提前预测识别,科学决策,实时指挥作业,逐步减少了盲目性,提高作业的科学性。

经过 50 余年的不懈努力,我国初步建立了有中国特色的国家—省—地—县四级人工影响天气业务体系,初步建成了有中国特色的、以省级外场作业为基础的人工影响天气现代化技术体系,主要特点是以雷达、卫星、高空地面探测,中尺度云雨天气分析和云物理多项专用探测系统和通信计算机网络等组成联网,通过中心处理机,以包括数值模拟等多项专家系统实施业务运行,可对云场和降水场增雨潜力进行实时预报,实时指挥作业,杜绝了盲目性,提高了科学性。在业务技术方面,国家级主要提供全国人工影响天气业务技术指导、装备技术支持和跨区域作业协调;省级业务主要有业务管理,作业(飞机增雨)组织、指导、科研和技术开发;地市级业务主要有业务管理,指挥高炮、火箭作业,作业指挥系统开发;县级业务主要有组织实施高炮、火箭作业,装备管护、信息收集。人工影响天气业务基本形成了以下技术路线:

①依托天气气候预测预报、地面和高空观测、卫星和雷达实时遥感监测、部分运用云物理特种观测技术和设备以及数值模式等为手段的作业条件监测识别方法;

②以飞机、高炮、火箭和地面发生器等运载工具播撒人工冰核(碘化银)和致冷剂的作业催化手段;

③物理检验和统计检验评估相结合的作业效果评估方法。

目前，全国有 30 个省(自治区、直辖市)开展飞机、火箭、高炮、地面发生器等形式的人工影响天气作业，各地共租用增雨飞机近 40 架，投入高炮 7200 多门、新火箭发射架 4300 多部、小火箭发射架 1400 多部，人工增雨和防雹保护作业面积分别超过 300 万 km² 和 44 万 km²，人工影响天气从业人员达到 37000 多人。各地人工增雨防雹地方财政年总投入 4.5 亿元左右。人工影响天气作业效益也越来越高，受到了各级政府和广大人民群众的肯定和赞誉。

人工影响天气工作是一项复杂的系统工程，是一门综合性学科。我国是世界上人工影响天气活动规模最大的国家之一。党和政府高度重视人工增雨和防雹，作业规模逐年扩大，已基本形成一个覆盖全国关键地区的作业网络。国家一级的指导和协调显得非常重要，1994 年 10 月制定的"全国人工影响天气协调会议"制度，将有利于加强对全国人工影响天气工作的指导，对出现的重大问题进行协调和解决。

1.4 人工影响天气活动初期有代表性的计划

1946—1947 年美国进行的雷暴研究计划，是现代有设计的第一个大规模对积云对流进行综合考察研究的计划。它卓有成效，根据探测资料概括出气团雷暴生命史三阶段模式。这种探索研究方式后来逐步发展完善，形成了大气科学研究方法的一个鲜明特点，即组织大规模的有设计的综合性外场考察、研究、甚至包括施加人工影响的试验计划。在科学的人工影响天气活动初期，有预先设计、目的明确、通过试验获得一定效果的播云增雨、局地降水分布、抑雹、消雾、调制飓风等各个方面的计划达几十个，现将有代表性的计划概述如下。

(1) 白顶计划

"白顶计划"是一次在美国中西部(密苏里州)产粮区，受美国国家科学基金会支持对夏季对流云进行 5 年(1960—1964)的播云计划，要求通过播撒碘化银以触发或增强该地区夏季对流云降水，由芝加哥大学 Braham 指导。试验区以地基雷达为中心，半径为 100 km 的范围，按随机数排列成日期顺序进行随机化播撒，碘化银播撒率共达 2700 g/h。每一作业日选定一播撒航线，大致与风向垂直，沿试验区上风方一侧延伸 50 km，3 架飞机沿航线于平均云底高度(1200 m)在 160 km 长的播撒线各自来回飞行 6 h。适合播撒的选择标准以当日凌晨试验区附近各探空站的总湿度和 1200 m 高度的风况为参考。由当地 10 时至次日 02 时每 2 h 一次的气球测风资料计算碘化银烟羽从播撒航线向四周的传播范围，按浮动目标和控制区获得烟羽内外，催化日与非催化日的对比资料上试验区降水由雷达和加密雨量站网计算，雷达可确定雨形成的高度从而推断降水是由碰并或由冰晶诱发形成。

统计分析表明，播撒区比未播撒区雨量减少，即为负效应。从云物理学飞机探测资料发现，在试验区 $-5\sim-10\ ℃$ 高度范围自然云中冰晶的尺度为 $10\sim30\ \mu m$，浓度

为 10^4~10^5 个/m^3。说明原播云增雨的概念不成立，试验期主要降水为深厚的对流云，其中碰并效率较高，通过繁生过程冰晶浓度已达预期的播撒浓度，人工播云形成过量播撒。白顶计划是最早出现的通过随机化试验获证的产生负效应的播云试验。这一结果促使芝加哥大学研究组再回到研究自然云，并建立了有别于 Bergeron(贝吉龙)过程的另一种降水概念模式(Braham, 1985)。

(2) Climax 计划

Bergeron(1949)最早提出地形云能提供丰富的易受影响的云水资源。在美国西部山区通过播云可能增加降水 10%~15% 的早期试验的基础上，科罗拉多州立大学 Grant 在美国国家科学基金会的支持下，从 1960 年开始进行一项研究计划，即 Climax 计划，其主要目的包括：

① 人工影响地形云的可能性；

② 确定可播性的标准；

③ 为当地对地形云的催化提出具体的作业方法。

试验区在 Climax 附近山区，采用随机化方案，研究播撒在地形云中发生的物理过程。分两阶段 Climax Ⅰ(1960—1965 年)和 Climax Ⅱ(1965—1970 年)实施，后者基本上是对前者的独立重复。试验单元时间为 24 h，试验日根据试验单元预报降水超过 0.25 mm 时随机确定，碘化银发生器设置在山坡上，在试验日开始之前 0.5~1 h 开动，至试验日结束前 0.5~1 h 关闭。整个时段取决于当时的风速和离目标区的距离，以 20 g/h 的速率播撒。

两阶段中播撒日的实际降水量与可能凝结的云水量基本相当，表明野外播撒试验与云物理学期望值之间十分一致，按 Climax Ⅰ、Ⅱ 和 ⅡB① 资料，播撒降水量累计分别超过未播撒降水量 9%、13%、39%。本试验中首次提出按云特征的气象参数进行分层检捡，包括 500 hPa 温度(表示云顶温度)，700 hPa 的假相当位温、风向、风速。500 hPa 的温度 T_{500} 近似表示云顶温度，当 -20 ℃$<T_{500}<-11$ ℃时，播撒日降水量超过未播撒日占 75%，说明云顶温度可作为选择作业云的指标，这是播云"温度窗"概念的最早雏形。700 hPa 的假相当位温 θ_{se}^{700} 可综合表示云的热力和水分特征，当 308 K$<\theta_{se}^{700}<$327 K 时，播撒日降水量超过非播撒日占 70%，说明比较暖湿条件下在自然云中其凝结水形成率超过冰晶扩散增长耗水率，通过人工播撒冰核，利于降水形成中使云水转化成降水。凝结水形成速率与 700 hPa 风速 V_{700} 有关，当 12 m/s$<V_{700}<$14 m/s 时，凝结水形成速率最大。西南和西北气流几乎与 Climax 地区错综的山障垂直，因而产生显著的地形抬升，降水增率与统计显著性检验水平均有提高。统

---

① Climax 全部样本为 623，其中 Ⅰ(251)，Ⅱ(372)，ⅡB(296)属于 Ⅱ 中剔除上风方有其他单位播撒可能受影响的已播或未播的试验日的一个子样本集。

计分析表明,播撒引起降水增加主要是促使降水提前并延长降水时段,并非由自然降水时段内的降水强度变化引起。

Climax 计划在人工影响天气的历史上占有重要地位,它是少数在统计上具有显著性并在物理上获得解释的播云增雨成功试验之一。而且它标志着广泛进行播撒作业的开始。

(3) 大湖计划

美国大湖区严冬雪暴,常造成近湖岸工业区和运输干线受灾和损失,有人遂提出通过过量播撒进行人工影响,促使它主要通过扩散增长形成较轻的雪晶而非霰和雪淞来影响其降落速度,从而使大量降雪离开湖岸而深入内陆,引起地面降水的重新分布。

过量催化的观点最早是 Langmuir 提出来。Jiusto(1971)发现,云中水汽压从水面饱和减为冰面饱和时,云体才能开始完全冰晶化,此时的播撒率即为过量播撒率。播云试验在 1968—1972 年冬季(除 1970 年外)针对无降水的云系、自然降水云系和中等强度风暴进行,采用飞机播撒干冰或机载碘化银发生器或碘化银焰弹,通过雷达检测和飞机测量冰核,确信催化剂施放适当并在整个云体内有效地扩散。有些情况下达到了过量播撒的冰晶浓度要求(10^3 个/L)。因野外定量测量降雪率十分困难,虽未获得降水重新分配的测量结果,但多次观测到下风方阵雪的再分布。大湖计划是第一个以降水分布为目的、注重物理评价的非随机化试验。它对浅薄降水系统在冬季降水中的重要性及对其进行人工播云增雨的可能性进行了探索性研究。

(4) 狂飙计划

狂飙计划是迄今为止唯一的人工影响飓风的试验计划(1961—1983 年)(Willoughby et al.,1985)。最早对飓风云系进行播撒发生在 1947 年 10 月 13 日,卷云计划机组人员在美国佛罗里达州一个途经东北大西洋沿岸出海的飓风附近飞行,对飓风云墙外的薄层云播撒了 36 kg 干冰,目视发现原先密布的云层变成了散布甚宽的雪云,但不能证实其结构和强度有无变化。

由于每年飓风登陆造成重大经济损失和人员伤亡,1955 年美国增加飓风研究基金,随后建立国家飓风研究计划(National Hurricane Research Project,NHRP),1964 年改成国家飓风实验研究所(NHRL),1983 年成为大西洋海洋和气象实验研究所(AOML)飓风研究部(HRD)。狂飙计划就属于 NHRP 使命的组成部分,从 20 世纪 50 年代中期就利用飞机系统收集飓风资料。经美国海军和商务部天气局 1961 年 9 月 16—17 日对 Esther 飓风进行 2 次播撒并认为获得成功后(表 1.1),促使狂飙计划作为海军和商务部协作的共同计划。狂飙计划的催化原理归结为:影响飓风眼墙外的对流云体,播撒适量碘化银,促使外围发展与内云墙竞争水分,使外云墙扩大以减小内云墙的最大风力。

表 1.1　对飓风眼区附近云层播撒试验概况（Willoughby et al.，1985）

飓风名称	日期 (年.月.日)	作业次数	碘化银用量(kg)/弹数	部位	估计的最大风速变化 (%)
Esther	1961.9.16	1	35.13/8	云墙内	−10
Esther	1961.9.17	1	35.13/8	云墙外	0
Beulah	1963.8.23	1	219.96/55	眼不完整、未击中云墙	0
Beulah	1963.8.24	1	235.03/67	云墙内	−20
Debbie	1969.8.18	5	185.44/926	云墙内	−31
Debbie	1969.8.20	5	185.82/976	云墙内	−15
Ginger	1971.9.26	2	—	雨带云(无明显的眼)	不符合假设
Ginger	1971.9.28	4	—	雨带云(无明显的眼)	不符合假设

狂飙计划延续多年，由于有些年飓风太弱或无合适候选飓风或者离大陆太近或进入播撒范围前即已转向，至 20 世纪 70 年代初除对非飓风积云进行一些随机催化试验并获得一定成功以及对进入探测范围的飓风进行大量的观测研究、数值模拟和积云动力学研究外，实际上仅在 8 天内对满足假设条件的 4 个飓风进行了作业，其中有 4 天风力减小 10%～31%，其他影响日无效果，试验结果仍令人鼓舞，而且与假设和数值模拟预期的时机和强度比较一致。

随后美国海军中止其支持活动，同时民航飞机也接近飞行寿命，促使狂飙计划转向试验机会较多的美国太平洋沿岸并于 1976 年开始执行新的计划，飞机以及探测技术和仪器做了重大更新和提高，但相应的政策和法律方面的问题却扩大了，把试验移至西海岸并未达成国际协议。1977—1982 年对飓风 Anita, David, Frederic 和 Atten 作了大量的研究以期为新计划奠定物理基础。1983 年的 5 个飓风中无一符合作业标准的个例，故该计划只得终止。

整个试验致命的弱点是通过对未催化的飓风进行多次探测发现，飓风云墙中过冷水太少，冰晶甚多，而且在期望的催化所引起的变化与巨大的自然变异难以分辨。但也不可否认存在着科学之外的因素不能使试验继续进行。

(5)云动力催化概念和过冷孤立积云的动力催化

澳大利亚学者 Kraus 和 Squires(1947)在对悉尼附近的层积云进行干冰催化时，首次观测到播云使云体发展，从而提出大量播撒干冰假想可引起低层对流云冰晶化，其释放潜热提供附加浮力使云体上升。这就是后来发展的动力催化概念的最初的依据。1965 年开展的积云随机动力催化试验中，一次出动 6 架飞机分层飞行，催化前穿云一次,催化后穿云几次,如图1.1所示(Simpson and Dennis,1972)。

外场观测、数值模拟和统计分析综合结果表明,催化云的增长平均高于对比云1.6 km(显著性优于1%),其可催化度(数值模式预报的催化云顶高度与预报的未催化云顶高度之差)与实际催化效果相当一致。而且发现积云催化后的增长规律随云与其环境的气象条件而异,当对流层中部存在小的稳定的干燥层时,催化后将出现爆发性增长。

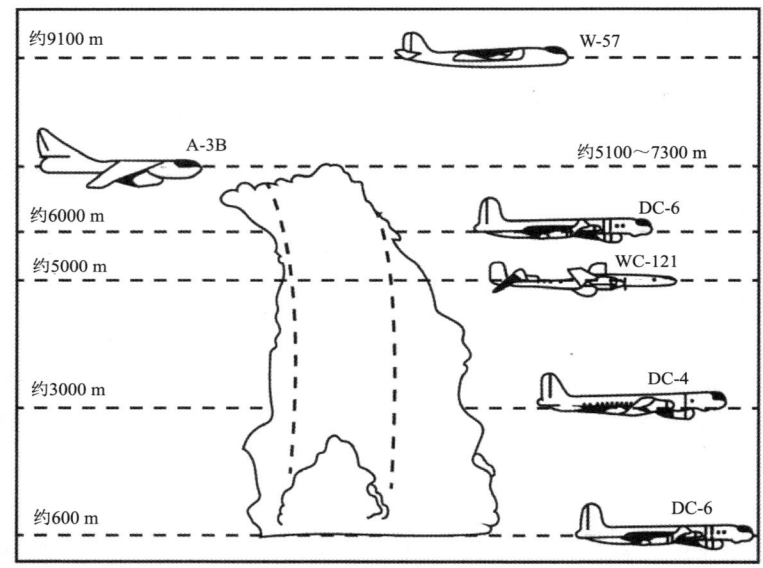

图1.1 单个积云空投焰弹随机催化和效果检测的实验方案设计
(Simpson and Dennis,1972)

为了确认积云催化后爆发性增长其雨量有明显增加,1968年和1970年在佛罗里达州南部开展了积云单体随机动力催化试验,用标定的10 cm雷达定量测定雨量,再次证实了积云催化后的爆发性增长,而且证实了催化后的降水量大大超过对比云的降水量,其增雨量与可催化性成正比。从而确立了作为与静力催化不同的动力催化概念。这些为其后的佛罗里达地区积云试验(FACE)的设计和实施奠定了基础。

20世纪50—70年代初期正是人工影响天气活动的迅速发展阶段,人们对"天气控制"寄予极大的热情,新的观念层出不穷,理论和实验以及外场试验相互促进,导致了人工播云的黄金时代,催化试验的领域迅速扩大,遍及地形云、积云、系统性降水的人工增雨、人工抑雹、抑制闪电、消雾、人工影响飓风等各分支领域,在数值模拟、人工

(6) 苏联高山地球物理研究所等研究单位的人工防雹方法

G. K. Sulakvelidze 等介绍(Elliott et al.,1978),苏联经过 20 多年的系统试验研究,早在 20 世纪 70 年代就提出了一套人工防雹机制的概念模型,并在苏联高山地球物理研究所、中央观象总台、外高加索水文气象研究所等单位的研究得到验证。当时有关方面的概略统计,在具备技术条件的前提下,苏联防雹作业可减少冰雹灾害 67%~80%。至今他们的防雹机理仍然能够反映当代防雹科学技术的现状。

以高山地球物理研究所为代表的防雹概念指出,云中上升气流随高度增加,最大上升气流出现在云的上部,其后上升气流开始减小,这种分布为过冷却雨滴在云体上部积累形成创造了条件。由于冰雹胚胎的形成是由于过冷却雨滴冻结的结果,由此而得出了人工防雹概念模型,并提出了冰雹形成及冰雹云识别所必需的大气层结条件。

苏联外高加索水文气象研究所(GHRI)(Lominadze et al.,1974)针对格鲁吉亚加盟共和国雹灾较严重的情况,从 1954 年起即开展雷暴和雹暴预报,1962—1965 年提出对雹云同时播撒碘化银和盐粉的试验,1966—1973 年大面积推广,最大防雹面积达 25000 hm^2。

该方法并非基于增加雹胚争食过冷却水分,而是促使积云暖区提前成熟形成降水,加速过冷区云水消耗。采用载盐防雹炮弹射入雹暴暖区近云底雷达反射率增强区的平均高度处,作为吸湿性核而把碘化银引入最大雷达反射率的过冷却云区,作为冰核。吸湿性核促使凝结增长增强,并通过碰并进一步增大,形成大滴提前成熟下落,使云水不会到达强上升气流区。为防止少量大滴在上升气流作用下进入过冷区,增强潜在雹胚的增长,在雹生长区引入的冰核(-6 ℃等温线高度以上)可使过冷水冰晶化,以减弱雹块增长。

碘化银引入稍晚于盐粉,其滞后时间取决于碘化银和盐粉播撒高度之间的厚度差,以使在少量盐核上增长后到达碘化银射入区再形成冰晶。

试验中在邻近作业区(对雹灾敏感易受灾的经济作物保护区)划定具有类似地理、气象条件的对比区,进行统计比较(表 1.2)。在保护区内受雹灾影响很小,造成少量灾害的原因有主观因素:忽视作业、作业迟缓或提前结束,因雹暴太强作业力度不足而失效;客观因素:雷达、火炮失效,供电中断、通信中断和空域不允许作业。由表 1.2 可见,成效是明显的尤其是 1972 年,雹灾既强持续时间又长,但防雹效果仍然成效明显。催化剂用量 1969—1973 年 5 年平均 NaCl 为 1027 g/hm^2,AgI 为 146 g/hm^2。

表 1.2 外高加索水文气象研究所防雹试验结果（1966—1973 年）（Lominadze et al. ,1974）

年份	保护区面积 (hm²)	工作日	作业次数	NaCl (kg)	AgI (kg)	保护区受灾面积(hm²)		对比区受灾面积 (hm²)
						由于组织技术原因	由于空域不允许	
1966	5000	2	7	26	10	0	0	—
1967	8000	23	80	422	210	178	0	2000
1968	11000	29	73	950	475	351	0	3700
1969	15000	24	95	1400	700	91	198	5020
1970	17000	36	95	1372	628	17	61	6211
1971	20000	36	124	1605	789	0	0	4177
1972	25000	57	192	2984	1474	91	0	7979
1973	25000	32	108	1556	675	200	0	3715

1.5　人工影响天气两种不同的研究方法

第一种学派以理论和实验方法著称，提出理论假设，对假设进行试验，包括采用数值模式，以便深入地了解其中的物理过程，最终目的是改善催化假设（何时、何处、如何进行播云）。例如受美国国家科学基金会支持由 Hobbs 主持的 Cascade 计划（Hobbs,1975）。

Cascade 计划（1969—1974 年）是华盛顿州立大学云物理研究组在华盛顿州离太平洋东海岸 225 km 处，近南北走向的 Cascade 山（喀斯喀特山脉）研究冬季云和降水的结构、形成降雪的物理过程以及人工播撒催化剂对云和降水的影响。采用机载云物理仪器和垂直指向多普勒雷达，配以项目齐全的地面高空探测系统，收集云、降水的动力学和微物理资料，对天气系统不同部位，人工催化前后的核、云和降水质粒的类型、浓度、淞附、聚合以及雪花中银离子含量等进行了仔细分析，用数值模式估计云顶催化质粒的轨迹，预报催化效果出现的时间和范围，并与探测资料比较分析。云体冰晶化的中间效应还可由云中出现的华、虹、彩光转化为晕、假日、日下晕等光学现象证实。通过对 56 个个例的探测分析，记录下从云至地面降雪各事件的物理过程链，总结了云系结构和形成降雪的物理过程并对人工影响效应进行物理变化评价。

为了使得在云内和地面降雪中易于检测播云效应，飞机在云中的播撒率较高，干冰为 250～1000 g/km，碘化银焰弹平均为 3～20 g/min，播撒期 1～2 h。测量表明当自然冰晶浓度小于 100 个/L 时，催化后冰晶浓度增加明显，最高倍数达 2 个量级；而自然冰晶浓度大于 1000 个/L 时，催化引起的冰晶浓度变化相对小。云内取样发现未催化的云，主要是浓度较小的大的淞附冰质粒和水滴，经过大剂量催化后转化为高浓度的小的规则的未凇附冰晶。地面降雪强度和雪粒形态变化与播云假设一致,在预报的催化效应时段内,降雪率增加,而且伴有雪粒形态的凇附率和聚合率的减少,雪中银离子含量出现比正常背景值多出 100 倍的情况,雪中冻结核浓度也明显增加。

    Cascade 计划中对地形云的高播撒率效应一般表现明显,可直接检测,在目标区的降雪也获得了多种影响效应的物理证据。通过有限的个例观测研究,虽不能得出普遍的结果,也难于估计整个实施播云计划所增加降雪的定量效益,但是此类详细的物理评价,基于对自然云和降水的综合探测和理论分析计算,试验结果支持预定的目标,即人工影响可以改变通过山障的降雪分布并增加降雪量。物理评价方法虽不能代替统计评价,但在研究不同类型的云和降水相应的具体播云技术方面具有重要的启示。有了这方面的基础,对其后开展播云的试验进行科学的设计和统计评价,思想上就会敏锐得多,至少可以避免走弯路。

    另一种学派为观测实验方法,它强调通过改进对催化云及其周围环境的观测和实验,深入了解播云产生的物理过程,但缺乏新颖的概念模式和试验假设。例如科罗拉多河流域播云试验计划(CRBPP)(Elliott et al.,1978)。

    科罗拉多河流域播云试验计划作为研究性试验与作业性计划之间的一个关键步骤,由美国农垦局主持,其主要任务是提供大范围地区作业性计划所增加的降水的技术评价,由科罗拉多州立大学 Grant 设计,采用 Climax 试验所制定的选择催化日标准和使用的播云作业技术,进行随机试验,在 San Juan 山区实施,历时 5 个冬季(1970/1971 年至 1974/1975 年)。

    在前 4 年统计分析显示对任何测站的降水的影响无显著差异的情况下,美国农垦局为了取得对自然云和催化云系统的物理特征深入了解以作为该试验统计结果的一种补充,与怀俄明大学签订合同,由该校于 1974/1975 年冬季实施详细研究 San Juan 山区上空内风暴的动力学和微物理过程以及人工催化潜力的计划。1974/1975 年冬季动用两架飞机,装备观测冰晶形状、尺度和浓度的粒子测量系统二维成像探头(PMS-2D),光学冰晶计数器,冰晶取样器,轴向散射云滴谱仪探头(ASSP),热线含水量仪,滤膜冰核取样器等云物理仪器,其他飞机测量仪器包括温度、露点、气压、航向、飞机定位、湍流能以及多普勒雷达和偏航风标用以测量水平风和垂直气流。地面布置 68 个雨量器网,2 个冰核计数站,随机个例研究时段每 3 h 一次探空,10~12 个高空测风站配合观测,分别对 12 次风暴进行了研究,详细分析了其中 8 个个例。

    通过综合分析认为,San Juan 山区大多数风暴其动力学过程和微物理结构具有与热力稳定度有关的 4 个发展阶段:早期的稳定阶段,气流的主体低于山顶,受阻而折向偏西方向,故越过山障仅产生小的垂直位移。云中液水含量低,冰晶浓度高,催化增雪的潜力很小,而且地面释放 AgI 很难到达云层高度;稍后为中性稳和度阶段,风暴加深,其典型尺度几乎可达整个对流层,在目标区上风范围出现明显的过冷云水,虽然含量仍小于其后的不稳定阶段,但轨迹分析表明此时播云可在目标区产生降水;随后为不稳定阶段,在山前地面形成辐合区,上空发展对流区出现对流云线,其中含水量最高,对流元中所含冰晶浓度低至 1/L,比其周围还低,故山前对流区为播云的最佳对象,而且地面辐合发展对流利于地面施放的催化剂被输送进入风暴影响目标区降水,关键在于作业计划中必须及时准确地分辨风暴的不稳定阶段,这可从上风方的探空中不难检测对流性不稳定层结,同时山前地面发展一水平辐合区可作为风暴进入不稳定阶段的标志;在山顶高度出现沉降,进入最后的消散阶段。

  风暴发展时,上层冷空气平流引起 500 hPa 温度降低,而干空气平流和高空下沉使云顶降低,故云顶在风暴的后期比其早期要暖。由于云顶温度和 500 hPa 温度变化的逆转关系,使得对一较暖的 500 hPa 温度判据要求,把风暴后期的不稳定阶段从统计试验中排除,而这恰恰是最适于催化的阶段,相反却把早期的稳定和中性阶段归入可催化的指标范围内,此两阶段催化潜力甚低,结果使播云效果趋于消失。CRBPP 的统计评价把播云无效归结为在作业中不能准确预报风暴特征,这里主要指云顶温度,而且通过事后分层统计认为一般支持 CRBPP 的设计判据,并发现在较暖的云顶($-9 \sim -29$ ℃)播云增雪的证据,而强烈不稳定条件播云并未增雪。此结论与由风暴动力学过程和微物理结构得出的风暴不稳定阶段具有最大播云潜力相矛盾,起因在于所采用的稳定度判据不同,前者采用基于地表气块上抬的潜在性不稳定来划分风暴周期,实际上是一种条件性不稳定,而且不考虑相应的气流场特征;后者采用对流性不稳定判据,同时考虑了地形和气流促使不稳定能量获得释放。同时,在 CRBPP 中所采用的播云判据和催化剂施放方法,不适合于大多数风暴的动力学结构和微物理特征。

  20 世纪 80 年代这两个学派之间的分歧进一步发展。理论/实验学派认识到对自然云中的降水过程的了解尚不完全,加入播云催化剂将使之更加复杂化,故他们致力于更多地了解自然云中的基本物理过程而较少包含引入催化后的影响。虽然这样促使了理论/实验方法在云、降水领域的研究更加深入,但在播云催化方面因投入太少而显示不出其威力。

  观测/实验学派虽然也致力于数值模式和对催化引起的基本物理过程的研究,而且较大型的云模式就是由于对催化的兴趣和支持所推动的,但理论色彩较少,或多或少地把播云作为一种实验科学,对未证实的科学假设并非情有所钟,因为他们总认为已确立了作业假设,实际上剩下的仅仅是单纯的外场作业。这样造成了人工影响天气领域缺乏新的概念模式和探索性的试验假设,业务技术也停滞不前。

  若理论/实验学派在播云领域中仍能保持积极态度和强烈的兴趣,则新的播云假设将会不断产生,外场试验也将深入持续地发展,而且观测/实验学派也能共同参与并不断吸取营养,获得共同发展,人工影响天气的实质性进展只有在理论探索和实验/观测的有效、紧密结合下方可实现。

在播云催化作为成熟的作业技术之前,仍有不少基本理论和工程技术问题需要回答和解决。人工影响天气发展的关键在于未来如何更多地在实践中检验和完善这些假设。只有对这些带根本性的问题较好地回答和解决之后,才能说人工影响天气是一个成熟的有生命力的技术方法。人类目前正面临着水资源缺乏的困惑,人工影响天气具有巨大的社会经济效益,我们既不能忽视,也不能分散力量"零敲碎打"地进行,需要具有国家或地区性决策意义下的重大攻关计划和实际措施。

1.6 政策的起落(Changnon and Lambright,1987)

二次世界大战后,为了发展农业生产和交通运输并从增加供水和保护人民生命财产不受损失出发,美国联邦政府把努力了解如何人工影响天气和开发天气资源潜力作为自身的职责。早期主要由军事部门为改善雾和低的层状云引起的能见度恶化而开展的研究。干冰和碘化银的催化作用被发现后,人工影响天气活动迅速发展,但随之在科学界内部产生争论。美国气象学会于1951年5月3日发表了关于人工影响天气的声明,这是该学会第一个有关人工影响天气的声明,基调是播云效果不大,影响范围也不大,强调要开展云物理研究。此事引起美国国会的关注,于1953年通过议案,成立天气控制咨询委员会(ACWC1954—1956),其成员包括农业部、商业部(天气局上级主管部)、国防部、内务部(农垦局上级主管部)和卫生教育福利部的部长或其指定代表,还包括私营公司代表,主席由总统任命,委员会的任务是对广泛开展的天气控制试验进行完整的研究和评价,以确定政府应开展、参与或管理以人工控制天气为目标的各种活动的深入程度。该委员会于1956年底向国会提出的报告,促使国会于1957年通过关于人工影响天气的法案,责成国家科学基金会(NSF)负责制定并支持和协调人工影响天气的试验和评价的规划,赋予其在联邦政府内对人工影响天气的指导责任。此法案1958年生效,从此开始了美国人工影响天气活动的新时期,从理论到实验以及外场试验的各个环节都获得经费支持和协调一致。在其后的10年中,在国家科学基金会主持下,科学基金会管理仍按传统方式稍作些变通,主要仍是促进基础研究。这样使人工影响天气的研究和试验的规划得以健康发展,理论、实验和外场试验密切结合互相促进。

在这期间联邦政府其他一些部门也都开展了人工影响天气的试验研究工作,但都主要偏重于技术应用。后来国会认为,这些联邦机构对人工影响天气活动已获得较好的开端,尤需国家科学基金会再行使指导职责,遂于1968年通过新的法令,对科学研究项目以外鼓励各联邦机构提出的试验任务,并要求相互协调。

实际上这是一项失当的决策,因为当时人工影响天气领域仍处于基础研究阶段,许多理论问题尚未解决。在这种方针指导下,各联邦机构自行其是,促使研究和发展转向外场应用技术试验,尤其是农垦局主持的计划,削弱了对云物理学和动力学的基础研究。

1968年国家科学基金会终止全美人工影响天气计划汇集的年报工作。并于1971年把人工影响天气的研究项目转向应用研究和技术发展的国家急需性研究理事会(RANN),同时把基金主要支持无意识人工影响天气——都市气象试验(METROMEX,圣·路易斯市,1971—1976),还承担抑雹研究的领导职责,致力于由国家大气研究中心(NCAR)设计和指导的国家冰雹研究试验(NHRE,在科罗拉多州北部,1972—1974)。1978年国家科学基金会所属的RANN对人工影响天气的兴趣逐渐淡薄,支持的经费迅速削减,而且又将重点回复到基础性研究。

在美国,20世纪70年代以来人工影响天气领域进展缓慢,未取得重大突破,与20世纪60年代后期联邦政府不适当地改变由国家科学基金会行使管理和指导的政策密切相关,导致了从注重试验研究很快转向以发展和应用为主,大量实施外场作业计划,有些计划缺乏严密的物理基础,主持人遴选不当或频繁更替,不注重物理和统计评价,从而出现无明确结论的结果,挫伤了资助机构和公众对人工影响天气热情支持的积极性。加上美国大部分地区原先的干旱基本解除,气候趋势有些转变,促使80年代联邦经费锐减,从20世纪70年代平均每年1600万美元减至1984年的800万美元,作业计划也从1979年的79个减至1985年的37个。在这种情况下人工影响天气最终未被列入20世纪80年代3个重点学科。

人工影响天气研究基金已从20世纪70年代中期峰值的每年19000万美元,减至90年代的每年500万美元。20世纪80年代末期兴起的"全球气候计划"可能部分地转移了人们对人工影响天气的重视和研究基金。1997年商业部、州/联邦计划的零平衡,人工影响天气研究计划经费仅每年50万美元。

相应的以色列政府也决定,终止已持续36年的人工增雨研究计划。由此说明人工影响天气研究试验工作,在一些主要国家(包括俄罗斯)已连续多年滑坡。当然世界范围的人工影响天气活动并未停止,美国每年仍有约40个作业计划,人工影响天气作业在全世界仍有22个国家和地区还在正常开展。我国人工影响天气作业和试验无论在深度和广度上仍有很大发展,并特别注意提高人工影响天气作业和试验研究的科学水平和社会经济效益。

1.7　人工影响天气研究——从黑箱到物理过程链

早期的随机播云试验,均属于所谓"黑箱试验",只规定输入(核)要确定输出(地面降水),系统中的过程演化一概不知。实际上催化播云有多种原理和方法。而播云的结果也可出现正、负、零效应,同时在程度上变化更大。单纯的统计试验,总结不出符合物理学原理的概念模式,即使像各种"播云窗"这类指标,也是试验的探测参数,并非直接催化效应的物理测定。

早在1966年美国科学院全国科学研究委员会(NAS-NRC)在评述报告中就提出,整个降水过程可分为多个次过程链,可对每一次过程之间的联系进行考察以说明催化的效应,该报告的主旨在于倡导加强物理与统计之间的联系,以改善对过程的了解和提高效果评价功效。但国家科学基金会并未着力实施。

以色列冬季过冷大陆积云人工降水试验Ⅰ(1961—1967年),在黑箱试验的同时,也对云系的物理特征进行平行的观测分析,但它并不属于针对基本概念进行统计试验的完整的组成部分,当然它有助于从物理上解释统计结果,使统计评价具有较好的物理基础。

20世纪60年代末,美国一些大气科学家开始注重物理评价,突破原先的黑箱试验,例如由Hobbs主持的Cascade山冬季云和降水性质及其人工影响的出色工作。通过大量个例探测,直接检测从云至地面降水的演变过程参量,但仍缺乏统计量,难以定量计算增加降水效益。

后期随着仪器设备和探测技术的迅速发展,有可能直接测定播云假设的物理过程演变链的响应变量,把物理机制纳入完整的统计设计之中,并作为其主要部分,实现从"黑箱"到"灰箱"进入"白箱"的转化。

美国高原试验(HIPLEX-1,1979—1980年)代表了首先试图从对假设的黑箱试验转向多重响应变量的统计试验,它是一种较为复杂的物理与统计紧密结合的物理效应统计检验(Smith et al.,1984)。它预先定义响应变量,通过随机试验进行探测验证,使我们可以更多地了解播云催化的整体物理效应。即使演变链之间有些响应变量联系较弱,也不会使整个试验失败,我们可以评价在哪一环节有失误,作些调整,仍可取得设计所要求的响应结果。因此这种形式的试验计划对播云概念模式的评价是十分有效的,而且可以充分运用数值模拟方法进行数值试验,使我们在大型野外试验之前处于主动和有利的条件之下。

类似于HIPLEX-1的直接测量物理过程演变链响应变量的试验,还有在南非进行的大陆积云催化试验(1984—1985年)(Krauss et al.,1987)和1987年在北达科他州西部催化作业计划中对浓积云播云催化剂示踪和降水发展过程的详细观测和数值模拟研究(Boe et al.,1992)。

近年来在探测技术和仪器装备方面有较大进展,播云技术和试验作业的设计和评价也在不断进步和深化,不少国家制定了宏伟的人工影响天气研究和发展的规划。相信在正确的政策指导下,加强国际交流和国内协调合作,促进理论和实验/探测之间的相互促进和健康发展,人工影响天气工作必定会走上迅速发展的大道,充分发挥其潜在的社会经济效益,其中WMO和类似于美国国际大气科学委员会(ICAS)这样的中介咨询机构,仍可起到积极的不可替代的作用。

第2章 人工影响天气基本科学原理

2.1 人工影响冷云降水

2.1.1 提高冷云过程的降水效率

冷云过程中降水粒子源于冰晶,冰晶可通过冰水转化效率较高的蒸-凝过程,在混合态云中直接长成雪晶,雪晶在下落中可通过与过冷云滴碰冻结凇增长,与其他冰晶碰连聚集增长,并可在暖区融化,再经重力碰并进一步形成较大雨滴。含有一定过冷水的云不降水或降水量偏少的原因,可能是云中缺少冰晶。综合探测资料,对自然冰核数浓度可取为 10^0 个/L($-20\ ℃$)。随着温度下降,冰核数浓度将呈指数增加趋势。相对于云顶温度偏高的云,自然冰晶数浓度就显得不足。

云的数值模式计算表明,为了通过蒸凝过程最有效地使冰晶消耗过冷云水而迅速增长,一般要求冰晶数浓度达 $10\sim100$ 个/L,当云中温度低于 $-25\ ℃$ 时,云中自然核化的冰晶数浓度一般低于上述数值。在这种情况下,播撒催化剂在云中增加冰晶,弥补云中冰晶数浓度不足,加速冰水转化,从而提前产生降水,提高降水效率。此概念列为人工增加冷云降水的最佳冰核数浓度对策,也称为"冷云静力催化"。这种播云方式,着眼于提高云中冰晶数浓度,借助云中"蒸-凝过程"发力,促进冷云降水过程,提高降水效率。

为了解什么样的冷云通过引入适量冰核可提高降水效率,20 世纪 60 年代,美国科罗拉多州立大学在 Climax 山区做冬季地形云人工增雨试验时,对降水效率和云顶温度的关系及播撒日降水量与云顶温度的关系进行了系统研究。从 623 d 随机试验资料分析得出,在云顶温度低于 $-20\ ℃$,实际降水量、潜在的凝结降水和经冰水转化所得降水基本一致。而高于 $-20\ ℃$,实际降水效率稍低,但经播云后的降水量仍与潜在的可降水量相当,降水效率升高。这一工作不仅论证了用提高降水效率的方法可以增加降水形成的有效性,而且可用云顶温度作为选择作业云的指标。20 世纪 70 年代,Grant 对 7 个不同地区的人工降水试验结果做了统计分析,按不同云顶温度分别得出各地播撒云和未播云平均降水量之比,发现其共同点是,当云顶温度处于 $-10\sim-24\ ℃$,播云都有效,峰值区位于 $-15\sim-20\ ℃$,称为"播云温度窗",作为选择可播性的重要条件之一。

2.1.2 层状云的静力催化

国内外大量观测表明,降水性层状云中的过冷水含量偏小。胡志晋等(1983)利用一维层状云模式计算表明,催化引入较多人工冰核后,除过冷水可转化为降水外,还可使部分冰面过饱和水汽转化为降水。图 2.1 给出在模拟 300 min 时,云厚 3500 m 的自然云和催化云中水面和冰面饱和比湿差($Q_{sw}-Q_{si}$)随高度的分布,它是冰水共存云中比湿差的极限值。图中也显示自然云和催化云可转化水汽的比较,催化云中水汽更接近极限值。其中可有量级在 0.1 g/kg 以上的水汽通过凝华转化为降水。

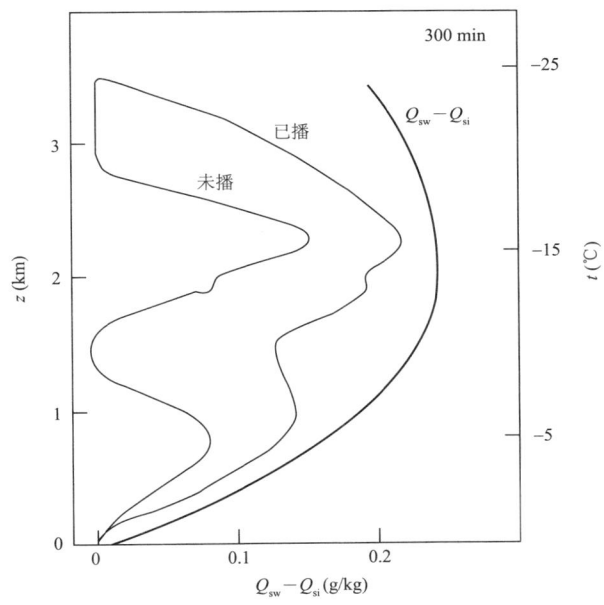

图 2.1 自然云、催化云可转化水汽与极限水面和冰面饱和比湿差($Q_{sw}-Q_{si}$)
随高度的分布(胡志晋 等,1983)

陈万奎和严采蘩(2001)通过飞机对稳定的过冷层状低云进行喷洒液氮,转化过冷水和水面与冰面的饱和水汽密度差 $\Delta\rho$(g/m³)的试验,发现背景过冷水含量最大值仅 0.118 g/m³,谱宽<32 μm。液氮催化后(207 s),云粒子谱宽增至 FSSP 的测量上限 47 μm。典型的 2~47 μm 粒子谱变化实测如图 2.2 所示。在这样短的时段内,层状云中通过凝结增长不可能形成这样大尺度的大量云滴,只可能是液氮低湿引起的同质核化形成的冰晶凝华增长的结果。按粒子谱计算含水量,即使按低限也超过背景含水量。由此给 $\Delta\rho$ 转化为冰晶含量提供了物理证据。

有关层状云的静力催化是否具有动力效应,Orville 等(1987)的云数值模拟结果

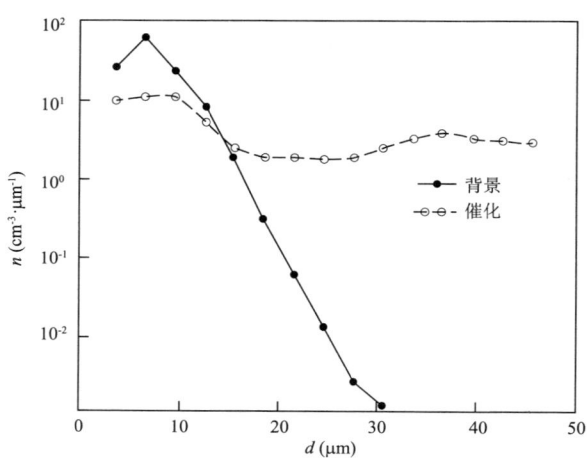

图 2.2　外场播撒液氮通过蒸凝过程和气($\Delta\rho$)冰转化的粒子谱变化(前后时间差 207 s)
(陈万奎和严采蘩,2001)

认为,对于处在热力稳定状态的层状云,静力催化使云体温度仅升高 10^{-1} K,最多只能引起很弱的嵌入对流,进而认为,用静力催化来增加层状冷云的降水是最常用的方法。

综合上述提高冷云过程降水效率的原理,可归纳成较全面的层状冷云人工增雨机制:在云体过冷却($-24\sim-10$ ℃)部位,播撒人工冰核或致冷剂,迅速形成数浓度为 10～100 个/L 的冰晶,既通过蒸—凝过程使云中过冷云水转化为降水,又使一部分冰面过饱和水汽通过凝华方式转化为降水,凝华潜热的释放导致云内空气增温和局部上升运动加强,促使云和降水的发展和持续。

2.1.3　积云的静力催化

积云发展到积雨云阶段,一般可产生有效降水,其降水形成主要通过冷云过程,但往往它的降水效率不高,具有人工催化提高其降水效率的潜力。以色列冬季过冷大陆积云人工增雨试验Ⅰ(1961—1967)和Ⅱ(1969—1975)曾是国际公认统计检验效果显著,并获得相应物理解释的"黑箱"试验。WMO 发起的"增加降水计划"(PEP,1979—1981),就是以以色列试验Ⅰ和Ⅱ作为蓝本,希望在世界范围内选址,各国共同参与试验,经证实后推广应用。正因为这项试验在人工影响天气历史上占有重要地位,20 世纪 90 年代受到 Rangno 和 Hobbs(1987)及其他学者的质疑,引起了对积云静力催化科学基础的重新认识。

随着 20 世纪 70 年代以来探测技术和仪器装备的迅速发展,相继出现了一系列物理和统计方法相结合的积云静力催化试验。其中包括美国高原试验,加拿大夏季积云试验,澳大利亚塔斯玛尼亚试验(含部分海洋层积云),我国福建古田水库人工降雨随机回归试验(含部分积层混合云和少量层状云),南非大陆浓积云试验和美国北达科他浓积云催化试验。

Cotton 等(1995)认为,近 50 年的催化试验统计结果表明,积云静力催化的"机会窗"的局限性越来越大。把催化的积云限于温度相对低的大陆性积云,云顶温度范围为 $-25\sim-10$ ℃,经夹卷和自然降水消耗后仍有相当多的过冷水。当年 PEP 经历选址、现场专访、天气气候规律研究和对云结构、演变及降水过程的飞机探测,预计在目标区(西班牙西北部河谷地带)若进行原定季节性大范围增加降水计划不可能成功,遂决定 PEP 未进入播云即宣布中止。从酝酿、立项到终止,经历了 7 年。但通过对静力催化可播性的探讨,明确提出云中过冷水必须超过规定的阈值,并能维持 10 min 以上,作为可播潜势的参数化判据,同时,还强调目标云碰并效率不高,属胶性稳定云。

下面通过简述以色列试验的全貌和南非大陆浓积云催化试验来概括和评述积云的静力催化。

(1)以色列人工增雨试验Ⅰ(1961—1967 年 11 月至翌年 4 月,共 6.5 个雨季):采用随机交叉试验,北区和中区两试验区,其间有过渡带。作业单元 24 h,催化指标:两区云顶温度<-5 ℃,云底≤2 km。飞机沿云底长 20~25 km 播撒 AgI-NaCl,同时在迎风山坡(地形抬升 800 m)设地面 AgI(碘化银)发生器协同作业。

(2)试验Ⅱ(1969—1975 年,6 个雨季):采用固定目标区/对比区,分南区和北区,按日历进行随机播撒,播云方法同试验Ⅰ。

统计(秩和检验)表明,两阶段区域平均增雨分别为 15% 和 13%,显著性检验水平优于 0.01。分层统计表明,云顶温度在 $-20\sim-15$ ℃时,增雨幅度最大,达 46%,显著性检验水平为 0.5%,而当云顶温度>10 ℃或<-21 ℃时,催化无效或显著度不高。催化除晴天外都有正效果,以小雨天气(≤2 mm/h)为最高,增雨 47.5%,显著度为 0.05。

从 1975 年 11 月起,北区试验中止,转为业务性作业。南区开展探索性试验Ⅲ(1975—1997 年)。Nirel 和 Rosenfeld(1995)截取作业时段(1976—1990 年),在所有雨日均播云,按历史期降水资料,进行回归分析,建立在目标区与对比区降水相关稳定性之上,双比统计播云效果表明,相对增雨 6%($\alpha=0.02$)。

显然 6% 的增雨效果远低于 15%~13%,当然仍位于统计值变化范围内,可能如此低的效率也与业务化作业减少平均播云时间 42%(每千米播云线航时)有关。

(3)南非大陆浓积云催化试验:试验设计类似于美国高原试验,但吸取了高原试验中云含水量和生命期均不足的教训,强调目标云中上升气流的作用,并规定最小云宽限值。试验先后于 1984—1987 年 3 个夏季在 Nelspruit 进行,试验单元选择半孤立的多单体风暴,对其边缘新发展的积云进行播撒。共考察160个风暴,其中94个满足选择判据,微物理图像分类、云底温度对500 hPa潜在浮力之比,排除可通过碰并产生降水的云体。播撒/未播=42/52,播云高度在-10 ℃层。试验结果为冰晶在-10～-8 ℃开始形成,主要出现在播云高度,降水主要由霰碰冻云水转化形成。霰的来源是冰晶凝华增长后进一步碰冻云滴淞附增长。同时,播撒AgI和干冰丸的比较表明,干冰(600 g/km)的催化效应比AgI(4 g/km)更明显。宽体云利于催化,考虑受夹卷影响,催化有效的云体存在一最低云宽。

试验的关键在于能否用雷达跟踪观测风暴,并从跟踪观测确定的时间起,对10 min内云体属性的变化及其变化率进行分析。结果表明,播撒与未播撒相比较,雷达测量的雨通量和风暴面积增长了4倍,作为证实性试验的第三个夏季的25个风暴中,10个催化,15个未催化。雷达检测除一例催化与未催化相比无明显变化外,其他9例测定的所有属性都证实播云产生了明显变化。但针对地面固定目标区的雨量分布特征未见述及。其后,Hudak和List(1988)对此试验做进一步分析时,发现只有热带气团的云,其顶温>-20 ℃才具有可播性,并估计其潜在的增雨相对比率为2%～15%。

我国福建古田水库人工增雨随机回归试验(1975—1986年),属于取得增雨率20%以上的统计学结论的成功试验,但在按云型分类回归分析中,积云的相对增雨率仅5.9%,而且显著性检验水平不高。

Braham Jr(1986)在总结美国白顶计划(夏季对流云催化试验,1960—1964年)失败于过量播撒而遭致减雨的负效应时,明确提出,在混态对流云中作为降水胚的霰的形成存在两种机制:其一是冰晶经"蒸-凝过程"增长随之淞附增长成霰;其二是Braham降水模型——云滴碰并增长形成毛毛雨滴,冻结后随之淞附转化成霰。两种机制在云内同时存在,但以哪种机制为主,决定于云底温度。一般认为,暖底积云中成霰以毛毛雨滴冻结淞附成霰机制为主。当然其他因子,如含水量、云滴数浓度、云厚、上升气流速度等也是重要因子。云底温度低于10 ℃,以冰晶蒸-凝增长结淞成霰为主。但由于地理气候区域的差异,此温度阈值可变化至9～14 ℃。后一机制在云顶较冷的夏季积云中出现机会较多,并已由雷达回波初始出现的高度所证实。同时,统计显著减少降水或引起降水再分布的那些播云试验,云中的毛毛雨滴冻结淞附成霰机制可能占优势。针对这两种云中成霰机制,人工催化方式显然应该有所不同,而如何识别和预报积云催化的不同可播性,却是很困难的事。

以色列对云的结构开展了飞机探测和卫星资料分析,发现决定云微结构的主要因子分别是沙尘、大陆性污染气溶胶、海洋飞沫的综合作用及云从海洋向内陆移动时发生的从海洋性云向大陆性云的变性。同时,根据三维中尺度模式对催化剂扩散的数值模拟表明,虽然播云判据按700 hPa的风向,经对以色列中部的探测发现一般是正确的(Rangno 和 Hobbs 对此也有非议),但广泛播撒的静力播撒方式命中效率甚低。要求在 -10 ℃层冰核数浓度>10～30 个/L,仅靠水平风和上升气流输送将受到很大限制。实际有效的冰核扩散既决定于播撒高度,也决定于云发展阶段。只有当飞机在上升气流核下播撒,才能到达有效的成核高度。改进的途径主要是运用雷达和飞机探测作出判断,采用火箭或飞机焰弹有效地保证催化剂直接进入发展中的上升气流区,并具有相应的数浓度。

2.1.4 积云的动力催化

积云动力催化与积云静力催化差别在于积云发展程度不同,播云策略不同,影响的物理机制也不尽相同。动力催化要求大量播撒冷云催化剂,冰晶数浓度应达到 10^2～10^3 个/L,使云中的过冷水大部分冰晶化。冻结潜热和凝华潜热集中释放,使云体温度明显升高,产生较大浮力,直接影响云及其环境的动力过程,延长云的生命期,甚至促进与附近积云的合并,加强低层辐合,增加云内水分凝结量,直到引发中尺度直接环流,明显地增加较大范围的降水。

积云动力催化概念,是 Simpson 等(1971)根据积云动力学研究,并建立一维模式,对自然云和催化云作了大量探测和数值模拟提出来的,经较为严格的试验设计和效果检验,对单个积云的动力催化试验获得了比较肯定的结论。但佛罗里达区域积云试验(FACE,1970—1978 年)针对目标区(1.37×10^4 km^2)大的积云复合体实施动力催化,原预计有大量积云塔迅速增长,产生积云合并,中尺度组织化,从而大量增加区域降水,但未能获证。虽然对 FACE 试验至今并未定论,但 Cotton(1986)曾总结指出,FACE 仍带有"黑箱"试验性质,过量播撒的净效应,开始时虽能促进催化单体发展,但对其后云和云系的发展有阻碍作用,原因在于催化使云体发展成熟,降水扫并馈云中的过冷水滴,使动力催化链中断。而且固定目标区面积大,不能使大量催化剂同时进入众多活跃的积云塔群,即使引用浮动目标的处理方法,也并不能解决催化云的发展对其邻近积云的抑制所造成的固定目标区降水增加受稀释甚至被抵消的问题。

1987—1988 年和 1989—1990 年夏季,在美国得克萨斯州西部,针对小的中尺度云团,随机决定催化(S)或模拟催化(NS),选择单元和单体的判据是:

(1)初始飞行采样,在穿飞区内要求单体含水量>0.5 g/m^3,上升气流≥5 m/s。

(2)在单元范围内催化(或模拟)时,至少有一些目标单体云顶温度<-10 ℃,无任何单体顶升达 10 km(地面以上)以上。

(3)选择时,在单元中心,距离雷达反射率≥50 dBZ 的积云体至少 40 km。

随机试验实施时,在云顶附近(5.5～6.5 km,-12～-8 ℃)下投 AgI 焰弹(每弹含 AgI 20 g)或模拟处理(不投焰弹),焰弹在云的上、中部自由下落 1 km。全部试验单体样本 183(90 催化,93 控制),播云增雨效应 S/NS=1.3,单体最大高度增加,前期 S/NS＝1.05,后期 S/NS＝1.14,催化与控制的单体面积和雨量随时间的计算值如图 2.3 所示(Rosenfeld and Woodley,2003)。显然 S 和 NS 于开始播云的 10 min 后,二者开始分离,S 明显超过 NS。

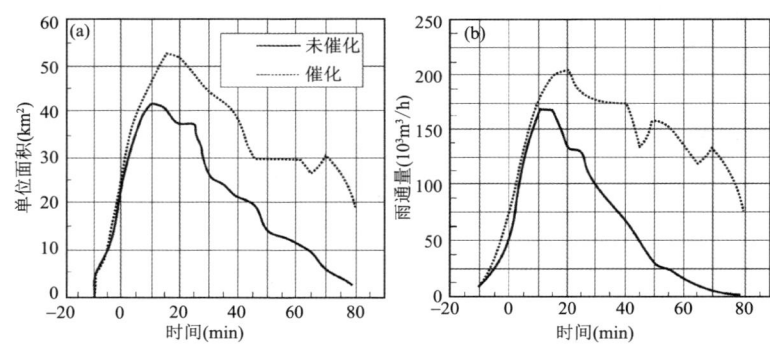

图 2.3 平均单体面积和平均雨通量随催化($t=0$)后的时间变化,零值表示云体已消散
(Rosenfeld and Woodley,2003)

1992 年 7 月对 1980 年发表的动力催化事件链进行了修订(Woodley et al.,1994)。它综合了美国各地积云动力催化试验计划的成果和经验,具有比较坚实的物理基础。图 2.4 表示修订后的暖底过冷积云动力催化概念模式图解。修正模式强调动力催化不要求催化单体最大高度产生明显增高,催化增加云内冰粒子,尤其是霰在云内较高部位滞留是修订模式的重要特征,它有助于解释播云效应向云内其他部位传播,霰的滞留,可使下沉气流延迟出现,提供附加时间使云塔扩展。当有风切变时,上升和下沉气流分离,允许云水增长至更高的高度,可能发展为积雨云结构,既减少了云塔的降水负荷,也不致阻断暖湿空气入流,反而使分离的下沉气流在系统的前方促进产生或增强阵风锋,进一步导致新单体产生,甚至形成云系循环传播。

上述模式的基本假设有其合理的物理基础,它对积云催化提供了比提高降水效率更有利的增大降水的机会。但模式比较复杂,要求定量化地了解积云发展的微物理结构及与其他单体的相互作用,以至云系和大尺度天气系统的相互作用,在参数测定和跟踪其演变特征方面均有相当难度。作为一系列复杂的多重演变事件链,有时表现出具有相当大的脆弱性。因为只要其中一个过程链不正确或中断,那就很难跟踪其后的催化效应,尤其是对流云自然变异性更大。因此,积云动力催化这项可资利用的水资源调节和管理的技术手段,仍属尚未充分证实的候选方法。

对层状云,由于气层通常处于热力稳定状态,动力效应不明显。数值模拟表明,低空辐合中层辐散的层状冷云,当过冷水区完全冰晶化后,在云中产生对流泡,激发形成嵌入对流云,使影响云区的最大含水量增加,温度升高,累积雨量增大。故探索

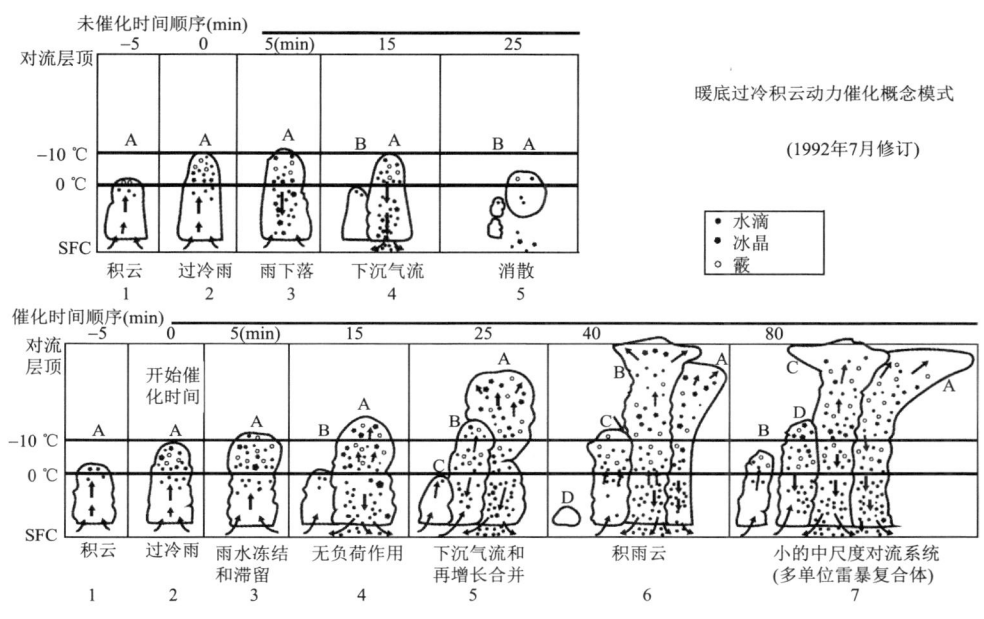

图 2.4　暖底过冷积云动力催化概念模式图解（Woodley et al.，1994）

在哪些天气背景和大气层结条件下,可通过对层状冷云的催化来进一步验证其动力效应,具有科学意义和应用价值。但对层状暖云所进行的吸湿性物质催化的动力效应未获相应结论。

2.1.5　层状云催化的动力效应

有关冷云催化的微物理效应和动力效应一直存在着争论。Orville 和 Chen (1982)最早利用一滞弹性二维板对称时变数值模式,对冷云及其使用碘化银人工催化进行模拟试验,并明确指出,在模式中分别考虑冻结潜热和凝成物负荷,可以比较各自的动力效应。分成四个层次与自然未催化云相比较,其一是总的结论:若不计所有凝成物的负荷,则峰值范围内的平均动能可增加 100%;若仅不计降水负荷,则相应的动能增加 50%;而在云体初期发展阶段不计云内的冻结潜热作用,则相应的动能减少 15%;而且降水产生的时间和落出的轨迹对风暴强度有强烈的调制效应。其二是人工催化效应:播云使受催化的单体的降水提前 6 min,其后云系发展受到减弱,播云使云系的演变延迟,出现了新的循环过程,有关动力催化的假设及其相关事件链(Simpson,1980)并未出现。其三是潜热和负荷各自的云动力效应:在有活力的模式云中,通过碰冻和蒸凝过程间接冻结作用产生的潜热释放,比云中液水含量的直接冰晶化要显著,负荷效应抑制上升运动,使降水提前到达地面,从而延迟了云的演变。其四是冷云催化产生的潜热和负荷各自的效应：播云后 2~5 min 发现上升运动较强，主要起因于碰冻和蒸凝的间接冻结潜热迅速释放，在美国高原试验的探测中碰冻主要出现在播云后 8 min，相应的冻结潜热释放可升温约 1 ℃，垂直速度增加 2.5 m/s，由于降水提早形成引起的负荷的重新分布效应，使云单体之间的相互作用产生明显的变化，它们对云的增长和降水总量的影响都是很关键的。

随后在 WMO 组织的降水增加计划（PEP）中，Lin 等（1983）的数值模拟结果可以对观测到的雨带增强效应（Brown and Elliott，1971）进行解释。即最适于播云的是排列成带状结构的相对性不稳定状态所形成的对流降水区，相对降水增量可高达 100%。候选条件是气层稳定度分类，对流性不稳定层的底高以及 500 hPa 的温度范围，一般一个带接着一个带持续播云，或一个播云带接着一个不播云带具有较高的平均降水量。Orville 等（1984）进而选择西班牙试验区的探空资料（1980 年 2 月），低层为明显的稳定层结，湿度高，而上层为干不稳定层，即对流性不稳定层结。把它输入至二维时变云模式中，该模式适于描述低层出现中尺度辐合和上空为辐散，后者导致形成层状云，此为西班牙 PEP 试验区冬末初春的典型天气。模拟结果表明，碘化银催化使模拟云产生强烈的动力反应，在播云区引起 1~10 m/s 的垂直运动，使降水发展受到强烈影响。这种效应起因于云中液水冻结潜热的释放，增温促使环境云层从液面饱和转化为冰面饱和。在播撒区云水消耗变成冰晶，而在播撒区的上下部产生新的过冷水含量。播云区的对流性不稳定层结更促使在层状云中出现嵌入对流泡，比未播的云区易于触发不稳定能量释放。而且即使不存在上层不稳定区，在低层稳定区中上升运动增强也能加速云的生命历程，影响降水的再分布以致增加降水。其中有一例在上层并无不稳定层，在播云后 6 min，垂直速度达 7 m/s，在播云后 12 min，垂直速度减至 4 m/s，通过播云，层状云转化成具有嵌入对流的云层。虽然在未催化的云中，其后也能在自然触发对流性不稳定能量释放后，发展起对流单体，但这种自然发展的单体不像催化生成的嵌入对流那样组织有序，宽度较大，而且它们对低层层状云的影响也不如催化引起的嵌入对流云那么明显。当用干冰进行催化时，模拟发现其动力效应不如碘化银那样明显，其主要原因是干冰丸下落较快，催化作用时间比 AgI 短，只有当播撒粉状干冰且剂量较大时才能引起嵌入对流发展。

Orville 等（1987）进而在原模式中，将上层大气不稳定调整为大气层结稳定，此时计算发现，当播撒剂的核生产率较高而湍流扩散率较低时，催化使层状云区产生冰晶化，冻结潜热释放使空气温度增加 10^1 ℃，垂直速度增加 10^0 m/s，仍能出现嵌入对流，并导致含云大气从液面饱和转化为冰面饱和，冰晶含量达 0.1~0.2 g/kg。催化使云内环流增强，液水含量普遍高于未播云层，最终引起地面雨量增加，同时也出现雨量的再分布，由此说明层状冷云催化可能产生动力效应。

上述结果也可应用于对流云。中等尺度的对流云体，其厚度 2~6 km，最具有动力增长潜力,而且这类高度区间常覆盖-15~-10 ℃的气层温度分布范围,对从水面饱和转化为冰面饱和具有最大效应。从而可以解释积云动力催化的正反馈效应,进而也说明冷云催化的动力效应比原先设想的要广泛得多,而且播云产生的潜热常比所期望的低液水含量云(层状云)要多,而比期望的高液水含量(积状云)要少。

虽然早期的观测因仪器性能较差、且观测方案设计尚有不周之处,但把这些结果与数值模拟计算相结合,仍可表明在某些天气条件下,层状冷云催化的动力效应可能有相当作用。苏联在对非对流云的人工影响试验中也曾明确指出,若在云中较长时间引入成冰催化剂,造成补充热源,在有利的条件下可能引起云中不稳定性的发展,从而改变云厚,含水量和垂直气流,直接影响在其后催化时形成的降水能力。因此,进一步探索在哪些天气背景和大气层结条件下,可以通过对层状冷云的催化来进一步验证催化产生的动力效应,具有科学意义和应用价值。

对暖云进行吸湿性巨核的催化,主要目的在于改善暖云中的碰并条件,而有些自然云中,大滴浓度相当高,但并未出现降水,故人工播撒吸湿性巨核对有些层状云可能不足以引起暖云中碰并条件的显著改变。其释放凝结潜热的动力效应,可能与大滴负荷相抵消,故至今也未见有明确的结论。

2.2 人工影响暖云降水

2.2.1 人工影响暖云降水的基本原理

暖云降水的形成过程是云内具有足够的较大水滴,然后这些较大水滴靠重力碰并过程而迅速长大为雨滴。因此,在因为缺乏大水滴而不能降水或降水强度不大的云内,通过拓宽云(雨)滴谱,即人工地引进更多的大水滴或可以产生大水滴的吸湿性物质,就可以引发降水或增大降水的强度。

近年来采用吸湿性焰剂在云底附近上升气流区播撒大的人工凝结核,可使云滴数变少,容易产生雨滴,从而促进和加大地面降雨。

国外近年来又重新关注起用吸湿性化学物质催化暖、冷云以促进暖雨过程(凝结/碰并/分裂繁生机制)从而达到增雨的技术。促进暖雨过程主要有两种方法进行验证。第一种方法是利用微小颗粒(平均直径为 0.5~1.0 μm 的人工云凝结核)进行催化,通过改变云底初始云滴谱来激发凝结-碰并过程从而加速降水的发生;第二种方法是用较大的吸湿性颗粒(直径大于 10 μm 的人工降水胚粒)进行催化,通过激发碰并过程加速降水的形成。

2.2.2 人工影响积云的暖云过程

暖性阵雨在热带和副热带十分普遍,尤其是在海洋气团中,夏威夷、加勒比海曾观测到垂直速度从小于 1~10 m/s,薄至 1.5 km 的层积云的自然降水。云愈厚,降水愈大,可达 10 mm/h,最大雨滴 D_{max} = 2.5 mm,从云形成到产生降水历时 15～25 min,下雨持续 10～30 min。

海洋性暖积云,从云滴转化为雨滴,主要是在高温、高湿、含水量丰富、云核较少的有利条件下,通过云滴碰并机制和雨滴繁生过程实现的。大滴尺度愈大,碰并增长愈快。一旦大云滴半径超过 30～40 μm,则通过随机碰并,进而下落扫掠小云滴可很快长成雨滴。但从云滴通过凝结增长形成较大水滴却进展缓慢,尤其是大陆性暖云,常因大云滴不足不能形成降水或即使产生降水,其降水效率也很低。

为此,可考虑人工播撒吸湿性巨盐核或吸湿性盐的饱和溶液滴以及直接喷洒大水滴,以促进形成降水胚滴或直接引入降水胚滴。上述方法都进行了试验,相应地取得了一些成效,但数值试验表明,后两种播撒方法因剂量太大,飞机播撒成本高,效益低,不可取。以吸湿性巨盐核作为催化剂,进行暖云增雨试验和作业的历史最长,而且已经取得了增雨统计显著的结果。近年来,又探索开发了新的吸湿性催化剂和采用方便、机动、有效的飞机焰弹播撒方式。

Cotton(1982)在评述暖云降水的人工影响时认为:大陆性暖云并不缺乏云核,播撒吸湿性核在催化概念上不适用;相反对暖云播撒吸湿性核或进行动力催化,有可能减小降水;而只有直接播撒 20～30 μm 的水滴,既无过量播撒之虑,又可缩短收集滴的循环过程,以实现链锁反应(Braham et al.,1957)。数值试验(Rokicki and Young,1978)表明,撒水滴在中纬度或热带比播冷云催化剂 AgI 有效但这种催化方法经济效益不高。

Johnson(1982)认为大气中的超巨核尺度大至足以在云底发动碰并增长,应是大气气溶胶谱的常规成分。由飞机探测得到气溶胶谱分布扩展至直径 200 μm。直径 d = 50 μm 的质粒数浓度,海洋上为 1 个/m^3,大陆上达 100 个/m^3,Hobbs 等(1985)测量美国高原可达 1000 个/m^3,但在近地面层巨核和超巨核的数浓度的变化可高达几个量级。Johnson(1982)通过模式计算得出的在具有明显上升气流(例如 2 m/s)条件下,无论海洋云滴谱或大陆云滴谱,超巨核均为雨的发动源。Ochs 等(1980)和 Johnson(1982)通过模式研究证实,暖雨可由出现于云凝结核(cloud condensation nuclei,CCN)中的超巨核发动,并表明更多的雨可由相继的云水碰并产生。但暖雨发动对碰并核数浓度的敏感度尚不明确。

吸湿性巨核对暖云的催化作用,主要在于促进云内提前形成大滴,阻止较小的自然 CCN 核化,提前发动碰并机制,加速形成暖雨过程,这很早就被人们所接受。但是一直存在着争议:最早 Woodcock 等(1971)在美国夏威夷对小的盐核直至雨滴进行取样分析,发现雨滴中的 I/Cl 与盐核(10^{-14}～10^{-12} g)一致,但却与巨盐核的 I/Cl 相差一个量级,从而认为,在信风海洋性暖云中,雨滴的形成不应归结为源自巨盐核。20 世纪 60 年代初,我国通过飞机观测,发现上海、浙江等地的非降水性积云中也出现一定数浓度的大滴,但并未出现降雨。Cotton(1982)甚至断言,大陆性暖积云并不缺乏云凝结核,播撒吸湿性巨核在概念上不适合。其实 Ochs 等(1980),Johnson(1982)通过模式研究,认为暖雨可由 CCN 中的超巨核发动,而且更多的雨可由相继的云水碰并转化,并认为具有明显上升气流(如 2 m/s)条件下,无论海洋性或大陆性云滴谱,超巨核均为暖雨的发动源。

Mather 和 Terblanche(1992)模仿造纸厂烟囱排放物,研制出吸湿性焰弹(1 kg 装)的配方:KCl 65%,NaCl 10%,Mg 5%,LiCO$_3$ 2%,碳氢黏合剂 18%。为了取得焰剂播撒的吸湿性核的谱特征,在晴空,装备粒子测量系统(PMS)的飞机,在焰剂燃烧播撒飞机之后 50 m 飞行监测,所得干物质颗粒谱显示出催化气溶胶粒子向巨核方向产生一长的拖尾。

为了探讨播撒的吸湿性巨核如何影响云滴的初始谱,在播撒试验中,飞机在云底附近微物理测量。飞机播云之后,先进入催化云,再进入未催化云测量云滴谱,如图 2.5 所示。

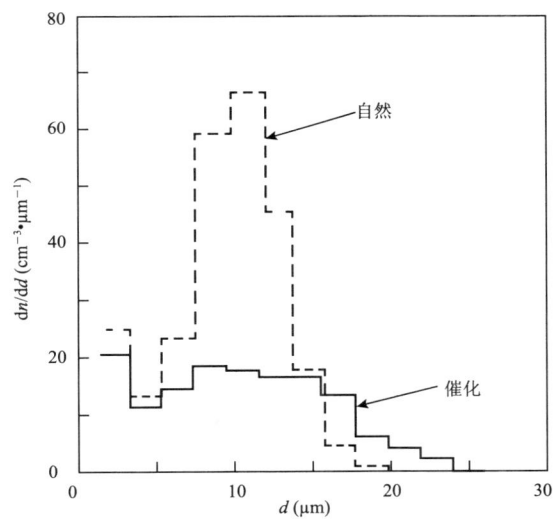

图 2.5 云底以上 200 m 测量的未播云区(虚线)和已播云区(实线)的云滴谱
(Mather and Terblanche,1997)

图 2.5 中两种谱表现出明显的差异。在云底附近,未催化云区表现为峰值位于直径 10~12 μm 的窄谱,而受催化云区云滴为较宽的谱,其拖尾伸展至 $d=26$ μm。通过催化使谱增宽,云滴数浓度减小,加速了云中碰并增长,表现为从大陆性积云向海洋性积云转化,增强了云内胶性不稳定度。

暖雨过程在冻结降水过程中也起着重要的作用。最近 Rauber 等(2000)统计分析了 1970—1994 年期间 972 次探空资料发现,在美国洛杉矶山脉以东各州,暖雨过程占探空资料中的 41%,其中云温整个在冻结层以下或云顶温度稍高于冻结层。另有 28% 的资料表明,云顶温度在 $-10\sim0$ ℃ 之间,即使云顶温度高于 -10 ℃,暖雨过程也仍很活跃。两部分合在一起,暖雨过程占探测的冻结降水过程的 75%,此估值明显高于 Huffman 和 Norman Jr(1988)分析的 10 年探空气候得出的 30%。这种差异起因于后者未考虑大气含有暖层(<0 ℃)的情况,而且在 $T<-10$ ℃ 下,冰晶的产生只能通过异质核化。

20 世纪 90 年代起,先后在南非、墨西哥、泰国开展吸湿性播云的人工增雨计划,均取得增雨正效应,而且获得了统计显著性支持。它涉及对流云形成降水的机制,吸湿性催化剂的物理效应。让人感兴趣的是,这些试验计划采用吸湿性粒子播云,并应用计算机软件包操纵雷达跟踪单个风暴,同时对其降水随时间的变化进行测量。结果表明,雷达估算的降水增量均具有统计显著性。

上述计划有明显不同之处,南非采用飞机在云底发射吸湿性焰弹,经燃烧施放催化剂(主要成分 KCl)。墨西哥试验完全重复南非试验的设计,采用相同的技术和方法,催化效果也几乎与南非完全一致,播云后 $30\sim60$ min,目标区风暴由雷达估计的降水量增大。泰国采用催化作用最强的吸湿剂 $CaCl_2$,对生命期较短的云采用大颗粒 $r=50$ μm,对于生命期较长的云采用 $r=10\sim30$ μm,在云底播撒比云顶有利,播撒时机选择新生积云增长早期、候选云的含水量 >0.5 g/m³,上升气流最大值 >2.5 m/s。利用雷达回波估测增雨发生在播云后 $1\sim4$ h,仅对受播云的第二和第三代云产生增雨作用。

上述计划目前只涉及单个风暴,并直接以雷达回波估算的对雨体积和雨通量的影响为检验参数。随后,似应对区域性的风暴系统进行试验,并测定固定目标区的地面降水的分布和变化。尽管吸湿性核播云的正效应令人振奋,但仅对吸湿性播云进行了有限的云物理测量和分析,同时还应关注此类播云的动力学反应。南非和墨西哥的吸湿性催化已显示出受播云的生命期大于控制云。泰国播撒 $CaCl_2$ 更使受播云的次生云增雨。考虑到吸湿性播云无附加潜热,上述后果只能归结为播云导致较强的下沉气流和形成较强的地面辐合场。

Yin 等(2000)用二维面对称非流体静力学动力框架和详细微物理模式,分别对云底 4 种 CCN 数浓度(分别代表大陆性、适度大陆性、过渡性和海洋性云)和吸湿性焰弹粒子谱进行数值模拟。计算结果支持南非用吸湿焰弹对积云催化的假设,认为焰弹提供的巨盐核影响了云中的初始凝结过程,在云的生命早期,拓宽了云滴谱,并通过促进碰并增长,加速降水发展过程,在较低高度出现雷达回波。与 Mather 等(1997)的实测和 Cooper 等(1997)的针对性理论计算一致。在混合相态云中,大部分降水源自水滴—冰晶相互作用,正是由于播撒了吸湿性巨核,改变了水滴的增长率,也影响水滴—冰晶相互作用以及霰的形成。过冷水滴的冻结对于水滴尺度分布非常敏感。云中早期形成的大滴,其产生冻结的概率比小滴高得多,同时由于它的收集率高,有较多的小滴被其俘获,从而导致霰粒子的快速增长。而且吸湿性焰弹对催化 CCN 数浓度超过 500 个/cm³ 的大陆性云,确能增加其降水量,而催化海洋性云(CCN 数浓度~100 个/cm³),尽管在某些情况下也能加速雨的形成,但总雨量将减少。在吸湿性焰弹产生的粒子谱中,最有效的是 $r>1\ \mu m$ 的巨核,尤其是 $r>10\ \mu m$ 的超巨核。$r<1\ \mu m$ 的较小粒子,对雨的发动往往具有负效应。

人工影响暖云降雨也曾设想播撒表面活性物质,以减小水的表面张力,促进形成大云滴,进而大滴易于破碎引起繁生连锁反应。还有设想改变云内电场,促进云滴间电碰并作用。这些设想虽有物理上的依据。但在试验中均未获得成功。只有在对积雨云从地面发射拖带导线的人工引雷试验中,出现了诱发降水或伴生地面降雨增大现象的副产品。它起因于闪电通道向外大量释放离子,增强了闪电通道附近水滴的重力碰并,使滴谱增宽。数值试验也表明,闪电、放电对雨滴增长有明显作用。对冰雹云进行人工引雷后也出现冰雹削减和降水增加现象。

然而,20 世纪 60 年代初期我国通过高山观测和飞机探测,发现湖南、浙江、上海等地的自然云中,大滴浓度相当高,然而并未出现降水。由此可见人工播撒盐核可能不足以引起暖云中碰并条件的显著改变。若大剂量播撒暖云催化剂,则又涉及催化的经济效益问题。故至今对暖云进行人工影响的增雨效果评价均持审慎态度。

2.2.3 层状暖云的人工增雨

上述暖雨机制在降水过程中的重要性,与我国北方系统性层状云降水的上层播撒云和下层供水云相互作用导致降水的一般概念,具有共同性的一面。但美国洛杉矶山脉以东各州的暖雨过程包括层状云和积云降水,而且明确提出以暖雨过程为主,云体主要部分均位于 0℃层以下。我国北方层状云降水有明显的分层特征,其中供水云包括中层 As(高层云)下部的过冷水区以及其下方的层积云。降水质量的增长在播撒云中仅占 30%,而在供水云中常大于 70%。也说明降水仍以暖雨过程为主。

通常层状云含水量远小于 1.0 g/m³,尤其是中纬度大陆地区,考虑到云下蒸发,要形成毛毛雨还要求落出云底的雨滴尺度更大些。因此一般暖层云,通过重力碰并只能生成毛毛雨。在有利的天气形势抬升下,有较厚的上升气流和较大的含水量,若云层较厚,维持时间较长、始能形成暖层状云降水。

胡志晋等(1983)利用一维时变层状云模式讨论了其降水形成机制及播撒盐粉的增雨效果,认为云厚是关键,一般要求云厚达 1 km,此时可通过随机重力碰并产生雨滴。在给定天气系统的上升运动,其垂直空气速度随高度呈抛物线分布,云的中下部达最大,雨滴主要在云体上部产生,而且雨滴产生速率与下部含水量为负反馈,逐渐达到平衡后可形成稳定降水。

模式计算了各种物理量对降水过程的作用,包括升速、云厚、云底温度、湍流混合系数和滴谱胶性稳定度参数(N/D)。一般云愈厚,成雨愈快;升速愈大,云发展愈快,产生降水提前。云底温度高,饱和比湿大,云含水量大,成雨快而且雨强也大,相反湍流系数愈大,外流水分损耗愈多,成雨就缓慢。滴谱胶性稳定度参数 N/D 的影响较小,当然 N/D 愈大,微观增长过程减缓,雨强愈小。

有关层状暖云中的云水—雨水自动转化特征,已经开展了相关研究,并得到一定认识。计算和实测均表明,厚度为 2 km 的层状暖云可以产生一定的降水(0.4~8.0 mm/h)(Hu et al.,1987)。

印度在半干旱区进行的暖云人工增雨试验,选择在夏季季风期(6—9 月),主要是大范围层积云,云顶均在 0 ℃层以下。云物理探测表明:对含水量>0.5 g/m³,云厚>1 km 的云进行巨盐核催化,肯定有正效应。其云厚指标与上述数值模拟结果一致。由于印度地处低纬,试验区上游方向是阿拉伯海,云中含水量较高,人工催化条件较有利。

2.3 人工防雹原理

利用人工播云技术抑制冰雹已广泛应用,目前有 30 个以上的国家和地区开展人工防雹试验和作业。近年来,随着探测仪器和技术的迅速发展,对雹暴的研究不断深入,进一步认识到冰雹形成过程比原先设想的更为复杂多变。虽然人们确信人工防雹是可能的,而且事实上已持久地开展防雹外场试验和业务作业,并获得相当的成功,但有关防雹概念模式、影响途径、技术措施尚有一些不确定性,需要进一步思考、探索和实践。

2.3.1 人工防雹概念模式

先后提出多种防雹方法,从物理概念上可以概括为如下几种:

(1)增加能与自然形成的雹胚产生对过冷液水进行有利竞争的人工成冰核形成的雹胚。此时需把比自然雹胚多得多的人工成冰核适时地直接注入自然雹胚生成区,迅速形成大量毫米尺度的人工雹胚,同自然雹胚实现对云中过冷水的利益竞争,减少局地含水量,减缓雹块生长速率,使之不能形成足够大的雹块。

(2)使冰雹云中的过冷却水滴完全冰晶化。人工大量播撒成冰核直接进入雹胚形成区或雹块增长区,使云中过冷却水滴直接冻结,不参与冰相粒子的碰冻凇附及霰的形成过程,当然也不会形成冰雹,原有的雹胚和雹块不致长大。

(3)降低冰雹生长轨迹。在雹胚形成区播撒巨质粒,迅速通过碰并增长随后产生冻结,充分减少液水含量,延迟自然冰雹的生长,降低其轨迹。最有利的条件是使其开始在较低高度形成较大的冻滴"屏",以减少液水进入冰雹增长区。同时,因该区域内的弱上升气流不能支持这些较大粒子而落出,不参与冰雹增长过程,在较暖区融化产生降水,伴随降水负荷和下落蒸发,形成下沉气流,从而减弱上升气流和水分供应。

(4)促进雹胚形成区预先成熟,产生降水。在多单体雹暴中小的发展中的云塔的雹胚形成区播撒形成混合云,使其中的冰晶迅速增长至毫米尺度,相应该区域内的弱上升气流不能支持这些较大颗粒而落出,不参与冰雹生长过程,并伴随水量负荷和下落蒸发,形成沉力,从而进一步减弱上升气流和水分供应。

(5)在云内引发动力干扰。包括发动下沉气流使雹云解体,或破坏雹块增长区的动态平衡流场,使未及长大的雹块提前落地,或激发多个小单体的云早期发展,使局地上空对流性不稳定能量先期逐步释放,不致积累,并推动边界层空气形成反馈机制,与母体云竞争云下水汽,减小单个多单体强度,减少雹灾损害,并可增加大面积降水。后者有时称为单体竞争机制。

2.3.2 对防雹概念模型的评述

(1)增加人工雹胚,发动有利竞争的概念。目前在各地应用比较广泛,但从雹暴微物理的飞机探测分析表明,在雹胚形成和冰雹增长区,自然形成的毫米尺度的粗糙和光滑的霰浓度约 $10^3 \sim 10^4$ 个/m³,而且云中的大滴、冰晶和冰聚合体的浓度也与比相当。因此,人工播撒形成的冰晶浓度一般应为 $10^5 \sim 10^6$ 个/m³,这些冰晶及其生成的霰等冰相粒子将通过贝吉龙过程和淞附过程使过冷云雨水减少,削弱冰雹的形成和增长。如果人工增加的雹胚浓度太少时,不足以通过对过冷却水的有利竞争而阻止形成大冰雹。其原因就在于在 $10^2 \sim 10^3$ 个雹胚中只要有一个形成危险尺度的雹块,即可成灾。而雹胚产生于弱上升气流,增长于空间不均匀和时间变化的上升气流区中,说明冰雹的产生具有明显的选择性。

(2)冰雹云过冷水区完全冰晶化。通过大量播撒人工冰晶使云中过冷云水完全冰晶化,使冰雹难以增长,其副作用可能造成风暴总降水量的明显减少。Borland 和 Snyder(1975)指出,冰雹季往往出现于干旱期间,若人工抑雹使降水量减少 5%,将抵销抑雹 20% 的经济效益。由此说明此概念不可取,而且此概念模式要求快速、连续、全面播撒,消耗大撒催化剂,这在实践上也是不可能的。

(3)降低雹云生长轨迹。通过催化使雹块在较低高度形成并下落,从而缩短雹块在云内增长的轨迹和时间,减小冰雹尺度,为此要求详细掌握雹云气流场特征和云质粒的运动轨迹,并应适时进行高浓度催化剂的针对性播撒,在实际操作中难于实施。

上述假设原理,早在 20 世纪 60 年代就已提出,当时尚缺乏对雹暴的直接探测资料,在实施防雹试验中虽然也发现了一些疑问,但几十年来在防雹原理和催化技术方法等方面进展不大,至今防雹业务作业和相应的试验研究在不少国家仍处于低谷。WMO 于 1995 年末召开的评述防雹现状的专家会议认为,在上述防雹物理概念中,比较合理的应是"有利竞争"和"预熟降水"。但许焕斌等(2000)的雹云数值模拟结果表明,有效的防雹假设仅"有利竞争"一种。当然最后一种使雹云中的过冷水滴完全冰晶化,此概念模式不可取,也不足取。它要求快速、连续、全面播撒,消耗大量催化剂,在实践中很困难,同时即使能实施,其副作用是造成风暴总降水量明显减少。冰雹季往往出现于干旱期,若人工防雹使降水量减少5%,则将抵消抑雹20%的经济效益。在我国的防雹作业中,主要采用爆炸方法分散作为人工冰核的碘化银气溶胶粒子,同时它也属于动力干扰的一种,而且我国普遍认为爆炸防雹有效。下面从"有利竞争""预熟降水"和"爆炸防雹"三方面进行论述。

2.3.3 增加人工雹胚,发动有利竞争

如何实现"有利竞争",首先解决两个疑问,其一,播撒人工冰核能否迅速形成毫米尺度的人工雹胚？其次,人工雹胚通过什么途径与自然雹胚进行有利竞争？

有关探测和实验发现,人工雹胚也分为冻滴胚和霰胚,前者若云中已存在毫米尺度的过冷雨滴,人工冰核可使其冻结形成冻滴胚,时间<1 min;后者可通过人工冰核在6~10 min形成毫米尺度霰胚。三维冰晶凝华-结凇增长运行模式计算得出,可在8 min内长成毫米尺度的霰,而这些雹形成的部位在水平气流零值区附近。

有关冰雹形成机制的二维和三维数值模拟结果给出,可长成冰雹的水凝物,是绕水平气流零线循环运行增长的,并逐步进入上升气流区附近的冰雹增长区。在上升气流侧边的水平气流零值区,即使垂直速度有变化,由于粒子的运动与对流场可自动调节适应,能随其增长而由入流区逐步带进主上升气流区,很难从其中吹离。气流零线的弱上升气流端是雹胚生长区,而气流零线的主上升气流段是冰雹增长区。中间的气流零值域下方入流区是粒子增长旋转进入主上升气流区的通道,构成一个冰雹生长的"穴道",它既是冰雹形成区的通道,进入以后又不易吹离,只能在其中长大后落出。

冰雹形成的"穴道"的存在及所在部位,由雹云流场特征决定,而过冷水场则决定了冰雹增长率,即直接影响冰雹在穴道内的速度和循环路径长度。实施催化防雹时,应在"穴道"内播撒,以确保其形成人工雹胚,其运行增长轨迹将同自然雹胚运行增长轨迹交叉,实现平等竞争过冷水量。只要通过有利竞争,耗尽"穴道"内的有限过冷水量,就可中断向主上升气流输送大粒子。尽管主上升气流区以外其他场合存在着相当的过冷水量,也不会形成冰雹。

"穴道"的体积按数值模拟算例的轨迹,在x,y平面上的投影面积估计,同时考虑它处于云体移向靠近水平风零线的下方,位于云体的中、下部,即占云体空间上、下各4个象限中,下部4个象限中的1/2象限(总体积为$\frac{1}{8} \times \frac{1}{2} = \frac{1}{16} \approx 6\%$)或更小。

雹云流场均具有对流性,其中必存在一主上升气流和相对于云体的水平风速为零的区域。在云的发展和维持阶段,雹云结构的变化表现为"穴道"和"零线"的部位和空域的波动,"穴道"与对流单体相对应。多单体会有一个以上"穴道",催化时可按

其发展顺序逐个在相应"穴道"内播撒。为使人工雹胚达到有效地实现"有利竞争"的数浓度,此时应同时考虑"穴道"内霰、雹转化的比例较高。故可认为,当播撒的人工霰胚浓度与自然霰胚浓度相当时,它们对过冷水的竞争消耗作用已十分显著。而且只要对准"穴道"适量播撒 AgI,人工雹胚就可以达到自然雹胚的数浓度。

以对不同类型雹暴单体的结构和流场明显差异的认识,按"有利竞争"概念,对不同类型的雹暴原则上应采用不同的播云方法:轴对称弱单体在探测到其雷达回波后,当云体升达−5 ℃等温线以上,就应立即对其中心部位播撒;对超级单体,应在雷达最大反射率中心的前侧和右侧加量播撒,对多单体雹暴,其中成熟的对流单体应在雷达最大反射率中心的前侧和右侧播撒,对新单体在−5 ℃等温线以上的起始雷达回波区播撒。

Fukuta(1981)曾提出"擦边播云"法,意即飞机沿着云体边缘−10 ℃进行水平播撒 AgI,以避开积云中心强上升气流区,这样飞机也能留在云内作业。当把这种播云法应用于多单体雹暴催化防雹时,因在−10 ℃等温线播入 AgI,可造成霰的快速增长和快速下落,从而有效地减少雹生长区的过冷水含量,同时促进降水。这似乎也与水平气流零线和"穴道"概念不谋而合,只是后者给出了数值模拟依据并可从流场结构和多普勒雷达定性地指示零线的部位。

确定气流"零线"有两种方法:(1)由多普勒雷达测出风场,根据回波单体的移动速度,二者之差为零所在高度即气流零线高度;(2)只有常规资料时,先由探空测得环境风,把它在雷达回波移向、移速的二维剖面图上投影,由其差值得到相对环境风的零线位置,以它作为主要参考,实际云中的气流零线,在后倾主上升气流中会"上翘",而在前倾主上升流中会"下弯"。

2.3.4 预熟降水和降低雹生长轨迹

促进雹胚形成区提前产生降水的观念,最早是由苏联学者根据双波长雷达和垂直指向多普勒雷达探测而建立的,雹胚在较小发展中的云塔中形成,该雹胚形成区开始仅有过冷小水滴存在。在此区域播撒人工冰核可形成混态云,冰晶迅速增长至毫米尺度,使相应的弱上升气流不能支持,遂落出而不参与冰雹增长过程,这种提早形成的雨,在雹胚形成区消除了液态水,伴随水负荷和下落蒸发引起的冷却,形成负浮力,减弱了上升气流。1966—1973 年,此法在格鲁吉亚防雹作业中大面积推广,后期播撒策略做了改变,对雹胚形成区和雹增长区先后分别播撒 Nacl 和 AgI。试验中在作业区(对雹灾敏感的经济作物保护区)邻近划定具有类似地理和气象条件的控制区(非经济作物区)进行统计比较,发现在保护区内受雹灾面积很小。

播撒时采用载盐防雹炮弹射入积云暖区近云底雷达反射率增强区的平均高度处,作为吸湿性核,而把 AgI 引入最大雷达回波的过冷云区作为冰核。吸湿性核促使凝结增长增强,并通过碰并进一步增大,形成大滴提前降落,使云水不能达到强上升气流区。为防止少量大滴在上升气流作用下进入过冷区,避免潜在雹胚的增长,在雹增长区引入人工冰核(-6 ℃等温线以上),使过冷水滴冰晶化,以减弱冰雹增长。AgI的引入稍晚于盐核,其延迟时间决定于不同播撒高度之间的厚度,以使在液滴在少量盐核上形成增长后到达AgI射入区再形成冰晶。

20世纪70年代初,美国也曾在雹胚生长区播撒适量催化剂,常取 10^2 个/m^3 的播撒剂量,使之形成较大粒子,减少液水量或液水量的向上输送,延迟自然冰雹的生长。最有效的方法是进行吸湿性核的催化,且可由雷达观测比较天顶部位回波是否减弱,以便从物理上论证。试验发现,对雹胚形成区播撒AgI,可使初始回波降低400~600 m,而同样条件下播撒吸湿性核,可降低高度1000 m,回波出现的温度也明显增高。

当前对流云的吸湿性催化这一课题在积云增雨中已"锋芒外露",加之催化有效的吸湿焰弹的应用,雹暴早期发展阶段的吸湿性焰弹催化的防雹增雨观念,应引起关注。从雹云催化的数值试验入手,探讨"预熟降水和降低冰雹生长轨迹"这一防雹策略在新的理论和技术基础上的发展前景。

2.3.5 爆炸防雹原理的重新认识

爆炸法防雹可属上述防雹概念模式第三种,即在云内引起动力效应。我国一直采用以爆炸法产生碘化银气溶胶防雹,20世纪70年代以后才逐步建立和发展了以"三七"高炮及内装AgI焰剂的增程炮弹和火箭为主的防雹技术。国外除俄罗斯外,也有采用爆炸法防雹的,如意大利、法国、瑞士、奥地利和肯尼亚,其中除俄罗斯和肯尼亚认为爆炸法防雹有效外,其他国家均未进行系统研究,而且都认为爆炸防雹无效。

许焕斌等(2000)认为,苏联在防雹作业中采用高炮弹、火箭,均有爆炸作用参与影响,防雹效果显著。而美国国家冰雹研究试验(NHRE,1972—1974年)和瑞士、法国、意大利大规模—Ⅳ试验(Grossversuch Ⅳ,1977—1981年)中,主要通过播撒AgI引发"有利竞争",并无爆炸作用。统计表明,防雹效果无显著性,除随机试验的期限太短,很难达到预定的显著性检验水平外,个中原因是否也可部分归结为缺乏爆炸作用呢?

(1)爆炸的动力效应:爆炸是一种短暂的剧烈过程,特征时间<1 s量级,产生较大的气流速度(马赫数 $Ma=1.1$)。与爆炸伴生引起的云和降水变化,虽相对其自然变化来说较快,但只属分钟量级,其运动性质属低速($Ma\ll 1$)。这里涉及爆炸的高速运动如何影响云和降水的低速运动,瞬间的冲击如何产生滞后效应等问题。

爆炸产物包括爆炸气体,高速飞溅物、冲击波、声波和扰动气流场,前二者对环境气流的影响可忽略。"三七"高炮的定点或分段序列爆炸,可在炸点周围形成一等效压强场,并在100 m范围内对3~4 m/s的上升气流制动至零。

声波对气流不产生影响,但可改变降水粒子运动边界层的速度分布,使它们在下落运动中其运动边界层的分离点后移,可减小其所受的压差阻力,相对提高了落速,实际即对粒子的运动起到了"润滑"作用。上述压强场和声波的两种作用,可用以解释炮响雨(雹)落现象和炮击引起云体出现空洞甚至部分消散以及雹云的最大回波顶急速下降,比控制的雹云的最大回波顶下降提前 20 min。

爆炸中 90% 的能量以冲击波形式外传,由于传播中的非等熵性,在 100 m 范围内冲击波大部分衰减,其能量转化为扰动气流能,形成一不均匀的扰动气流场。扰动气流场可对背景气流产生明显影响,并维持较长时间。许焕斌(2001)利用非静力全弹性二维云尺度模式对此进行了模拟计算,进一步说明扰动气流场与环境气流的相互作用是爆炸影响云内气流的主导途径。它在水平面上推挤基本场,在垂直剖面上向上拉伸基本场,使基本气流产生变形,呈现出明显的水平摆动,直立气流成为大振幅水平摆动的上升气流,甚至在中、上层平面上,单一的辐散气流场变成了鞍形气流场。此外,爆炸还可能激发重力波。在主上升气流两侧的中高层 $\frac{\partial \theta_{se}}{\partial z} > 0$ (θ_{se} 为假相当位温),具有湿对流稳定性,只要炸点位于该点,即可激发重力波,当被激发的重力波传播到对流性不稳定层结中时,就会发生破碎,产生波阻效应,也能对气流场起到制动作用,有时其作用程度可能相当显著。

(2)爆炸的微物理效应。爆炸可使 800 μm 的液滴产生破碎。由于风暴"悬垂"回波趾部常下伸至 0 ℃ 层以下,故使形成冰雹的雹胚会经历一个在 0 ℃ 层以下融化后又进入上升气流再次冻结的过程。若爆炸使其融滴破碎成 <800 μm 的水滴,则将明显改变它们的轨迹,阻滞其进入主上升气流。数值模拟结果表明,这一机制具有合理性,实际作业正是炮击云中的"前悬"回波趾部。

爆炸出现冲击波的同时可出现超声速气流,其绝热膨胀冷却作用可触发过冷水滴冻结产生冰晶。实验得到过冷雾冰晶化的阈温为 −2 ℃,当压缩空气压强仅为 2~3 个大气压时,其所产生的超声速气流足以触发大量冰晶产生。超声速气流可产生激波和膨胀波,后者能使通过气流的温度急剧绝热下降,达同质核化冻结温度阈值以下。

96 m³ 中型云室的实验表明,爆炸产生的冲击波可促进云滴的碰并过程。距爆炸源 7 m 处相对声压大于 110 dB,可使雾滴数浓度和小滴数浓度减少,平均相对值约 −1% 和 −6%,使直径大于 38 μm 的大滴数浓度增加,平均相对增值约 29%,还使滴谱变宽,即最大滴直径增大,平均增大约 3 μm,这些变化的显著性水平检验按符号检验和秩分别达 0.01,0.005。在云发展阶段,出现直径大于 38 μm 的云滴,是发动碰并增长的重要条件。"三七"高炮弹在作用距离 25 m 以外,声压可达 130~150 dB,足以产生一大批大滴,随后有可能通过再碰并长成雨滴落出。

2.4 其他人工影响天气的原理和方法

人工影响天气从广义上理解,除人工增雨、人工防雹外,还应包括为了使人类在有关领域的活动更为经济有效或抵御各种天气灾害所实施的人工影响天气活动,例如:人工消雾、人工防霜冻、人工抑制闪电等,其中有些已取得不少成功的试验,有些已列入业务性作业,还有一些人工影响天气活动已有构想或做过试验,甚至作为一些应急的措施,例如:人工抑制对流云、人工消云和消雨等。有关人为无意识天气、气候影响,目前已备受关注。因为它对大气环境的恶化和生态系统的损害已逐渐为人们认识,并通过世界范围的协调一致,采取一定的强制措施,逐步扭转大气环境恶化的势态。

2.4.1 人工消雾原理和方法

人工消雾指采用人工方法在局地范围部分或全部消除雾滴,促使能见度获得改善,主要应用于航空港跑道,目的在于使其达到飞机起飞和着陆的能见度要求,也可应用于内河或海岸重要港口以及高速公路关键地段维持畅通的需求。

针对暖雾和冷雾人工消雾的原理和方法有明显不同。

2.4.1.1 人工消暖雾

(1)加热法:最早在第二次世界大战期间,英国首创在机场跑道两侧设置管道,用燃烧汽油方法,加热含雾空气,使雾滴蒸发来消除大雾,以满足战机起降的紧急需要。该法消雾虽有一定成效,但成本高,难以推广使用。其后美国、法国曾尝试用喷气发动机排热气对含雾空气加热驱散,使能见度增加,取得一定成效。20世纪80年代,我国曾进行多次热力动力消雾系统的消雾作业试验,采用车载退役的喷气发动机,加设专用操作室和油压装置,可自动调节发动机的仰角和方位角,使它对准目标路段,喷射高温气流并通过动力场扩散,形成一较大范围的高温区,平均升温10～15 ℃,使影响区内的雾滴($d=4.5～10.3 \mu m$)基本蒸发消失。经过消雾作业,使原先能见度低至30 m的浓雾明显削弱,能见度增高至260 m以上。安装和使用此种消雾系统也比较昂贵。

(2)吸湿剂法,向雾中播撒吸湿作用强又不对环境造成危害的颗粒,如氯化钙、盐粉、尿素等,通过它们吸收水汽降低相对湿度促使雾滴蒸发,同时催化剂自身核化产生粒径稍大的液滴凝结长大,在下落途中还碰并一部分雾滴,使能见度改善。这种消雾试验有时能获得一定成功,但取决于催化剂的尺度谱、播撒方式和播撒部位,而这些因素常难以确定。故具体实施很少如数值模式所显示的那样有效。

(3)扰动混合法:利用直升机悬停或慢飞将雾顶以上较干燥的空气掺入雾中与之混合,使雾滴蒸发。这样也能使能见度改善,但此法成本甚高,难以投入常规消雾作业。有效实用的消暖雾方法仍有待探索和试验。

2.4.1.2 人工消冷雾

人工消冷雾,一般常指过冷雾,主要采用播撒人工冰核(AgI)或致冷剂(干冰、液氮、液态 CO_2 和液态丙烷)促使在过冷雾中形成适量冰晶,通过"蒸-凝过程",促使雾滴蒸发,冰晶凝华增长,并在其下落途中碰冻一部分雾滴,促使过冷雾消失,使能见度明显增大。这类消冷雾方法可靠性很高,已在一些经常发生过冷雾的机场和关键高速公路地段投入业务化应用。一般空中播撒系统常采用干冰,而地基播撒系统常采用液氮、液态 CO_2 和液态丙烷,通过固定和移动压缩喷射器组网联合作业。由于液态丙烷易燃,存在着防火安全问题,而液氮气化后为惰性纯氮气,对环境无任何不良影响,因此可称它为"绿色催化剂"。

人工播撒催化剂消雾产生的效应易于检测,而且其结果具有很高的可预测性,因此一般认为不必再采取随机统计方法对消雾效果进行检验。

此外,也有采用静电方法试验消除暖雾的,即在强电场的作用下促使雾滴向同一方向运动,再通过过滤网使雾滴沉降。外场试验中该方法也取得了较好的效果。2001年4—5月俄罗斯中央高空观象台利用静电消雾装置在高速公路进行了外场实验,结果达到了预期目标(提高能见度到 300 m)。利用热力—动力方法的作业装置已经研制成功,通过数值模拟和云室试验,认为该方法较静电方法更好,可在几分钟内打开通道,若在机场安装 20 个该装置,一年内就可收回成本。

2.4.2 人工防霜冻

人工防霜冻是人工影响局地小气候的一种有效手段,指采取针对性措施,人为保持农田近地层叶面和土壤表层温度不降低或减缓其下降速率,使农作物免受霜冻危害。防霜冻方法大致分为两类:一类属保温措施,包括熏烟、覆盖、灌水法,另一类属增温措施,如燃烧加热、通风法。

(1)熏烟法:通过发烟的化学制剂或可燃物质产生大量烟尘,在农田上方形成烟幕层,以减少农田叶面的有效辐射,防止温度进一步下降。发烟物质有谷壳、木屑、锯末和青草等,可就地取材,还可应用沥青、渣油、硝铵等助燃,使熏烟效果更好。甘肃庆阳配制的 C-H-N 发烟剂,主要原料是硝铵、锯末和渣油。陕西千阳气象站按沥青 25%、硝铵 30%、锯末 45%,额外加柴油 5%制成防霜弹。云南有利用燃烧赤磷造雾的。熏烟防霜冻效应,除主要减小有效辐射外,还有直接加热作用,以及部分吸湿性粒子,如 SO_2、NO_2 和 CO_2 等在相对湿度较大时的吸湿凝结释放潜热。C-H-N 发烟剂和防霜弹的烟幕层温度平均回升 1~2 ℃,烟幕厚 5~7 m。一般气温越低风速越小,增温效果越明显。熏烟作业宜在气温降至作物能忍受的临界温度前 1 ℃(最好以叶面温度作指标)开始,在日出后 1~2 h 结束。

（2）覆盖法：用草帘、稻草或其他物质覆盖作物，以减少有效辐射，此为我国农村常用的简便方法。在覆盖层下，气温比外界高 2 ℃ 左右，应注意避免覆盖物直接与叶面接触。对果树及珍贵经济作物（如橡胶），可采用搭建防霜冻棚（对苗圃），或用稻草包裹干茎，以确保安全越冬。塑料日光棚是覆盖与花房相结合，在冷季能否起到防霜冻作用，关键在于地膜的覆盖方式。采用改良式地膜覆盖，如南北向大垄上刨大坑，内栽秧苗，东西向大垄的南侧刨坑，栽经济作物，再盖膜在垄上。移栽或播种时应灌足水，这种覆盖方式下的叶温，白天升温不很高，日落开始降温快，随后逐渐减慢，关键在于土壤含水量多，蓄热也多，坑内水汽不逸散，入夜地膜内侧凝成水滴，阻止长波辐射，说明膜下土壤湿度对保温也起重要作用。

（3）灌水法：对水稻、旱作物均有效。水稻秧田夜间灌水淹没秧苗，可避免秧苗受冻。旱地灌溉后增加土壤导温率，夜间增强土壤深层向上输送热量，使地面温度保持稍高水平。而且灌溉用水一般温度比裸地高，也能提供部分热量。

（4）燃烧加热法：有些国家应用石油、褐煤、泥炭等作燃料，直接加热近地层空气，防止气温下降，对果园的防霜冻效果较好，其效果与加热器分布密度、风速及燃烧时间有关。

（5）通风法：用功率 80～100 马力的通风机，在田野 10 m 高处用强风破坏近地层逆温。但此法一般只能使近地层增温 1 ℃。每台风机有效影响半径不到 30 m。

近年来利用生物冰核具有的去核化作用，应用于防霜和防霜冻，并作为防霜冻的新概念和新技术。中国农业科学院植保所筛选出两种杀灭冰核菌，破坏冰核活性的防霜药剂（抗霜剂一号和抗霜素一号），其防霜效果较好。霜箱试验喷药后在负温下的平均结冰温度比对照偏低 1.7 ℃。田间两组试验表明，当一组最低叶面降至 -3.5 ～ -3.7 ℃；另一组降至 -3.1 ℃ 时喷药的防霜效果分别达 61%～81% 和 90.4%～94.2%。利用对冰核菌具有特异性的噬菌体，可杀灭冰核菌，也能减少生物冰核而起到防霜作用。

另外，还试验应用双层农用塑料薄膜粘结成圆筒状，内层充水构成水墙，利用水和空气热容量差异达到保温防霜目的。

国外还试验结冰防霜法，对低矮作物如蕃茄、黄瓜、胡椒、草莓等采用喷淋水膜结冰，释放冻结潜热，防止其温度进一步下降，喷水间隔 60 s，每小时水量 4～5 mm（厚），但当气温低于 -4 ℃ 时，很难使作物保持 0 ℃。

2.4.3 人工消云和消雨

人工增雨、人工防雹、人工消雾在国内外已有许多成功的实例，一些地方已投入业务性减灾作业，收到了明显的效果。除此之外，作为人工影响天气科学技术领域现阶段的组成部分，还有一些人工影响天气的途径和方法也在试验和试用中，并不乏成功的实例。如人工引发雷电在美国、法国、日本和中国开始试验研究；俄罗斯和中国开展的人工调节降水时空分布、人工消云减雨试验也有不少实例报道。但总的来说,这些技术仍不成熟,都处于研究试验阶段。

(1) 人工抑制雷电

频繁产生的雷电经常给人类带来巨大的危害和损失,因此科学家们想方设法利用各种技术来进行人工引雷或消雷的试验。

研究表明,云中的起电过程与云中冰相的出现有关,如果能在雷雨云形成之初就向云中播撒大量的人工冰核(如碘化银),使得云中的过冷水滴提前冻结成冰晶,并从云中掉下来,就有可能在雷雨云成熟之前使之消散,从而减少雷电的发生。

另外,在雷雨尚未到达成熟阶段之前,利用高射炮和火箭等把大量的金属粉或包着铝箔的尼龙纤维(长约 10 cm)发射到云中,这些导电性良好的物体进入云中后,可以大大改善云的导电性能,起到分散云中电荷的作用,云中不能形成电荷中心,也就减少了产生雷电的可能性。总之,人工抑制雷电的试验次数还不多,效果也不很显著,仍处在探索阶段。

(2) 人工消云减雨试验

在重大节日庆典活动中,人们要求消除局地小范围的降雨。20 世纪 50 年代苏联采用过量播撒的方法,以干冰为催化剂进行了大量外场实验,获得了一些可行的技术指标和方法。对流云抑制的研究始于 60 年代初一次观测实验中的偶然发现,此后在理论和实验方面做了大量研究。到 80 年代中,俄罗斯总结出了一些人工减雨或抑制对流云发展的技术方法和手段,主要通过以下途径:

① 提前降水

在目标区上游提前实施增雨作业,减少目标区降水。作业前需对云系进行跟踪观测,确定提前作业的时间、距离和剂量,一般应提前 1 h 以上。这项技术的正式使用,始于 1986 年切尔诺贝利核电站事故,为防止核污染的进一步扩散做出了重要贡献。目前人工消云减雨作业主要应用于重大社会活动的天气保障,减少冬季城镇降雪、核电站污染控制等,并已成为政府及公共部门常用的一项措施。

② 过量播撒

使层状云消散或降水滞后。播撒剂量取决于云中湿度、云厚和环境风等,一般 5 min 后起作用,20~30 min 后消散。对较强的降水云系,用这种方法可以有效减弱或使降水滞后,一般需在云系到达目标区前 0.5~1 h 开始作业。

③ 加强云中下沉气流

在对流云云顶大量播撒吸湿性粗粒子粉剂(如水泥)产生下沉气流,破坏云的平衡机制,使干空气进入云中,水滴蒸发,吸湿性物质将蒸发的水汽吸附,加快下沉速度,同时粒子的碰并增长也会使气团的下沉运动得到加强,从而达到抑制对流云发展和减少降水的目的。

根据2008年北京奥运会和残奥会开、闭幕式以及2009年我国国庆60周年庆祝活动保障需要，北京市人工影响天气办公室积极吸收并发展了俄罗斯人工消云、减雨的成果与经验，将飞机作业和地面火箭（高炮）作业相结合，总结出了一套比较适用的作业方法和工作模式，并在实际气象保障服务工作中发挥出了巨大作用。

要把上述人工影响天气的一些基本原理用到实际工作中，还有许多技术问题需要解决，其根本原因在于自然界的复杂性。每一个地方、不同的云的情况都不一样。更困难的是我们很难对每一块云都了解得十分清楚。因此，应该怎样去影响云，应该在什么时候、在什么部位施加多大的影响，会得到什么结果等一系列问题都需要进行深入的研究。

我们要依靠科学技术，对云和降水有更清楚的了解，提供更强的催化作业手段，并要对作业的后果有更清晰的认识和把握。为进行更有效的人工影响作业，首先我们必须对作为作业对象的云和降水有更进一步的认识。这里的认识包括二层意思。一是对云和降水的总体，对它的形成、发展的规律有更深入的了解。我们现在有关人工影响天气作业的基本思路就是基于这种认识。但这种认识还不能说是已经十分完善。新的现象和新的事实的发现完全有可能启发我们提出新的、更有效的作业方式。二是对我们具体要作业的天气和云系要有更进一步的认识。因为每一个具体的作业对象都有不同的特点，应该怎样对它进行作业，在什么时间、部位，用什么方式和数量的催化剂都可能不一样。这就要依赖于我们对作业对象的了解程度。

2.4.4 中尺度对流系统的人工影响

考虑到云尺度与中尺度密不可分，中尺度环境在决定对流的局地性、强度分布和对流云类型等方面均具有重要影响，而且从对流云回波合并可使降水产生量级上的变化，说明中尺度系统小的增强有可能造成降水的大量增加，比对整个分离云体的影响效果要大得多，而且促使后期的新生云和云塔以及中尺度环流持续，从而启发人们提出中尺度对流系统的人工影响问题。从某种意义上说，有时对中尺度的调制可能比云尺度的人工影响还容易些。因为云尺度的降水发展包含许多复杂的微物理和动力学过程，发生的时间很短，几分钟至十几分钟，成功的播云要求甚高。而对中尺度来说，进行干扰所允许的时间相对长些，并可考虑积累的催化效应。

(1) 静力调制：对中尺度系统也存在静力和动力调制两种情况。前者如人工催化促使环境湿润化和调制气层的温度层结，为其后发展降水准备条件。就像热带中尺度对流系统的发展要经历 3~6 h，其间的小尺度对流使环境增湿，为发展深对流扫清障碍。但至今只建立了理论研究的框架，即在云性质与中尺度环境局地变化之间建立函数关系，其中以温度、湿度、动量作为主要参数。以温度为例，由对流强迫可决定温度的局地变化，并通过热力学方程计算垂直运动，再由连续性方程组成相对于云性质的闭合系统，从而求解中尺度辐合，这样把云属性变化与中尺度环境相联系，最终又反馈影响对流云特征。

(2)动力调制:中尺度对流系统的动力调制试验,如狂飙计划(1961—1983年)和佛罗里达地区积云试验(FACE,1970—1976年,1978—1980年)。前者是最早最直接的中尺度调制试验,也是迄今唯一的人工影响飓风的试验,后者是针对大的积云复合体施行动力催化的试验,因不了解各单体之间的相互影响和积云群的催化效应,而且采取的模式预报方程不适合而未获预期结果。实际上天气尺度和中尺度的强迫作用对对流性云尺度的演变特征具有决定性影响。从FACE得出的教训是确定性试验的可播性不能采用单个云的可播性来定义。只有对中尺度和云尺度相互作用的自然演变过程有了相当认识之后,即发展并建立了较正确的多重尺度耦合预报之后,才有可能对极端复杂的对流的自然变异加以区分,也才能确立对对流云和云系建立有依据的人工影响策略和具体实施方案。

Fritch和Chappell(1979)提出,用以判别中尺度人工影响潜势的重要的、必须把握的三个因素:增强下沉气流,触发低层辐合;增强中尺度上升气流使中层环境加湿的程度加深和范围扩大;促进新云和新云塔发生和发展的有利条件。最后一点很重要,因为从FACE的研究表明,对流云的时间、地点、云型特征强烈地受制于克服稳定层的抑制作用并迫使边界层空气到达其自由对流高度的上升总能量。可以设想在两个不同的试验日,虽然云的特征基本类似,但要求其进一步上升发动新的增长却表现出戏剧性的差异,因而一些试验日,对单个云或云塔其催化潜势可能很强,但对云系的增长和合并,及有组织的中尺度发展却显得非常贫乏。显然相反的情况也存在。故对中尺度云系施加人工影响的外场试验必须区分云尺度和中尺度调制的潜势,关键的判断是什么情况下两种尺度能共同作用协调发展。中尺度对流天气系统的灵敏度数值试验表明,虽然在上升气流中催化所引起的附加潜热释放,可增强云系中、上层的辐合和上升,但最能促进附加的降水增强,主要归结于通过加强湿下沉气流以增强低层辐合强迫作用并使新的云和云塔增长。

有关人工抑制暴雨、人工调节降水分布以减少洪涝灾害的活动,目前在大尺度范围内尚不可能实施。叶家东(1998)从世界各地人工增雨作业的负效果实例得到启发,探讨了人工抑制局地暴雨的可能途径。人工增雨作业的负效果常发生在自然条件比较好的雨季的有利情况下,人工抑制局地暴雨可考虑先期破坏降水云系原有的良好的自然降水微物理机制,使其内部失调,达到提前降水或延缓降水过程,促进降水产生空间再分布的目的。值得提及的是,发生暴雨的自然降水条件,并非一般地好,而是充分地好,这时的微观降水过程几乎来不及全部转化宏观动力场净输入的水汽,很难产生"负"效应。另外,采用影响前期环流形势,提前激发进行中的对流过程,削弱低层入流的"截流效应"。还可考虑引入"竞争场效应",即在预期暴雨区、提前作动力催化,人为促进"动力污染效应"发挥作用,使大量小积云早熟,削弱其发展并合增强机制,阻止水汽和能量在低空积聚。动力污染主要表现为动力催化使目标区对流加强,而其四周出现附加补偿下沉运动,抑制新的对流发展,引起区域降水减少,而且目标积云的爆发性增长,产生大面积云砧（10^3 km^2）遮挡太阳辐射,使下风区积云活动衰退,抑制区域降水。有关人工抑制局地暴雨试验的具体实施,要求深入地研究暴雨过程的环流形势,水汽和能量的输送,中尺度对流的动力过程及其相互作用,提高对暴雨的探测和预报水平。

中尺度调制还表现为人类无意识和有意识的影响活动：如大规模垦荒、地表沙化或大面积造林引起的地表反照率变化,大范围灌溉或农业耕作制度变化和农业技术革新引起的边界层水热状态和地表粗糙度的变化,均可潜在地引发云和降水的重大变化；而过度放牧、森林衰退将造成降水量缩减；工业化、城市化造成局地热、水和环流变化,使其下风方云降水增多；痕量气体、气溶胶粒子增排致使能见度减小、空气质量恶化；主要航线喷气飞机凝结尾迹已使部分机场上空卷云明显增多,导致地面降温。我们已经面临着如何全面、系统地了解人类活动对云、降水无意识影响的机制和后果问题,进而应考虑采取改善和限定的对策,这也是云、降水物理和人工影响天气学科迫切需要深入研究和认真对待的问题。

1978年,党中央、国务院决定在我国西北、华北北部和东北西部(简称三北)的风沙危害和水土流失严重地区建设防护林体系,东起黑龙江省宾县,西至新疆乌孜别里山口,全长超过7000 km,南北宽400～1700 km,总面积347万 km^2。在保护好原有的森林草原植被基础上采取人工造林、飞机播种造林、封山封沙、育林育草等多种方法,有计划、有步骤地营造防风固沙林、水土保持林、农田防护林、牧场防护林、水源涵养林、经济林、用材林,逐步形成乔木、灌木、草本植物相结合,林带、林网、林片相结合,多林种合理配置,农林牧协调发展的防护林体系,提高森林覆盖率,建设良性生态环境。1985年第一期工程完成后,又开展了1986—1995年历时10年的第二期工程,防护林体系面积增至395万 km^2(约占国土面积的41.2%)。

通过观测统计,林带防护范围内,水汽压比旷野增长0.5～1.0 hPa,相对湿度提高5%～8%,在旱年和干旱地区,这种增幅表现更为明显。风速平均降低30%,地表温度降低1.7 ℃,地中温度增加1.4 ℃,减小蒸发能力21.3%,表现出明显的气候改良效应。

Anthes(1984)列举了多年来有关植被变化对大陆降雨的影响、加勒比海岛对降雨的效应和灌溉对降雨影响的观测统计结果和理论研究结论。尽管单项研究可能含有相当大的不确定性,但综合在一起时伴随植被的扩大和表面特征的变化,为可触发对流降雨的假设提供明显的支持。

Anthes(1984)还对半干旱地区通过改变中尺度植被覆盖,增强对流降水的观测和理论研究,提出了很有价值的观点——人为建造最易产生中尺度环流的地表强迫加热作用的波长(50~100 km),使之扩展至边界层高度(1 km),以发动湿对流,意指在半干旱区营造宽50~100 km的种植带,在合适的大尺度天气条件下,可使对流降水增加。Sharon(1981)对非洲西南Namib沙漠对流降雨的相关分析获得,对流风暴并非随机散布于空间,而趋向于产生在相距40~50 km和80~100 km的优势间隔,表明热力强迫对这种尺度的自然对流具有增强作用,从而建立了通过表面不均匀性空间分布,来实现形成β中尺度环流增强对流降雨的概念。

这种对流性降水增加比在更大面积上广造均匀植被区的影响更明显,主要促进3种机制:①通过改变地表环境,以增强低层湿静力能,形成湿平流,起因于植被减少地表反射率,增加净辐射,增加水分蒸发;②由该尺度植物群造成的非均匀表面,伴随产生β中尺度环流(水平尺度20~200 km);③通过植被减少径流增加蒸发,以增加大气中的水分。

最新的农业研究表明,在半干旱区茁壮成长的各植物群落有些可用盐湖水灌溉,适于当地种植,其中许多具有潜在经济价值,能补偿或超过种植代价,以减轻投资压力。

我国"三北"防护林体系工程虽已基本建成,其工程综合效应和社会经济效益的评估尚待研究,从人工影响天气气候效应考虑,尤应加强其对触发增强局地性对流降水的观测、统计分析和数值模拟研究。Anthes(1984)采用二维线性模式估计地表周期性加热(时间和空间)引起的强迫环流强度和水平、垂直尺度。通过分析其线性解,从3个主要方面进行探讨:

①是否存在表面加热的水平波长,导致最强的大气反应;

②表面加热扰动引发的环流扩展高度,能否大到发动湿对流;

③引发的上升气流的垂直速度,是否大到造成气块上举足以发动湿对流。

基本结论是若植被带宽<20 km,其水平混合限制了表面加热扰动的垂直穿透高度,不能有效地产生湿对流。但较大尺度(宽达100 km,量级为10 cm/s的垂直环流可伸展至1 km或更高的高度。当联合低层湿静力能,这种尺度和强度的环流,在合适的大气条件下,应具有发动和加强湿对流的能力。进一步的研究有必要采用复杂的、更真实的包含土壤、水文、植被、行星边界层物理、辐射和积云对流参数化非线性模式,以便获得确切的演变过程。

2.5 人工影响天气的环境效应

人工影响天气计划必须慎重考虑由播云增加的催化剂直接与环境相互作用可能引起的生态效应,以及增加雨雪尤其是夏季对流云增加降水产生的生态反应。试验发现,碘化银在云中具有一定的持续成核效应。DeMott(1995)在云室中测定碘化银的活化能力维持20~30 min,而云中测定发现10%的核在90 min以后仍具有活性。

由此说明碘化银具有连续核化作用,采用碘化银作业既可增加作业时间也可减少局地播撒量的限制。

碘化银的持久效应还表现为它的二次成核作用。Bigg(1957)根据南非10年防雹计划和澳大利亚播云试验的统计发现,碘化银具有9~11 d的持续效应,但其物理机制却并不清楚。

20世纪70年代曾对多数播云催化剂的生态效应进行了检测。对碘化银的检测结论是,用于人工增雨或防雹的银和碘的剂量很少,其对土壤和水生生物无影响或影响甚小。即使累积多年,也不会出现危及人类和生物的副作用。当然,随着检测技术的进步和生态潜变研究鉴别率的提高,对过去的检测结论还有待于进行深入研究,尤其应考虑长年积累效应。

通常人工增加降水对生态系统应具有正效应,当然在某些条件下也不排除可能存在负效应,因为人工增加的降水平均总量约为同一时期降水量的10%~15%,处于年际降水量自然变率范围内。人们比较关注降水量的检验,而对环境生态影响缺乏统计检验,而且研究生态效应涉及复杂的生物和非生物综合系统,目前很难把搅合在一起的信噪比很低的各种因素孤立起来进行分析研究。从人工播云作业本身考虑,由于作业的地理范围较宽广,而且长期累积,其对环境生态的影响当属特别明显之列,应该作为今后进行深入研究的课题。

2.6 气溶胶-云-降水相互作用研究进展

气溶胶是指悬浮在空气中的固态粒子、液态小滴以及气体载体组成的多相体系。气溶胶粒子通常大小在 0.001~10 μm。大气气溶胶在对流层和气候系统中起着重要作用,它们通过吸收和散射太阳辐射直接影响地-气系统的辐射平衡,产生直接辐射气候效应,另一方面,气溶胶粒子又可以作为云凝结核(cloud condensation nuclei,CCN)或冰核(ice nuclei,IN)存在于云的形成过程中,影响云的光学性质、云量、降水以及云的寿命,产生间接辐射强迫效应。这一效应可分为两种:第一,间接效应,即因人为气溶胶浓度增加造成云滴个数增多,尺度减小,从而导致云反照率的增加,该效应也被称为"Twomey 效应"(Twomey,1977);第二,间接效应,即人为气溶胶浓度增加引起云滴尺度减小,降低降水效率,从而改变液态水含量、云的厚度和生命期,该效应也被称为"云的生命期效应"或"Albrecht 效应"(Albrecht,1989)。除此之外,气溶胶的吸收和散射特性影响大气温度结构,减小地表太阳辐射,降低地表水汽通量,抑制对流并减少云量,这一效应也被称为"半直接效应"(Johnson,2005)。气溶胶可作为云凝结核(CCN)或冰核(IN)参与云滴或冰晶的形成过程,进而直接或间接影响暖云和冷云过程,改变对流发展和降水分布。气溶胶-云相互作用过程亟待深入了解,气溶胶间接效应是影响气候变化的最不确定因素之一(IPCC,2013)。

2.6.1 气溶胶作为 CCN 对云微物理过程的影响

大气中气溶胶浓度增加时,CCN 浓度也随之增加,从而导致云滴数浓度增加,云滴有效半径减小(Liu et al.,2016;Zhao et al.,2019),云滴总表面积增加,因此增强凝结和蒸发过程。Li 等(2016)发现在不同气象条件下,云微物理特性对气溶胶都非常敏感,增加气溶胶使云滴数浓度增加,云有效半径减小。此外,高浓度的气溶胶粒子作为 CCN 活化形成大量小液滴,导致云滴有效半径剧减而无法达到形成降水的阈值(Jin and Shepherd,2008),从而抑制降水的产生(Jiang et al.,2006),并引起云水与雨水比总体增加,延迟暖雨的发生(Berg et al.,2008)。Braga 等(2017)CCN 浓度增加导致液滴有效半径减小,抑制低层雨滴和冰粒子的形成,促进雨滴和冰相在更高的高度上形成。

Yang 等(2017)发现,CCN 浓度增加引起液相水凝物混合比减小,而冰相水凝物混合比增加,冰相水凝物粒子对冰雹形成的贡献增加。

CCN 浓度增加,可能导致暖云云层加深(Yamaguchi et al.,2019;Liu et al.,2020),云量减少(Yamaguchi et al.,2019;Benas et al.,2020),云中液态水路径减少(Benas et al.,2020),降水受到抑制(Yamaguchi et al.,2019)。Lin 等(2016)发现,气溶胶浓度增加促进液滴的蒸发,从而导致淡积云和层云量减少。Rosenfeld 等(2019)通过对海上浅层云冷却效应的研究发现,气溶胶对降水有抑制作用,使得云层保留更多的水,持续时间更长,并且具有更大的覆盖范围。

2.6.2 气溶胶作为 IN 的影响

2.6.2.1 冰相异质核化方案

气溶胶也可能作为 IN,通过异质核化过程形成冰晶。沙尘、黑碳、有机气溶胶等都可能是有效的冰核(DeMott et al.,2003;Cozic et al.,2008;Zhu and Penner,2020)。

利用模式研究气溶胶作为 IN 对冰相微物理过程的影响,首先需要在模式中考虑 IN 参与冰相异质核化过程从而产生初始冰晶,但是由于缺乏足够的观测资料,目前大部分云模式和中尺度模式尚未考虑 IN 浓度变化对初始冰晶形成的影响。

大多数模式中使用的冰相异质核化方案包括 Cooper 和 Lawson(1984),Fletcher(1962)或 Meyers 等(1992)的凝华-凝结冻结参数化方案,Meyers 等(1992)或 Young(1974)的接触冻结方案,以及 Bigg(1953)或 Vali(1975,1994)的浸润冻结方案。对于凝华—凝结冻结过程,当 IN 数浓度较低时,Meyers 等(1992)的方案高估冰晶数浓度(Prenni et al.,2007),Fletcher(1962)方案则在较低温度下低估冰晶数浓度,而在较低温度下高估冰晶个数(Meyers et al.,1992)。Thompson 等(2004)对比研究了这 3 种方案,发现 Meyers 等(1992)方案预报的冰晶数浓度比 Cooper 等

(1984)方案至少高一个量级,云水减少,雪花增加,而Fletcher(1962)方案预报的冰晶数浓度则比Cooper等(1984)方案低一个量级左右,导致云水含量略微增加。对于浸润冻结过程,Bigg(1953)和Vali(1975,1994)方案在模式中得到了广泛的使用,相比于Bigg(1953)方案,Vali(1975,1994)方案对温度的依赖性较低(Khain et al.,2000)。这些方案使用温度或冰面过饱和度诊断得到冰晶数浓度,因而其预报的初始冰晶浓度不能真实反映IN浓度变化的影响(Prenni et al.,2007),需要使用观测数据对参数化方案进行修正,例如van den Heever等(2006)使用观测的IN浓度廓线改进了Meyers等(1992)的凝华-凝结冻结方案,其研究发现IN浓度的增加导致冰相粒子在较暖的温度条件下产生。

21世纪以来的外场观测和实验室研究得到了一些考虑IN浓度的冰相异质核化参数化方案,如Khvorostyanov和Curry(2000,2004)、Phillips等(2008)、Hoose等(2010)和Diehl等(2004)等方案,都基于不同的气溶胶类型或浓度预报得到冰晶数浓度。另外,观测发现,IN活化特性与粒径较大的气溶胶浓度相关性较高(杨磊等,2013)。DeMott等(2010)结合14年的外场观测资料,建立了一种冰相异质核化方案,该方案在混合相云条件下预报的初始冰晶数浓度与温度以及直径大于$0.5\ \mu m$的气溶胶粒子数浓度表现出较高的相关性。由于涉及参数较少,该方案比较容易应用于中小尺度模式和气候模式。陈倩等(2013)将方案加入带有详细谱分档微物理方案的二维云分辨模式,与未改进冰相异质核化方案的模拟结果对比,研究了IN浓度变化对对流云冰相过程和降水的影响。Jiang等(2016)分别在我国的安徽黄山、江苏南京、新疆等地进行大气冰核的采样观测,并由此建立了适合我国不同背景环境的大气冰核参数化方案,并且可以应用于中小尺度模式。Tobo等(2013)和DeMott等(2015)分别改进了生物气溶胶和沙尘气溶胶粒子的参数化方案,其提出的冰核参数化方案已开始用于研究对流云和降水的影响。

2.6.2.2　IN对云微物理过程的影响

IN浓度的增加使得冰晶和雪的质量混合比和数浓度增加,其中雪的主要源项为凝华增长过程,而霰增长主要来源于冰相粒子碰并过冷云滴(王雨等,2017)。使用改进的DeMott等(2015)方案,Fan等(2014)研究了气溶胶作为IN对降水的影响,发现IN浓度的增加促进雪的形成过程,并导致地面累积降水增加。Chen等(2019)也是将该方案加入带有详细分档微物理方案的中尺度WRF模式(WRF-SBM),并对天山附近发生的一次冰雹过程进行了数值模拟,发现IN浓度越大,霰粒越小,冰雹的生长越受到抑制。王雨等(2017)也发现增加IN导致霰的数浓度增加,尺度减少。

Zhao等(2019)结合多年卫星观测和云分辨模式模拟结果,研究了人为活动产生的污染性气溶胶粒子的成冰核能力。他们发现,对于强对流系统,云顶附近冰粒子的形成由云滴的均质冻结所决定,因此冰粒子有效半径随着气溶胶浓度的增加而减小。

而对于中等强度的对流系统,由于气溶胶作为 IN 的作用,促进冰相异质核化过程并延长了冰粒子的生长时间,导致冰粒子有效半径随气溶胶浓度增加而增大。

气溶胶同时作为 CCN 和 IN 参与云微物理过程时可能产生竞争效应,Simpson 等(2018)比较了 CCN 和 IN 的影响,发现 CCN 浓度增加导致云滴浓度和云水含量增大,凝结增长增强,释放更多的潜热,导致较低水平的上升气流更强,IN 数量的增加几乎不影响暖过程,但会导致冰晶浓度增加和贝吉龙过程增强,CCN 浓度越大,过冷水含量越大,因此通过有效的淞附过程促进冰雹的增长。Ilotoviz 等(2016b)也发现 CCN 浓度导致冰雹最大尺寸显著增加。CCN 浓度变化导致冰雹形成和发展的主要机制发生变化。在 CCN 浓度下,冰雹主要在云层上升气流区循环过程中通过云滴淞附过程而增长,而在低 CCN 浓度下,冰雹形成的主要机制则是通过雨滴冻结。

2.6.3　气溶胶对对流过程的影响

气溶胶可能通过改变云内潜热释放过程直接影响深对流云的发展。在有利的气象条件下(例如水汽充沛),气溶胶可能促进云内潜热释放过程。CCN 浓度增加可以促进初始对流(Mansell and Ziegler,2013;Storer and van den Heever,2013),使云顶高度升高,云砧范围扩大(Fan et al.,2013),云的寿命延长(Chakraborty et al.,2016),地面降水增加(Heiblum et al.,2012)。Fan 等(2018)对亚马孙上空的深对流云的观测和数值模拟研究中发现,在低气溶胶浓度环境中形成的深对流云中存在较大的水汽过饱和度,因此卷入云中的超细粒子可以被活化形成云滴,增强暖云过程中的水汽凝结引起潜热释放增加,增加云的浮力,促进深对流云的发展。这一效应称为"暖云促进效应"。Rosenfeld 等(2008)提出 CCN 浓度增加引起云滴有效半径减小,抑制碰并过程形成雨滴,因此较多的小云滴随着上升气流进入对流层中上层。小云滴在这一高度的冻结促进了云中冰相微物理过程,冻结过程释放的潜热进一步增强了上升气流,并导致深对流云产生的累积降水增加。这一概念模型称为"冷云促进效应"。

Chen 等(2020)发现,气溶胶作为 CCN 促进凝结潜热释放,导致 8 km 高度以下的对流增强,而减弱垂直气压扰动梯度力引起 8 km 高度以上对流减弱。此外,对于不同风切变条件下发展起来的对流系统,CCN 都促进了对流核心区的发展,并增加降水。Camponogara 等(2018)发现,气溶胶浓度较高的情况下,下沉气流更强,从而产生更多的上升气流,以及更大的降水量。

2.6.4　气溶胶对降水过程的影响

对暖云过程,气溶胶浓度增加,降水抑制效应使云维持时间延长,产生更高的液水路径(LWP),但是云滴尺度减小,蒸发更快,导致云趋于消散,云量减少,云的尺度和厚度减小(Xue and Feingold,2006)。但是,对于对流云过程,气溶胶浓度增加既可能抑制降水,也可能增加降水,云的动力过程可能受到改变。Cui 等(2006)认为,在大陆性环境下,改变积聚模态气溶胶粒子的浓度,抑制降水和云的发展,减少最大液态水含量,云砧中的冰晶变大,数浓度减小,大气低层入流减小,并指出积聚模态粒子浓度增加一倍,降水抑制 2/3;而 Fan 等(2007)的模拟结果显示,增加积云中活化气溶胶的浓度,通过均质冻结过程能够产生更多的冰晶,产生较大规模的凇附,过饱和度降低,霰的有效增长减弱,出现更多的融化降水。活化气溶胶浓度的增加延长了对流单体生命史,对流单体尺度增大,二次对流增强,累积降水增加,Lerach 等(2008)也认为,污染环境下能够产生生命史较长的超级单体,而清洁环境下,则不利于风暴的发生。

Clavner 等(2018)发现,气溶胶增强中尺度对流系统中对流性降水,而抑制了层状云降水,引起强降水区域扩大,小雨区域缩小,与气溶胶的对流促进效应一致。Guo 等(2018)也发现,随着气溶胶浓度的增加,对流云降水增强而层状和浅层云降水减弱。对于热带气旋,Zhao 等(2018)发现,人为气溶胶污染不仅增加其降雨量,还增加其降水范围。Luo 等(2019)发现,海盐气溶胶也能增加热带气旋对流性降水。梁志超等(2022)发现,气溶胶-云相互作用增强了台风眼墙中上部冰相水成物的生成,释放更多的冻结潜热促进眼墙对流的增强。Ilotoviz 等(2016b)发现,累积降雨量随着气溶胶浓度的增加而显著增加,但当 CCN 浓度较高时,地面降水对气溶胶的敏感性会降低。

此外,也有一些研究发现,气溶胶浓度的增加会抑制对流的发展使降水量减少。Rosenfeld(1999)和 Koren 等(2004)通过卫星资料反演显示,由于生物质燃烧造成的气溶胶粒子浓度增加可导致对流云中降水明显减少。Duan 等(2009)也发现,人为气溶胶对区域降水(华北)的抑制作用,并认为这种效应在夏季更加显著。Chakraborty 等(2018a)发现,热带中尺度对流系统的降水量随气溶胶从清洁到中度污染而增加,但当污染强度加剧时降水量降低。Cui 等(2006)对大陆深对流云的模拟研究结果发现,气溶胶粒子数浓度增加抑制对流云的发展。

因此,深对流云对气溶胶粒子的响应可能是不确定的和非线性的(Khain et al.,2005)。由于 CCN 对混合相云特性的影响强烈地依赖于水汽条件的变化,CCN 浓度的增加同时也增强了凝结质量的产生和消耗,当云在湿润的大气条件下发展时,凝结质量的产生是主要的,因而对流增强,降水随着 CCN 浓度的增加而增加;而在干燥大气条件下,液水损耗的增加占主要地位,从而对流受到抑制(Khain et al.,2008b)。

2.6.5 影响气溶胶-云-降水相互作用的因素

气溶胶对云的影响主要取决于背景气溶胶浓度、气溶胶类型、云系统、大气热动力结构,甚至风切变等因素的影响。

2.6.5.1 气溶胶浓度和类型

不同气溶胶类型和背景气溶胶浓度条件下,气溶胶对云和降水的影响表现出明显的差异。在云的发展和成熟阶段,海洋性气溶胶比大陆性气溶胶产生更强的雷达反射率,大滴碰并增强暖雨过程,高过饱和度引起的冰相粒子凝华增长增强了冰相过程。对于海洋性气溶胶,由于液滴浓度较低,对流发展明显延迟,使得云的生命史延长。而对于大陆性气溶胶,增加其数浓度最明显的作用是增加云滴数浓度和云水含量,但减小了云滴有效半径。气溶胶浓度较高时,凝结作用增强,释放更多的潜热,产生更强的对流和更多的融化性降水。然而,在极高的气溶胶浓度情况下,由于水汽和碰并效率降低抑制了对流,降水减少(Fan et al.,2007)。初始气溶胶浓度超过临界值时,云的大多数特性变得对气溶胶不太敏感,气溶胶对对流云的影响主要体现在相对清洁的地区(Lynn and Khain,2007)。Li 等(2008)发现,背景气溶胶浓度从清洁海洋性到大陆性条件变化时,降水增加,但是在高污染条件下,降水明显减少,并完全被抑制。戴进等(2008)定量研究了秦岭地区气溶胶对地形云降水的抑制作用,认为当入云气溶胶浓度达到某一浓度(阈值)时,抑制作用开始显现,随着气溶胶浓度增加,抑制作用更加明显。Jiang 等(2018)发现,气溶胶可能促进也可能抑制对流的发展,这种效应强烈依赖于气溶胶类型。

2.6.5.2 水汽条件

水汽条件决定气溶胶引起的凝结水的产生和损失之间的竞争效应(Khain,2009),因此影响气溶胶对对流过程的影响程度(Fan et al.,2007;Chakraborty et al.,2016)。在湿润条件下,气溶胶浓度增加有利于深对流的发展,而在干燥环境中,气溶胶可能倾向于抑制对流,这是由于污染环境中产生更多更小的云滴,在干燥的环境中更易于蒸发(Wang et al.,2018)。Clavner 等(2018)将气溶胶促进深对流云降水的原因归结于潮湿的环境。气溶胶导致的云水含量增加的趋势超过了由于气溶胶产生小滴造成的降水效率降低的趋势,导致云水向雨水的转换更加有效。另外,自由对流层中的水汽可能增加气团的浮力,对浅对流云的生长及其向深对流的演变非常重要(Smalley and Rapp,2021)。Chakraborty 等(2018b)发现,深对流发展前期的气象环境条件与高相对湿度和中低 CCN 浓度有关。Lee(2011)发现,高相对湿度条件下,气溶胶对低层辐合的影响强于对夹卷的影响,从而促进深对流的发展。当湿度较小时,气溶胶对夹卷的影响更为显著,导致对流发展受到抑制。

2.6.5.3 大气不稳定度

大气不稳定度或不稳定能量也能通过影响对流的形成和垂直气流速度对气溶胶的间接效应产生影响(Lee et al.,2008a;Barthlott and Hoose,2018)。Chakraborty 等(2016)发现当垂直风切变和对流有效位能(CAPE)较高时,气溶胶对中尺度对流系统的生命周期影响较为显著。在强风切变和高 CAPE 环境下,气溶胶浓度增加促进云中液态水传输到不饱和区域,产生更强的下沉气流,通过地面辐合促进次生对流过程。而在较弱风切变和较低 CAPE 的环境中,云中液态水的卷出和蒸发作用较弱,高浓度气溶胶环境下降水减少(Lee et al.,2008a)。气溶胶是否促进对流的发展可能是不同气象因素的综合结果。Chakraborty 等(2018a)发现,在较大的可降水量、较大的 CAPE 和适度的风切变强度条件下,对流系统的总降水量随气溶胶浓度的增加而显著增加。

2.6.5.4 垂直风切变

垂直风切变通过改变对流云动力过程以及影响冷池的发展(Lee et al.,2008b;Lebo and Morrison,2014),成为调节气溶胶影响浅对流向深对流演变过程的重要因素(Khain et al.,2005;Fan et al.,2009b)。垂直风切变通过影响水汽的倾斜上升(Moncrieff,1978),将上升气流和下降气流区分开,从而影响深对流云的发展。另外,对流层中深厚的垂直风切变能够显著影响中尺度对流系统的生命周期(Chakraborty et al.,2016),并影响云砧的形成(Weisman and Rotunno,2004;Petersen et al.,2006;Koren et al.,2010;Kilroy et al.,2014)以及气团的上升速度(Weisman and Rotunno,2004)。垂直风切变的存在对云的发展起到两种相反的作用,即保护云不受蒸发和夹卷影响的促进云簇生长的作用,以及反过来使云倾斜发展促进云滴蒸发的作用(Yamaguchi et al.,2019)。Fan 等(2009b)研究了风切变对理想孤立风暴单体的影响,发现增强风切变能够改变气溶胶效应的符号,在弱风切变条件下,气溶胶促进深对流云的发展并增加降水,而在强风切变条件下,气溶胶抑制对流的发展。Yamaguchi 等(2019)也发现,气溶胶浓度增加导致云层更加深厚,对于无风切变条件下发展的对流云,气溶胶浓度增加导致地表降水增加,而当风切变存在时,由于云层增厚效应被消除,地表降水减少。Lebo 等(2014)对一次飑线系统的模拟研究发现,在弱风切变环境下,气溶胶引起冷池强度减弱,因而导致冷池与环境风切变之间的相互作用更加平衡,从而产生旺盛的对流。Fan 等(2012)发现,在弱风切变环境中发展起来的并具有暖云底的深对流云中,气溶胶能够通过增强潜热释放促进对流发展。然而,在弱风切变和存在于不同高度的强风切变条件下,增加气溶胶浓度都引起气溶胶增强效应,即产生更强的上升和下沉气流、更大的垂直质量通量以及更强的降水强度(Chen et al.,2015,2020)。污染条件促进对流的发展,深对流云发生频率升高,而浅对流云的发生频率降低。不同数值模拟研究的结果差别较大,体现了云动力与微物理过程之间的复杂反馈作用对气溶胶间接效应带来的不确定性。

气溶胶对云和降水的影响可能随对流有效位能(convective available potential energy,CAPE)和风切变的变化而变化。在高 CAPE 和强风切变环境下,大多数云是积雨云和积云,在高气溶胶浓度情况下,云液水传输到不饱和区域产生更强的下沉气流。由于这些云的垂直伸展很高,动力和微物理过程之间强烈的相互作用产生更强的下沉气流和辐合,这导致高气溶胶浓度环境下产生更多的降水。在较低 CAPE 和风切变环境下,云液水的卷出和蒸发作用较小,动力过程较弱的云占大多数,云液水向不饱和区域的传输过程也较弱。动力和微物理过程之间的相互作用减小,导致高浓度气溶胶环境下降水减少(Lee et al.,2008a)。因此,对流层低层的蒸发冷却作用是确定高浓度 CCN 是否抑制降水的重要过程。较强的蒸发冷却作用能够产生较强的冷池,冷池通过与低层风切变相互作用产生较强的低层辐合,导致更加强烈的降水过程(Chen et al.,2020)。不同的观测和模拟研究结果之间的差异可能归因于不同大气条件的影响。另外,数值模拟研究结果的差异也可能与所用模式或微物理参数化方案的不同有关(Khain et al.,2005)。

第 3 章　人工影响天气催化剂及催化技术

人工影响天气催化剂(简称:催化剂)是指为达到增加降水、降低雹灾损失或促进雾层消散等目的,而有意识地向云雾中引入的催化物质。自然过程和人类生产生活排入大气的气体、气溶胶及二次成分也会对云雾降水过程产生影响,但它们通常被认为是一种无意识影响天气的过程(邓北胜,2011;周筠珺 等,2020;中国气象局科技发展司,2003;张蔷 等,2011)。

催化剂通常分为三类:人工冰核、致冷剂和吸湿剂。

3.1 冷云催化剂

3.1.1 作用原理

一般来说,大气冰核是十分缺乏的,在$-20\ ℃$时,其浓度仅为1个/L的量级,它是冷云作业的基础。冰核具体的活化方式不仅决定于冰核本身的特性,而且决定于环境条件和具体过程。

在自然冷云或混合云中某些区域存在过冷水,因缺乏冰晶,降水效率不高。在这些区域引入人工冰核,形成冰晶,由于贝吉龙效应的存在,冰晶可以快速长大。在冰晶增大到一定程度后会降落融化形成水滴,随后通过碰并过程加速水滴的增长,形成降水。对流云含水量大,容易形成大冰雹,增加人工冰核的播撒量,使过冷水分散到各个粒子上,就可以减小冰雹的直径,减轻或消除冰雹的危害。

致冷剂进入空气或过冷云后,利用其急速升华的性质,吸收大量潜热,使周围空气迅速冷却,水汽随之达到高度过饱和状态,贴近致冷剂的薄层空气温度可低于$-40\ ℃$,通过自然冰核的活化和同质核化能够形成大量冰晶胚胎,并在过饱和空气里凝华长大成冰晶。致冷剂可以在较高负温区环境下形成冰晶,相较于成冰阈温较低的碘化银人工冰核而言存在着一定优势。

人工冰核采用异质核化的方法,即选取和冰晶结构相似的物质作为冰核,达到提高成冰阈温的目的。人工冰核主要有碘化银、碘化铅、硫化铜、介乙醛(有机类人工冰核)等,它必须在低于其阈温的云层中使用,因此有一定的使用范围。有机冰核也可以作为人工冰核使用,常分为有机物冰核和生物冰核。由于有机冰核易分解,颗粒太小,不易维持较长时间的成核作用,成核性能比碘化银低,至今并未推广应用。相比其他两类催化剂而言,碘化银制品因其可以工业化生产、储存、运输和分散方便被大量使用。一般来说,较好的催化剂具有以下两个优点:①很高的成核率;②很高的核化速率。这种冰核能在短时间内在云中产生大量冰晶,适合于防雹作业以及催化生命期短的积云。

冷云催化剂常用一些指标表示产品的性能,如成核率、成冰阈温、核化速率等。成核率是指单位质量(1 g)催化剂在某一温度下(通常为 $-10\ ℃$)形成冰晶的数目。成冰阈温指催化剂开始显著起到冰核作用的温度上限。核化速率指形成一定百分比的冰晶所需的时间。

3.1.2 常用催化剂

3.1.2.1 人工冰核

碘化银(AgI)有黄色六方体和橙色立方体两种,一般为黄色六角形结晶,密度约为 $5.68\ g/cm^3$,熔点 552 ℃,沸点 1506 ℃,难溶于水。其成冰阈温约为 $-5\ ℃$。碘化银六方晶体晶格的边长为 45.0 nm,高为 74.9 nm。冰晶也是六方晶体,晶格边长为 45.2 nm,高为 73.9 nm。由于两者结构十分相近,加之碘化银不溶于水,所以其成冰能力很强,因此常作为人工影响天气中人工冰核使用。但在阳光和紫外线作用下,碘化银的成冰能力容易受到减弱(楼小凤 等,2021)。

碘化银的发生方式主要有燃烧法和爆炸法两种。理想的碘化银气溶胶尺度是 $0.1\ \mu m$,不同的发生方式形成的碘化银颗粒大小和活化程度有区别。

燃烧法又分为直接燃烧、溶液燃烧和焰剂燃烧三种。最简单的直接燃烧是将碘化银置于陶制坩埚或石英坩埚中,用电炉加热至 1000 ℃ 以上,其蒸气在空气中冷却而凝成直径小于 $1\ \mu m$ 的碘化银微粒。溶液燃烧法是把碘化银溶于加入增溶剂的丙酮溶液(丙酮,熔点 $-94.7\ ℃$,沸点 56.1 ℃)中,经搅拌完全溶化后,喷射至火焰中燃烧,或顺入以丙烷或汽油为燃料的燃烧炉中一起燃烧(丙酮溶液燃烧温度可达 900~1000 ℃),AgI 及其分散溶剂汽化后在空气中冷凝的颗粒达到 20~30 nm,分散性好,成核率更高。焰剂燃烧法主要由碘化银或其化合物、氧化剂、燃烧剂和黏合剂的混合物压制或胶注制成,点燃后可产生大量碘化银气溶胶。美国使用碘酸银($AgIO_3$),燃烧时释放出 O_2 助燃。也可添加富含碘的试剂,如 I_2O_5,以抑制 AgI 的分解作用。焰剂燃烧主要在飞机上使用,也可以用火箭弹携带射入云中,其特点是方便、快速、安全,但燃烧速度无法控制,性能与配方关系很大,故成核率差异很大。

爆炸法是将碘化银粉末压制,并填充于炮弹或火箭头部的炸药或红磷、氯酸钾混合物之中,采用引信发射至云内爆炸,但成核率较低。爆炸法特点是分散性很好,一般用于基层防雹增雨作业。

以上制备碘化银气溶胶的几种常用方法也各有特点:溶液燃烧法燃烧缓慢,单炉发生率小,但成核率最高;爆炸法瞬间爆炸高温分散,单位时间内输出率大,但成核率最低。

人工冰核的核化能力取决于其具有改变吸附水分子的取向并形成类冰结构的程度。人工冰核晶体的晶格参数愈接近于冰,其原子排列与冰的错位愈小,则与冰的界面应力也愈小,冰晶在其上取向附生增长的能障愈低。为了进一步减小 AgI 的晶格参数与冰的差异,考虑将 AgI 中的银原子部分由铜原子或某些其他金属原子取代,碘原子部分由其他卤族原子取代。先后研制的 AgI 复合冰核有 AgI-AgBr(1971),能提高成核率 1 个量级;AgI-AgCl(1983),其成核率比 AgI 与 NH_4I 生成的纯 AgI 气溶胶在 $-12\ ℃$ 高 1 个量级,在 $-6\ ℃$ 高 3 个量级。X 射线衍射分析表明,AgI-AgCl 气溶胶其晶体结构发生了变化,由六方晶系变成了面心立方晶系,但其晶体的(111)面与冰的(0001)面类似,而且在最佳配比下,晶胞边长可与冰的 a 轴完全相配。应用化学动力学方法,通过云室实验决定 AgI-AgCl 复合冰核产生冰晶的速率,同时根据云室参数(温度、含水量)的变化情况确定 AgI-AgCl 为接触冻结核化方式。AgI·AgCl-4NaCl(1985),在 $-10\ ℃$ 的核化率为 $4.9×10^{14}/g$,接近同温度下的 AgI-AgCl 的值($5.4×10^{14}/g$),但从接触核化转变为凝结-冻结核化方式,核化速率 $T_{90}=3.8$ min(90% 的冰核活化时间),而 AgI-AgCl 为 $T_{90}=16$ min。

南斯拉夫学者 Huter(1988)在研制火箭焰剂(VTG-813)中除含 8% AgI 外,加有高氯酸铵(NH_4ClO_4)、高氯酸钾($KClO_4$)氧化剂和首次加入少量碘化铜(CuI),在 $-4\ ℃$ 成核率达 $1.5~3.2×10^{11}/g$,在 $-8\ ℃$ 达最高值 $10^{13}/g$,表现出在较高温度段的高成核率,这是在 AgI 焰剂中首次形成高效的 AgI 复合核。我国酆大雄等(1995)研制的高效 AgI 焰剂配方 BR-88-5 和 BR-91-Y 在 $-7.5~-20\ ℃$ 范围内成核率均可高达 $10^{15}/g$,在高于 $-12\ ℃$ 时,比 AgI 丙酮溶液的成核率高。其中 BR-91-Y 焰剂具有更高的核化速率,X 光衍射分析表明,BR-91-Y 焰剂燃烧气溶胶属六方晶系,其晶格参数非常接近于冰晶,a 轴仅差 11.1%,c 轴差更小,为 1.38%,轴比差 0.28%,其不配合度均小于 AgI 试剂和 AgI·BiI_3 复合核。焰剂中 AgI 占的比例仅 1%,燃烧时能分散得更加充分,其有机铜盐的含量不同于 BR-88-5 的配方。此后还研制了 3305-981 新型焰剂配方,燃烧分散后的气溶胶成冰性能与 BR-91-Y 焰剂基本一致。近年来我国研制的焰剂新配方,其成核率在 $>-10\ ℃$ 的高温段已明显超出溶液燃烧法,内含焰剂的烟条、焰弹、火箭、炮弹被广泛用于冷云或混合云的人工增雨(雪)和防雹作业。对 BR 系列的 AgI 焰剂成核率和核化速率的检测结果与其他 AgI 焰剂和 AgI 丙酮溶液作比较,发现 BR 系列焰剂的成核率分别比苏、美的焰剂高出 4~40 倍和 50~200 倍,优越性最大出现在高于 $-10\ ℃$ 的温度段。

表 3.1 为 AgI 丙酮溶液(增溶剂 NH$_4$I)和其他成分添加剂配方。一般认为,AgI 焰剂的成核率比 AgI 丙酮溶液燃烧法约低 2 个量级,但 BR 系列的 AgI 焰剂却与之相当,虽然在低温段稍偏低,但在高于－12 ℃ 的温度段远优于 AgI 丙酮溶液。焰剂燃烧产生的是一种多元气溶胶系统,其主要成分是 KCl,除含 AgI 和 CuI 外,可能还有 AgCl 以及 KI,NaI 和 NaCl 等吸湿性成分。正是由于 AgI 在焰剂中比例很小(1%),燃烧时能分散得更为充分,细微的 AgI 粒子附着在其他粒子上,一起充当人工冰核,使得按单位质量 AgI 计算的成核率增高。

表 3.1 AgI 丙酮溶液(增溶剂 NH4I)和其他成分添加剂配方(中国气象局科技发展司,2003:162)

作者配方	AgI浓度(%)	增溶剂(g) NH$_4$I	NaI	丙酮(g)	(mL)	AgI(g)	水(g)	其他成分
DeMott(1983) AgI·AgCl	2	6.2		921	1164	20	50	NH$_4$ClO$_4$,3.0 g
	3	9.3		906	1145	30	50	NH$_4$ClO$_4$,4.5 g
	5	15.4		877	1109	50	50	NH$_4$ClO$_4$,7.5 g
酆大雄(1995) AgI·AgCl-4NaCl	2	6.2		879	1111	20	50	NH$_4$ClO$_4$,3.0 g;NaClO$_4$,41.7 g
	3	9.3		844	1067	30	50	NH$_4$ClO$_4$,4.5 g;NaClO$_4$,62.6 g
	5	15.4		773	977	50	50	NH$_4$ClO$_4$,7.5 g;NaClO$_4$,104.3 g
Scott(1985) AgI·0.5 mole%BiI$_3$	2	6.2		924	1168	20	50	BiI$_3$,0.23 g
	3	9.3		910	1150	30	50	BiI$_3$,0.34 g
	5	15.4		884	1118	50	50	BiI$_3$,0.56 g
Finnegan(1988) AgCl$_{0.22}$I$_{0.78}$·0.125NaCl	2	4.63	1.6	921	1165	20	50	对二氯苯(C$_6$H$_4$Cl$_2$),2.67 g (1.83 mL)
	3	6.94	2.39	907	1146	30	50	对二氯苯(C$_6$H$_4$Cl$_2$),4.0 g (2.74 mL)
	5	11.57	3.99	878	1110	50	50	对二氯苯(C$_6$H$_4$Cl$_2$),6.66 g (4.57 mL)

由静电沉降气溶胶取样的透射电镜照相分析表明,气溶胶粒度分布于 0.025～0.4 μm 之间,均立方根直径为 0.178 μm,与国外对焰剂(表 3.2)产生的气溶胶尺度测量结果相比,BR-91-Y 燃烧产物的粒子偏大,特别是小粒子偏少,有利于在较高温度下的核化。估算 1 gAgI 焰剂可产生 4.23×10^{15} 个粒子,它比该焰剂在低温下的成核率约高出 1 倍,即相应的气溶胶的活化比高达 1∶2。

表 3.2 国外采用的高效 AgI 焰剂配方摘录(中国气象局科技发展司,2003:162)

国别,型号	年份	配方(质量比)	备注
美国,LW-83	1970	$AgIO_3(78\%)+Al(12\%)+Mg(14\%)+$粘结剂$(6\%)$	地面焰弹
美国,TB-1	1979	$AgIO_3(78\%)+Al(10.8\%)+Mg(5.2\%)+$粘结剂$(5.1\%)$	飞机焰弹
苏联,节银剂	1981	$NH_4ClO_4(51\%)+KI(21\%)+AgI(2\%)+$苯酚树酯$(26\%)$	火箭
法国,消雹剂	1981	$NH_4ClO_4(51\%)+AgI(28\%)+$粘结剂(特种橡胶 10%)	火箭
阿根廷,Algaplom	1981	$NH_4ClO_4(33\%)+PbI_2(53\%)+$粘结剂(沥青 14%)	火箭
南斯拉夫,VTG-8B	1988	$AgI(8\%)+NH_4ClO_4($不详$)+KClO_4($不详$)+CuI($微量不详$)$	火箭

对比 6 种 AgI 丙酮溶液配方(表 3.3),并分析不同配方产生的冰核特性。配方 1 中,由于增溶剂 NH_4I 在 550 ℃时升华后分解,当燃烧温度高于 550 ℃时,燃烧后只留下 AgI 微粒,因此该配方产生的是纯 AgI 气溶胶,并主要通过接触冻结核化产生冰晶;配方 2 与配方 3 形成结构十分复杂的粒子,具有吸湿性,遇水形成水合物,成核率低于配方 1。其核化速率与湿度条件关系密切,在水面过饱和条件下,核化速率很高,主要通过凝结冻结机制产生冰晶;配方 4 在 AgI 焰弹中混入六氯代苯,从而提高成核率,AgI-AgCl 复合核是一种高效的成冰核,当温度高于 -12 ℃时,其成核率比配方 1 高 1~2 个量级,但其核化速率很慢,而且明显地随云滴浓度变化,是接触冻结核;配方 5 中加入吸湿成分,核化机制从接触核化变为凝结冻结核化,提高核化速率,是一种快速高效的复合核;配方 6 中加入 BiI_3,提高成冰阈温,成核率比配方 1 高 1 个量级,这种复合核晶格常数比 AgI 更接近于冰,核化率随云滴浓度增加,因而主要通过接触核化产生冰晶。

表 3.3 6 种 AgI 丙酮溶液配方(1 kg 溶液中各成分的用量)(楼小凤 等,2021)

配方号	AgI(g)	NH_4I(g)	其他成分(g)
1	50	15.43	
2	50		NaI:15.96
3	50		KI:17.67
4	20	6.17	H_2O:3.0 NH_4ClO_4:3.0
5	20	6.17	NH_4ClO_4:3.0 $NaClO_4$:41.72 H_2O:3.0
6	20	6.17	BiI_3:0.23

3.1.2.2 致冷剂

致冷剂有干冰、液氮、液态二氧化碳、液态丙烷等。致冷剂是环保类催化剂,如液氮汽化后成为氮气,对环境没有污染。

3.1.2.2.1 液氮

液氮是氮气(N_2)的液态形式,价格低廉,容易制备,是制氧过程中的副产品。常压下汽化产生的氮气过量,可使空气中氧分压下降,引起缺氧窒息。液氮无色、无味、无毒、不燃烧、不爆炸。熔点-209.8 ℃,沸点-195.6 ℃,相对密度 0.81 g/cm³(-196 ℃),微溶于水、乙醇。液氮一般用于冷云或混合云的飞机人工增雨(雪)作业和地面人工消冷雾等试验研究,汽化潜热 9.96×10^4 J/kg,成核率为 $10^{12}\sim10^{13}$/g。液氮消雾技术与喷口的关系非常密切,通常使用喷嘴将液氮分散成小液滴和低温冷气,喷入过冷云雾中,形成冰晶。由于液氮播入后汽化很快,对较深厚的云(雾)层不能充分有效地催化。液氮吸热后部分液体汽化,其余液体仍维持液体状态,保存不需要压力。应当注意,避免皮肤接触液氮,否则可致冻伤。

飞机直接喷射液氮(包括液态二氧化碳、液态丙烷)主要形成线源,不利于人工冰晶垂直扩散,可考虑飞机播撒能吸入致冷液的多孔颗粒物,颗粒物下落可形成面源,以提高播撒效率。

3.1.2.2.2 干冰

干冰是二氧化碳(CO_2)的固态形式,白色,在 1 个标准大气压条件下,干冰表面被升华的 CO_2 气体包围,平衡温度为-78.2 ℃,可以维持很长时间。实验表明,每克干冰在温度低于-2 ℃的条件下,可以产生大约 10^{13} 个冰晶。干冰播撒前一般粉碎成丸状,直径约为 $5\sim10$ mm。碎块在云中下落一段距离才全部气化,故其催化区较深厚,常可用于冷云或混合云的飞机人工增雨(雪)、地面人工消冷雾作业。干冰催化作用的温度较高,成核率基本上与温度无关,无副作用,但必须在云体上部播撒,作用时间集中,近于瞬时产生冰晶。

3.1.2.2.3 液态二氧化碳

干冰沉降速度快,播撒高度宜高。可以在云中相对较低处用液态二氧化碳(liquid carbon dioxide,LC)代替干冰进行催化。LC 是二氧化碳的液态形式,通常以压力钢瓶形式储存。LC 的表面温度可达-90 ℃,可以在相对较低的高度播撒。温度低于 0 ℃,液态二氧化碳产生的冰晶量基本是一个常数。液态二氧化碳目前主要用于飞机人工增雨(雪)作业。

3.2 暖云催化剂

3.2.1 作用原理

形成云雾过程中,大气中水汽过饱和度一般低于1%。在这种低过饱和度下,只有少数半径较大、吸湿性较强的气溶胶才能起凝结核作用,所以云凝结核一般是吸湿性大核或巨核。

在暖云中,如果云滴尺度太小,且大小均匀,凝结增长时直径变化就缓慢,甚至在云的生命期内都不能长成降水粒子。如果云滴大小不均匀,则可通过随机碰并产生较大的云滴,进一步引发碰并作用。由此,如果在云中引入适量的吸湿性巨核,就有可能加速一些大滴的形成,激发碰并增长过程,加速云水转化,利于降水发展。此外,一些冰雹胚胎由大云滴冻结而成,说明云凝结核也能影响到冷云过程。

3.2.2 常用催化剂

吸湿剂有盐粉、氯化钙、尿素、硝酸铵等。吸湿剂颗粒或液滴能在相对湿度低于100%的情况下吸收水汽,通过凝结作用形成溶液滴。增长率和液滴中吸湿剂的浓度有关,浓度越大,增长越快。吸湿剂通常在暖云中使用,一般采用在云的上升气流中引入吸湿剂的方法进行催化。它们来源丰富、价廉。但是,食盐具有腐蚀性,剂量较大时对农作物有损害,而硝酸铵、尿素既无腐蚀性又无毒性,还具有一定肥效。

盐粉是由食盐加工而成的无色透明的立方结晶。分子量为58.45,比重为2.163,有吸湿性,溶于水时使水温降低。

实验表明,在温度25℃,相对湿度85%的条件下,将直径为29 μm 盐粒放在细丝上,在显微镜下观测它的吸湿增长的性能,结果发现0～4 s之间从直径为29 μm 长到36 μm,而后增长速度减慢,在1 min之后几乎不变。

为了了解不同尺度的盐粉颗粒吸湿增长的作用,曾在相对湿度不同的条件下以22 μm、30 μm 和55 μm 盐粒作为初始吸湿性核,在相对湿度92%和98%的情况下进行吸湿增长的实验,从这里可以看到用22 μm 和30 μm 的盐粒经过20 s的时间吸湿增长可变成60 μm 的水滴;50 μm 的盐粒用60 s的时间可以增长到115 μm 的水滴,由此可见盐粉的吸湿增长作用。在庐山自然云雾中,多次试验结果也证明,在播撒盐粉之后,受到其影响的云雾下风方会出现数量很多的大云滴。

盐粉的加工方法:为了能够得到比较合用的盐粉,一般使用球磨,可以磨成平均直径15 μm 大小的粉粒;另一种是将盐粉水溶液喷到高温箱中产生结晶粉粒,一般平均直径为14 μm,应该密封保存。盐粉对一些金属具有腐蚀作用,在使用中应注意。

3.3 催化剂运载工具

人工影响天气作业常用的作业工具有高炮、火箭、飞机、地面发生器等。高炮、火箭发射输送 AgI 气溶胶,播撒集中,冰核数浓度高,基本上能控制发射目标区范围,特别适合于飞机难以进入的对流云中进行人工增雨(包括静力催化和动力催化)和人工防雹作业,但对发射弹道的准确度和稳定性以及准时爆炸或点燃、自毁粉碎或张伞减速降落功能有较高要求,以确保安全。其缺点是影响面积有限,车载作业也仅能在一定范围内移动,存在一定的安全隐患。飞机机动性强,可直接将催化剂播入云中预定的部位,而且播撒均匀,覆盖范围较广。但飞机作业易受空域、天气条件和自身性能限制,有时会贻误作业时机,也不能长时间在作业区停留。地面发生器不受空域限制,经济方便,可以随时作业,缺点是难以保证催化剂入云和控制催化剂量。

地面增雨、防雹作业一般使用碘化银或其复合制剂,致冷剂通常采用飞机播撒或用于地面消除过冷雾。飞机可以在云上、云底或云的周围播撒,其装置有机载碘化银丙酮燃烧器、烟条末端燃烧器,也可以是催化剂投送装置,如下投式焰弹等。受空域限制,美国、西欧等一些国家主要采用飞机和地面发生器作业相结合的方法,使用的地面作业装备有碘化银-丙酮燃烧器、地面烟条树(烟条插架后形如树状)、液氮、丙烷播撒装置等。

国内省级单位购买、租用作业飞机的较多,地市、县级多以地面作业为主。1958年我国吉林省应用改装后的杜-2 轻型轰炸机进行了国内有组织、有计划的首次飞机增雨作业,使用的催化剂是干冰。20 世纪 70 年代以前,我国地面人工影响天气作业的主要装备是土炮、土火箭。70 年代以后使用"三七"高炮,炮弹由兵工厂提供,大大提高了作业的安全性。80 年代以来陆续研制的几种现代增雨、防雹火箭,制作工艺和稳定性逐步提高,也增加了可作业高度。新型复合碘化银催化剂的研发和使用,使成核率大幅提高。研制的新型火箭发射架、火箭弹、地面燃烧炉等作业装备,大大扩展了作业手段。2021 年 1 月 6 日,中国拥有自主知识产权的人工影响天气无人机"甘霖-I"在甘肃省金昌金川机场首飞成功,使西北区域人工影响天气能力建设工程的效益得到了进一步发挥。"甘霖-I"具备远距离气象探测能力、大气数据采集能力和增雨催化剂播撒能力,同时拥有防除冰能力,具备复杂气象条件下的作业能力。无人驾驶飞机作为一种新型作业工具,已纳入"十四五"人工影响天气发展规划中。

3.3.1 高炮作业系统

目前我国人工增雨、防雹作业使用的高炮,一般为 55 式 37 mm 高射机关炮和 65 式双管 37 mm 高射机关炮(图 3.1)。高炮的构造:自动机、瞄准机和托架、瞄准具及炮车等四大部分组成。

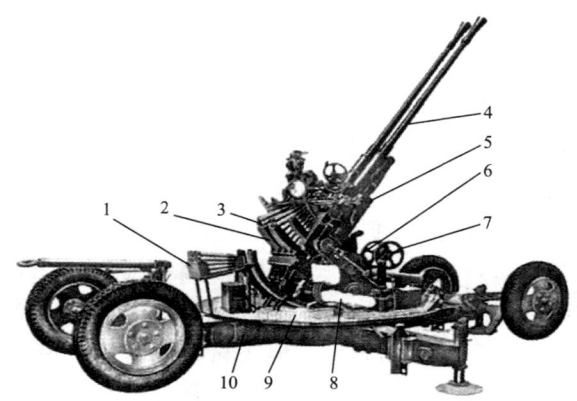

图 3.1　65 式双管 37 mm 高射炮结构(刘伟 等,2019)
1. 托弹盘;2. 装填机;3. 高低机;4. 身管;5. 遥架;6. 发射踏板;
7. 方向机;8. 瞄准手座;9. 炮盘;10. 炮车

55 式 37 mm 高射炮为单管高炮,系仿制苏联高炮的产品,于 1955 年定型,也是我军装备的第一种国产高射炮。1965 年设计定型的 65 式 37 mm 双管高射炮,是在 1955 年研制的 37 mm 单管高射炮基础上发展而来,由单管改为双管,并对支架、炮车等部分作了改进,重新设计了据架与平衡机,对有关布局也进行了调整。为适应用户需求,该炮定型后又研制出多种改进型。该炮射系统的火炮身管寿命在 7000 发以上,高低和方向瞄准均有两种速度,高速用于搜索捕捉目标,低速用于跟踪瞄准目标,而配置的同步击发装置可避免两炮发射周期的时差累积,达到基本同步,从而减小射弹的散布。后期生产的火炮配有电击发装置,可实现 6 门火炮集火射击。

65 式 37 mm 双管高射炮主要性能参数如下:口径 37 mm,战斗状态全重 2550 kg。全弹重:榴弹 1.416 kg,穿甲弹 1.455 kg。初速:弹 866 m/s,穿甲弹 868 m/s,射速 320~360 发/min,最大射程 8500 m,有效斜距 3500 m,有效射高 3000 m,高低射界 $-10°\sim 85°$,方向射界 $360°$。选择作业阵地要求视线良好,射界内无障碍,射程内要避开人口密集区、工厂、机关、学校等。

目前,自动化 37 mm 高炮可以通过计算机触摸显示屏或主控台的控制按钮对高炮进行全方位控制,改变了传统 37 mm 高炮的手动操作模式。

3.3.1.1　高炮炮弹

用于人工影响天气作业的高炮炮弹(人雨弹)定点生产厂家主要有重庆长安工业(集团)有限责任公司等企业。

重庆长安工业(集团)有限责任公司人雨弹主要有以下几个品种:83 型人工消雹催雨弹系列、92 型人工防雹增雨弹系列、99 型人工防雹增雨弹和 07 型人工防雹增雨弹系列。99型人雨弹采用了增程剂和底排结构,播撒剂在弹丸飞行到一定高度时播撒催化剂,形成一个播撒带。07型破片重量大幅度减小,基本解决了半爆问题;降低了膛压,能有效延长火炮寿命。为适应不同高度的云层催化需要,83、92、07型还分别设计了三种时间引信。每发炮弹含1~4 g AgI,可产生$(1.0 \sim 4.0) \times 10^{10}$个冰核(在温度为-4 ℃条件下)。

3.3.2 火箭作业系统

火箭作业系统通常由火箭发射架、火箭弹和发射控制器组成(图3.2)。

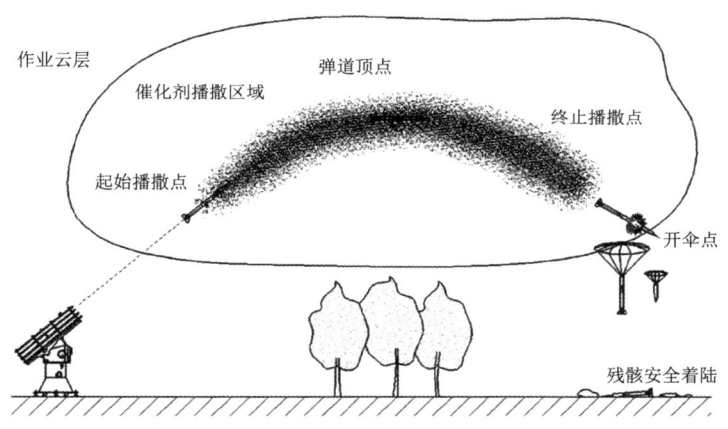

图3.2 火箭作业示意图(吴明柱,2020)

3.3.2.1 火箭架

火箭发射架(图3.3)按其安装方式可以分为地面式、车载式、牵引式等几种形式。部分火箭发射架为车地两用型。

火箭发射架由发射器和支架组成。发射器上装有导轨,用于插入火箭弹,导轨上有电接触头,用于连接电控发射点火系统。支架装在地面或运输载体上,起固定和导向的作用。导向装置可以控制并锁定发射架的方位和俯仰角。

3.3.2.2 火箭弹

火箭弹一般由动力装置(固体火箭发动机)、催化剂播撒装置、安全着陆系统、稳定尾翼和导电通路等组成。靠近弹头的两个舱室常用来装入安全着陆系统和催化剂播撒装置,弹尾是稳定尾翼,第三舱室是火箭发动机。导电通路通过导线或导电环与火箭内部发动机相连。每发火箭含8 g AgI,可产生约10^{11}个冰核(在温度为-4 ℃条件下)(董晓波 等,2020;高建秋 等,2020;王源睿 等,2019)。

作业使用的各种火箭弹,目前装填的都是冷云催化剂,引入碘化银冰核,发生方

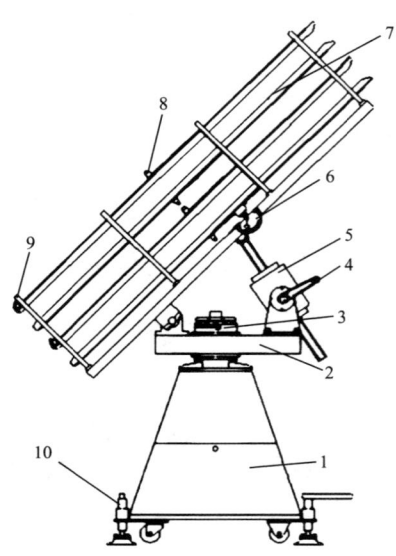

图 3.3　火箭发射架（吴明柱,2020）

1. 底座；2. 回转机构；3. 锁紧机构；4. 摇柄；5. 升降机构；6. 仰角刻度盘；
7. 定向器；8. 触头；9. 挡弹器；10. 支脚

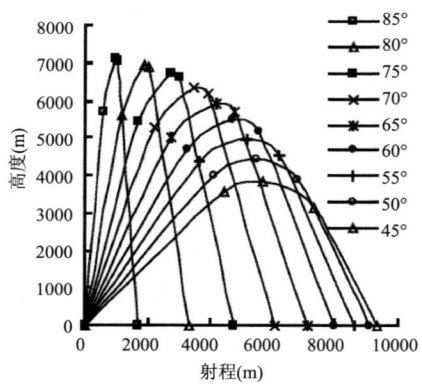

图 3.4　500 m 海拔火箭弹道示意图（赵立清 等,2019）

式有爆炸和焰剂燃烧两种，火箭弹的弹道轨迹图如图 3.4 所示。

（1）爆炸分散型火箭工作原理

火箭发动机点火后产生推力，火箭沿发射架轨道按预定方向飞行。到达飞行顶点后，催化剂仓与火箭发动机分离，延迟 1.5 s 后催化剂仓爆炸，将催化剂分散在云层中。同时，火箭的安全降落伞机构开始工作，打开降落伞，使火箭残骸随降落伞以小于 10 m/s 的速度缓慢降至地面。

(2) 焰剂型火箭工作原理

火箭点火后,发动机点火工作短暂时间,随后火箭依据惯性沿抛物线飞行。到达一定高度后,催化剂被延时点火装置点燃,沿弹道播撒,播撒结束后,安全回收装置开始工作,由降落伞携带火箭残骸飘落。采用自毁方式的火箭,在播撒结束一段时间后,自毁装置工作,使残骸在不低于地面 2000 m 的空中自毁。

3.3.2.3 发射控制器

发射控制器是提供火箭发射指令及火箭点火能量的设备,用于控制火箭点火发射。其另一功能是能正确识别火箭外线路通断和检测火箭外线路电阻,并控制火箭的发射。有的控制器还可以控制火箭架的仰角和方位。

3.3.3 机载作业工具

对飞机播撒技术来说,应考虑飞行速度和播云范围及巡回飞行播撒路径,以选择相应的人工冰核输出率,并应考虑适应不同云系对引晶作业的成核率、冰晶核化速率及云内人工冰核数浓度的要求。

3.3.3.1 机载发生器

BS-1 型碘化银发生器是由两个燃烧发生器与控制器组成(图 3.5)。发生器主体是两端呈锥形的不锈钢圆桶,桶内中间部分是贮液舱可装入碘化银丙酮溶液 24 L,圆桶中心为通风道,飞行时高速气流进入风道后经过螺旋板,产生旋转气流,将碘化银丙酮溶液在燃烧室内喷成雾状,由电火花引燃。控制器通过电磁阀控制发烟器内溶液的流量,燃烧室上方有感温元件与控制器相连,由机舱内控制点火,溶液燃烧温度约 1000 ℃,撒播时间约 1.5 h。在云中温度高于 −20 ℃ 时能正常工作,成冰核率高,使用方便安全。需要注意的是,机载燃烧器受飞行条例限制较少使用,尤其是丙

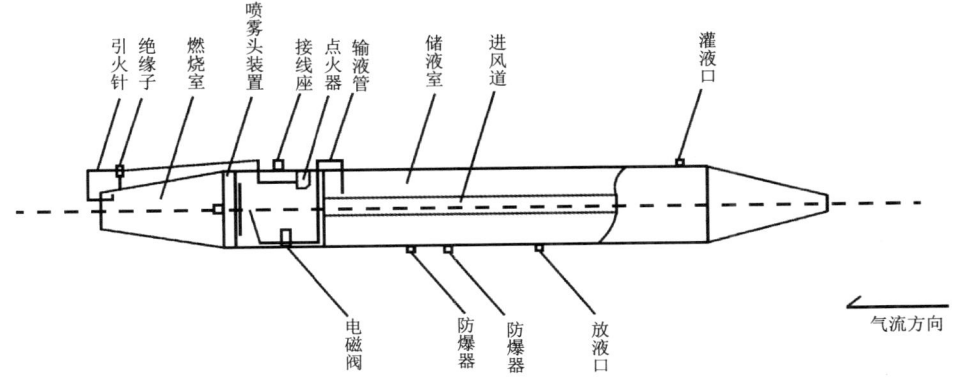

图 3.5 碘化银发生器结构示意图(卢玩顺 等,1996)

酮燃烧器,即使使用也是在飞机外侧悬挂安装。

3.3.3.2 机载焰弹

FJY-34 型机载碘化银焰弹及其发射系统是我国第一代飞机上发射的人工影响降水专用焰弹。经过几年外场人工降水作业的实践,又研制出龙 B-1 型机载碘化银焰弹,它的发射系统和控制箱工艺比较先进,电控点火系统,使用方便和安全有效。机载焰弹发射方便,使用安全,机架安装和飞机改装也不复杂。

由于吸湿性催化剂易于黏结难于提供最佳粒子谱,其腐蚀性对飞机运载播撒限制甚大。吸湿性催化焰弹主要是使云滴浓度减小,谱加宽,使之从大陆性云向海洋性云转化,促进碰并,还诱发凝结—冻结机制,并由潜热(凝结、冻结)再分布产生动力效应,甚至促进冰晶繁生。

3.3.3.3 新型 AgI 末端燃烧器

AgI 末端燃烧器是新型机载碘化银发烟工具。在机舱内操作控制器,以电击火方式点燃、释放碘化银催化剂烟雾。

AgI 末端燃烧器形状为圆柱形,主要结构有:接电铜片、焰管外壳、定位柱、喷焰口、防潮塞和管内的催化药柱。依据飞机机翼的有效载荷量,采用铝合金制造的播撒架的设计重量为 30 kg(图 3.6)。

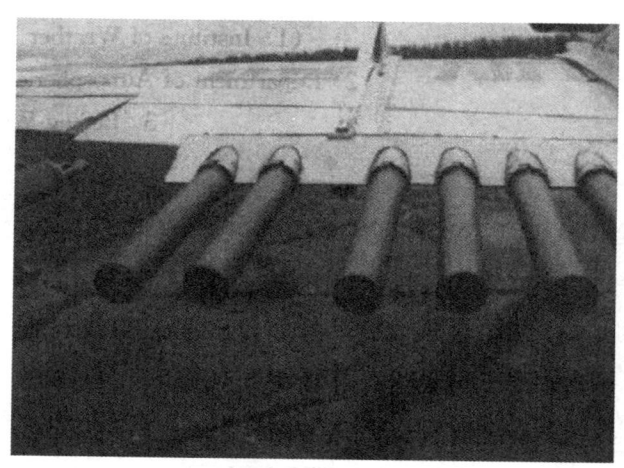

图 3.6　AgI 末端燃烧器(汪晓滨 等,2005)

AgI 末端燃烧器一般有 20 根,每根重量为 1080 g,共计为 21.6 kg。这种 AgI 末端燃烧器已在国内各地飞机人工增雨作业中运用,并在不断地改进和完善过程中。另外,目前正在实验中的纳米 AgI 催化剂成核率比微米 AgI 成核率高,成核阈温也高,活化速率也快,有望成为较好的催化剂。

3.3.3.4 机载液氮播撒装置

由于液氮在大气中蒸发膨胀很快,膨胀系数可达到600。每当液氮滴下降时,很快全部蒸发,因此形成-40 ℃廓线,范围不大。为了充分利用液氮致冷成冰核的效应,采用有吸附作用的粒子作载体,载体吸附液氮后可延缓液氮的蒸发加长其蒸发时间。液氮和载体一次充填能实现自动连续播撒,其播撒装置构造见图3.7。

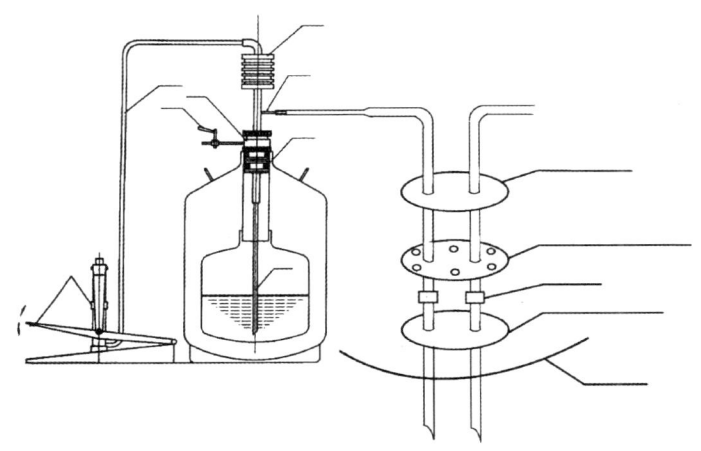

图3.7 机载液氮播撒装置示意图(杨瑞鸿 等,2015)

装在载体罐中的载体,经过连接器进入混合器,在混合器中有液氮喷嘴和旋转叶轮组。液氮经输液管喷嘴进入混合器推动叶轮与载体充分混合和热交换,达到预冷降温的目的,然后由混合器尾部喷嘴喷出。喷出的载体由于吸附了大量液氮,其温度可下降到-195.8 ℃。

人工增雨专用飞机上安装液氮载体播撒装置。当作业飞机飞入云中,选择好适宜人工增雨的云区后,即启动播撒液氮载体装置,使一定数量的载体撒入云中,即可产生大量冰核,影响云层降水。

保存液氮一定要装配安全阀报警放液装置,否则会因压强过大造成容器炸裂。操作时应戴石棉手套。移运液氮要将罐固定牢,以免液氮溢出冻伤。

3.3.3.5 机载干冰播撒

常用漏斗、小铲等手工工具,故飞机的密封条件和飞行高度均会受到影响。播撒剂量一般取为100~1000 g/km。由飞机在云中适当部位播撒,气化时表面温度降至-90 ℃以下。飞机播撒时,其周围形成低于-40 ℃的区域,使其中大量的由几个水汽分子结合形成的缔合物,在超过饱和度环境中,生存并长大成冰胚,再通过云中湍流扩散带至周围含云空气中,通过"蒸凝过程"长大成冰晶。

干冰用量 $10^2 \sim 10^3$ g/km,在 -20 ℃高度向下播撒,要求在 0 ℃高度以上气化消失。一般只要云顶温度 <-7 ℃,使用干冰催化就能生成大量冰晶,为使降水粒子落出云底时长得足够大,在到达地面前不致蒸发消失,要求云厚 >2.5 km,过冷层厚 >1.5 km。

3.3.4 地面发生器

地面发生器主要用于地形云系人工增雨(雪)作业,目前分为溶液型和烟条型两种。

3.3.4.1 国外地面播撒装置

美国 WMI 公司的地面播撒装置有溶液燃烧型地面发生器和地面烟条树两种。溶液燃烧型地面发生器有手动操作或遥控操作两种,多用于地形云增雪(或雨)作业。地面烟条树设计为遥控操作,使用的烟条分为成冰剂型和吸湿剂型,并有各自的发生装置,前者可装 108 根烟条,每根烟条质量为 150 g。产品特点:可以遥控点火,成冰阈温高,-4 ℃时成核率达到 10^{11} 个/g,活化速度快,1 min 后 63% 活化,5~15 min 时 90% 活化;后者可装 60 根烟条。

3.3.4.2 国内地面发生器产品

国内地面发生器是近年普及的产品,新疆、青海、北京曾研制过地面碘化银-丙酮溶液燃烧器,现则多使用固态碘化银烟条。其优点是无需空域申请,随时作业,按点火方式有现场点火和远程控制两种。

远程控制地面发生器,一般配备计算机控制系统、远程无线传输系统(GSM 短信、GPRS 或卫星传送),还可配备多功能自动站、太阳能供电系统、防盗、报警和监控系统。其次地面发生器填充容量大,每次可安装几十根烟条。其中卫星传送可以在没有手机信号的地区工作。

(1)人工燃烧炉

在迎风坡地面设置人工燃烧炉(图 3.8),能够很方便地将冰核送入云中上升气流中。但人工冰核仍要依靠垂直上升运动和湍流扩散作用输入云中,故其中能直接参与核化的比例偏低。考虑地面风速偏小,应增加喷口压强和提高燃烧温度,也可在排风口处附加强制通风装置。

图 3.8 人工燃烧炉工作位置

(2)燃气炮

"HY-R型增雨防雹燃气炮"(图3.9)是一种运用冲击波、声波对局部天气进行干扰的新型作业装备,设计影响高度6 km。安全性较火箭、高炮有显著提高,无爆炸物残骸产生。操作简单、智能化集成度高,可实现无人值守、远程操控,无需申请空域(无物体置空飘落)。2019年,浙江省首部增雨防雹燃气炮在湖州市南浔区测试完成,以燃气、空气混合爆炸产生冲击波,通过持续地对气流进行扰动,实现了人工增雨防雹的理想效果。

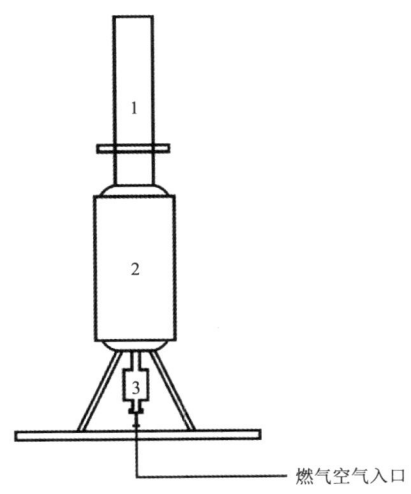

图3.9 燃气炮示意图
1. 喷管;2. 爆轰罐;3. 混合点火管

第 4 章 云与降水物理探测在人工影响天气中的应用

人工影响天气是建立在云降水物理学基础上的一门应用科学技术,只有深入研究云动力学和微物理特征,才能根据云降水的形成和发展变化规律,施加人工影响,以便取得实际效果。因此云和降水物理探测技术就显得尤为重要。

人工影响天气中各种探测手段和所使用的仪器主要服务于两个目的:一是探测自然的云降水过程基本特征,深入了解云降水过程的各种尺度、各种物理机制,可为建立相应的云和降水数值模式提供观测基础;二是探测施加人工影响后的云降水动力学和微物理学响应变量的基本特征,进而研究对人工影响天气作业效果的检验和预估。

大气中云降水物理过程和人工影响天气,从凝结核/冰核到锋面云系,空间尺度从 $0.01~\mu m \sim 10^3~km$,相差 10^{14} 倍。若再考虑从成核的气体分子向气溶胶的转化,相差的倍数更大。因此,对人工影响天气进行全覆盖的观测需要多种途径和手段。最近几十年来,探测技术有了快速发展,在电子技术和计算机技术发展的带动下,我们的观测能力和水平有了极大的提高。

4.1 云室介绍

由于对自然云的直接探测相当困难,而且云和降水发展的过程又很复杂,为了在云室中模拟云的过程,研究成云致雨机制,检测自然的和人工的云凝结核和冰核的性能,常常建造一些专门设计的容器或与外界可以隔开的空间,在其中人工调节温、湿和液水量等环境参数,产生云雾,开展实验研究。这种研究云雾降水过程以及对这些过程实施人工影响的实验设备称为云室。

云室的种类很多,分类方法多样。从形成过饱和水汽的方法可以分为:膨胀云室、扩散云室和混合云室。按云室内部温度不同可以分为:冷云室和暖云室。云室中温度低于 0 ℃的云室称为冷云室;而温度高于 0 ℃的云室称为暖云室。

云室是云雾物理和人工影响天气研究工作必不可少的实验手段,在云室中已经开展的试验研究包括:模拟自然大气中云的形成;研究大气气溶胶、反应气体等对云形成的影响;研究云中水的三种相态转化过程以及所涉及的各种异质核化机制;模拟研究降水粒子的增长过程,如凝华、碰并、碰冻等过程以及冰雹的增长过程;研究各种人工冰核、吸湿核的性质与作用,各种核发生器的效率,以及不同催化剂、不同催化方法对云和降水的影响;影响大气中的光电现象及夜光云等高层大气现象等。例如,早在19世纪末就有人指出,把人工冰核引进过冷云中,能够促进降雨过程,但既没在野外实验中找到令人满意的方法,也没能从理论上做出科学解释。1946年,Schaefer将干冰投入充满过冷雾的云室中,发现能够产生大量的冰晶。接着,他使用干冰进行了第一次人工播云的野外试验。同年,Vonnegut又利用云室找到了最有效的人工冰核——碘化银。这两项著名的云室试验使人工影响天气的野外试验有了可能。

一般云室的结构是由云室主体和附属设备组成。云室主体主要是模拟所需要的环境条件,体积可小至数十立方厘米,大到上千立方米。附属设备一般由温度、气压控制系统、空气净化系统、催化系统、观测系统等组成。有些云室,还能控制气流,并配有风洞,构成云物理风洞模拟大气中的垂直运动以及冰雹等降水物的形成过程。

根据过饱和产生的原理并结合现有的云室系统实例,下面分别介绍膨胀云室、扩散云室、混合云室。

4.1.1 膨胀云室

膨胀云室采用快速增长云室体积的方式造成云室内部的膨胀降温增湿。对于现在多数情况下采用的固定体积的膨胀云室,其压强改变方式有两种,一是先加压然后打开云室控制阀门,使云室内气压迅速减小;二是利用真空泵抽气减小云室内部压强。

1895年,威尔逊设计了一套设备,使水蒸气冷凝来形成云雾。当时人们认为,要使水蒸气凝结,每颗雾珠必须有一个尘埃为核心。威尔逊仔细除去仪器中的尘埃后发现,无需尘埃,而用X射线照射云室时,云雾立即出现,这证明凝聚现象是以离子为中心出现的。经过四年研究,他总结出,当无尘空气的体积膨胀比为1.25时,负离子开始成为凝聚核心;当膨胀比为1.28时,负离子全部成为凝聚核心。对于正离子来说,膨胀比为1.31时开始成为凝聚核心,膨胀比为1.35时全部成为凝聚核心。另一方面,他还指出,离子的电荷对水蒸气分子产生作用力,有助于雾珠的扩大。1912年,威尔逊为云室增设了拍摄带电粒子径迹的照相设备,使它成为研究射线的重要仪器。用这个云室拍摄了α粒子的图像。1927年,威尔逊因发明云室而与康普顿同获诺贝尔物理学奖。

图4.1为威尔逊云室原理图,它的主要构成:A是产生云雾的空间,B是调节阀,C是真空室。它的工作原理是:进行观察、拍照前,清除A内的所有"尘埃"粒子;在A内加入潮湿气体,将C抽成真空,按照要求调节阀门B,活塞就会突然下降,使A内气体突然膨胀产生必需的过饱和,然后使电离粒子通过过饱和气体,最后,照亮在离子轨迹上凝聚的云雾,用相机从云室上方向下进行拍照。

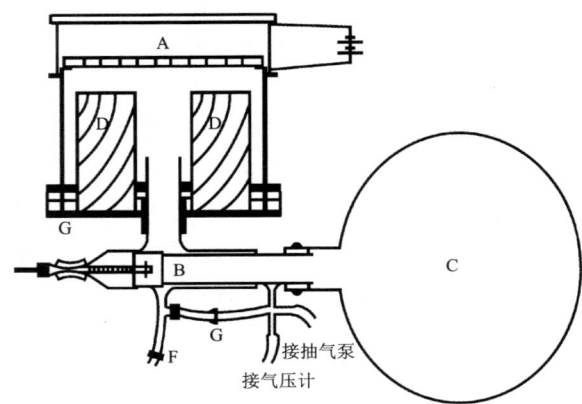

图 4.1　威尔逊云室原理图(牙述刚,2003)

德国卡尔斯鲁厄研究中心(Forschungszentrum Karlsruhe,FZK)气象与气候研究所(IMK-AAF)的大气气溶胶相互作用与动力学实验系统(Aerosol Interactions and Dynamics in the Atmosphere,AIDA)(Möhler et al.,2003)可看作是一个多功能膨胀云室,大气状态参数(温度、湿度、气压)以及微量气体和气溶胶浓度调节范围均很大,目的是研究大气气溶胶和云物理过程,已开展了包括电动悬浮测量和综合性的气溶胶和云微物理演变过程模拟等实验研究项目。在 2007 年举行的第四届国际冰核测量比对研讨会上,将包括 AIDA 系统在内的九种冰核检测云室集中在一起,在相同气溶胶源的条件下进行对比,AIDA 系统既提供不同膨胀阶段的气溶胶样品供其他八种设备对比检验使用,同时其他八种设备的检测结果又与 AIDA 系统进行比对(Möhler et al.,2008)。

作为该系统的核心部分,云室为圆筒形铝质容器,内部体积 84 m^3,外部建有恒温室。该系统使用时温度、气压、相对湿度、气体组成均能稳定控制在实验所需要的状态。通过真空系统可使云室内部气压降到 1 hPa 以下,温控系统可使内部温度控制在 $-90 \sim 60$ ℃ 的范围,且在时间和空间上的变动在 ±0.3 ℃ 以内。系统可使所要求的状态稳定维持数小时至数天。通过真空泵抽气进行绝热降压,使云室内处于水面或冰面过饱和状态。降压冷却与升压增温的变温率可控制在 $0.1 \sim 5$ K/min,因此既可以模拟对流云的形成、发展这样的强烈过程,又可以模拟背风波这样的弱过程。典型情况下,云室内气压从 1000 hPa 降到 800 hPa 仅需要 $5 \sim 10$ min。

配合该系统使用的仪器设备包括有商品仪器、其他研究机构的相关仪器和针对本系统设计开发的仪器,使 AIDA 系统既能产生各类气溶胶粒子,又能对气溶胶粒子、微量气体成分、云雾粒子的物理、化学特性进行测量。实验中已使用的仪器包括常规的气溶胶仪器和利用散射、偏振、成像等技术专门针对冰晶测量开发的仪器。

AIDA 系统的一个优势是,能够通过调节云室内部的温、压、湿等参量的变化和脉动,对云过程进行相对真实的模拟研究,包括气溶胶发生、吸湿增长、CCN 活化以及低温时冰相核化的整个过程。云雾形成后进一步控制云室状态,还可以继续模拟气溶胶的老化和云雾粒子的变化过程。但需要注意的是,由于系统所采用的膨胀降温增湿原理、云室内的温度扰动和边壁影响,AIDA 的湿度控制精度相对较低,水汽含量误差一般在±5%~±10%。

4.1.2 扩散云室

最早的扩散云室设计于 20 世纪 30 年代,目的是为了在清洁空气中产生连续过饱和状态,用以研究宇宙射线的径迹。在云物理领域,扩散云室提供了测量 CCN 和 IN 所需要的低过饱和条件。

测量 CCN 常用的云凝结核计数器(Cloud Condensation Nuclei Counter,CCN)主要由三部分组成:(1)扩散云室、(2)光源及散射光测量、(3)记录和控制,可用于测量不同过饱和度下的云凝结核数浓度。其基本原理:云室内壁维持一定量的水流以保持湿润。由于从云室内壁向云室内部的水汽扩散比热扩散快,因而在云室的垂直中心线区域达到最大的过饱和度。环境空气进入仪器后被分为采样气流和鞘流两部分。经过过滤和加湿、没有气溶胶粒子的鞘流环绕在采样气流周围进入云室,可以把采样粒子限制在云室垂直中心线区域。采样粒子在设定的过饱和度下活化增长。活化后的粒子进入云室下面的光学粒子计数器(Optical Particle Counter,OPC),OPC 内照射激光的波长为 660 nm,通过粒子侧向散射计算得到活化的 CCN 粒子尺度和个数(图 4.2)。

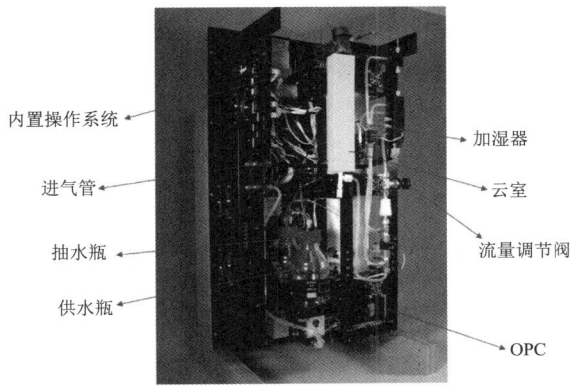

图 4.2 云凝结核计数器内部结构示意图

1963年，Bigg等（1963）提出了用于测量大气冰核浓度的滤膜—扩散云室法，也称滤膜法，该方法即为传统的离线观测方法。该方法首先使用滤膜进行气溶胶粒子的采样，然后在实验室中使用静力扩散云室对采集了大气气溶胶粒子的滤膜进行冰核的活化实验。滤膜法具有气溶胶取样与冰晶活化处理分开、取样地点不受限制、连续性取样及捕获率高的优点，但是取样体积的不合理也会导致体积效应带来的误差。对于这种离线的冰核观测方法，最初使用等温静力扩散云室来对采集大气气溶胶粒子的滤膜进行活化实验。该云室主要是上下两个平行放置的金属板组成，这两个金属平板的温度是可以控制的，上板是一个水平的冰面，下板用来放置采集了大气气溶胶粒子的滤膜，通过控制上、下板的温度来控制云室中的湿度条件，云室中模拟的冰核核化机制主要为凝华核化机制和凝结冻结核化机制。扩散云室的主要优点是其温度和湿度可独立地改变，其湿度控制的精度较其他方法高。

随着技术的进步，Rogers等（2001）提出了连续流扩散云室（Continuous Flow Diffusion Chamber，CFDC）。该云室可以模拟移动的液滴经过温、湿度可控的云室发生冻结及增长，根据尺度差利用光电计数器检测。根据云室中内腔的形状和放置方向，该云室有两种类型，一种是云室的内腔由垂直圆筒组成，另一种云室是由水平放置的两块平板组成。另外，CFDC云室还可以与气溶胶化学成分分析仪器连接，当样本气流通入连续流扩散云室中，气流中的气溶胶粒子在一定的温湿条件下进行活化后形成冰晶，从云室中流出后再进入到气溶胶化学成分分析仪，来进行冰核化学成分的分析，例如单颗粒质谱分析仪和电子显微镜。在很多高空和地面的观测中都使用了这种连续流扩散云室，该云室的性能也得到了不断改进。

对于冰核离线观测方法，Klein等（2010）设计了真空静力水汽扩散云室（FRankfurt Ice-nuclei Deposition freezinG Experiment，FRIDGE）。该方法首先将气溶胶粒子在高压电场的作用下采集到一个硅片上，然后将采集了气溶胶粒子的硅片置于FRIDGE云室中进行冰晶的活化实验分析。图4.3为南京信息工程大学搭建的FRIDGE云室结构示意图（苏航等，2014；Jiang et al.，2015），云室的主体部分云室腔是由上下两个可以分开的云室腔组成的，上下两个云室腔合在一起形成一个密封的云室腔（内径：70 mm，高：30 mm）。实验时打开云室腔，附有气溶胶粒子的采样硅片放置于下云室腔底部，上云室腔外部连接一个水汽腔，以及真空抽气泵和测压元件。水汽腔是一个体积为800 mL的不锈钢铁制容器，水汽腔装有约0.5 cm深的水，实验前对水汽腔进行降温形成冰面，以提供实验时的水汽条件。云室腔及水汽腔底部都配有珀尔贴制冷元件，并通过PID控制器来调节云室腔及水汽腔内的温度在一恒定值。云室腔内配有一个小型的PT1000温度传感器，置于采样硅片的边缘位置，用来测量采样硅片表面的温度，整个采样硅片表面的温度差可以控制在0.04 ℃以内。上云室腔的顶部配有CCD照相机，云室腔内装有LED灯用来照明，实验时采样片上的气溶胶粒子活化长大成为冰晶,通过 LED 灯的照明,CCD 照相机可以对云室中的冰晶粒子进行拍照并结合自动图片分析软件进行冰晶个数的读数,其精度较人工肉眼读数大大提高。实验前首先使用真空抽气泵将整个云室系统抽成真空状态,当云室腔及水汽腔的温湿条件到达设定值时,打开云室腔与水汽腔之间的连接阀,水汽扩散到云室腔内,采样硅片上的气溶胶粒子开始活化并增长形成冰晶,CCD 照相机对冰晶进行拍照并通过软件进行自动读数。实验时的过饱和度通过云室腔及水汽腔中的温度、气压计算得到的。当云室中的湿度条件处于冰面过饱和而水面欠饱和的状态时,云室模拟的冰核核化机制仅仅只有凝华核化;当湿度条件处于水面过饱和时,云室中则测量的大气冰核数浓度是在凝华核化及凝结冻结核化机制下产生的。

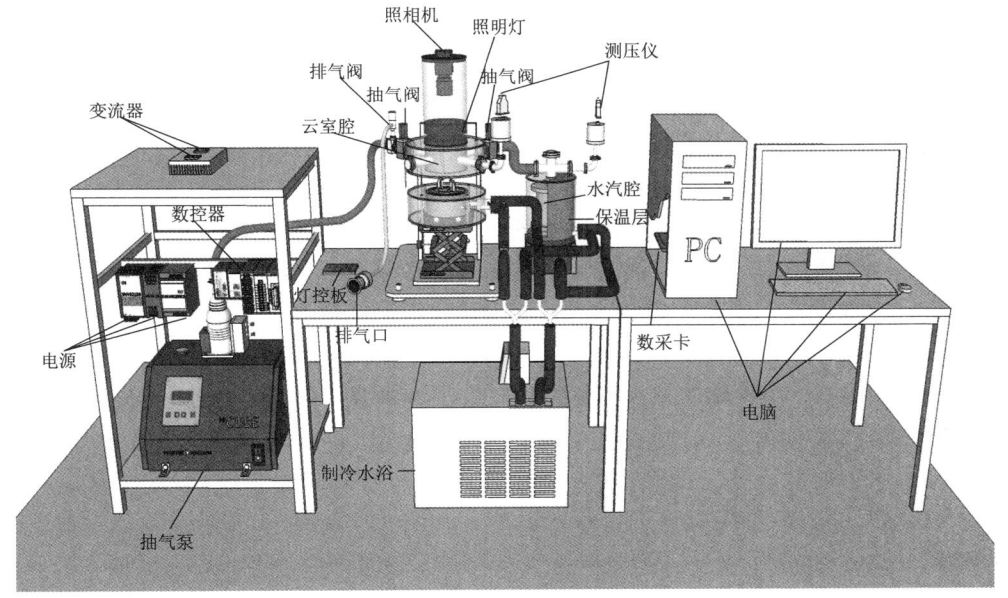

图 4.3　南京信息工程大学搭建的 FRIDGE 云室结构示意图

4.1.3　混合云室

调节云室内湿度状态所采用的"混合"技术,一种是将冷暖空气引入云室,利用绝热等压混合降湿原理,使云室内形成过饱和,如德国法兰克福大气环境所和美因茨大气物理所联合研发了快速冰核计数器(Fast Ice Nucleus Chamber, a continuous flow mixing chamber, FINCH)(Bundke et al., 2006)。FINCH 将暖湿空气与干冷空气的绝热等压混合产生过饱和。该方法容易实现对过饱和度和温度的准确控制,同时产生的过饱和度和温度在空间上较扩散云室均匀,没有 CFDC 过饱和云室中垂直于采样气流方向的梯度变化,既提高了测量的准确性,又可以增加采样流量,克服了扩散云室采样体积有限,在冰核浓度较小时采样代表性差的缺陷。FINCH 云室具有高达 5~10 L/min 的样品流速,只需要 1~2 min 就可以得到足够的冰核数据,因此可以实现大气冰核在线观测。该仪器可以保证粒径大于 3 μm 的气溶胶粒子在 50 L/min 流速以上都具有 100% 的观测效率。FINCH 还利用冰晶和水滴的散射光偏振特性差异,设计了专门的光学计数器对长大后的粒子进行相态分辨,区分云室中的冰晶粒子和过冷水滴,进而可以分别得到云凝结核和冰核的数浓度(Bundke et al.,2008)。

另一种常用的方式是以被测样气作为暖气流,与预冷云室内一定温度的冷空气混合,造成暖空气的混合降温形成云室内的过饱和状态,如 Bigg(1957)设计的用于冰核测量的混合冷云室,也称 Bigg(毕格)型冰核计数器。该云室是早期最典型的在线观测大气冰核的冷云室。图 4.4 为中国气象科学研究院根据 Bigg 混合云室原理设计 15 L 便携式混合云室的结构示意图(杨绍忠 等,2007),主要用于野外冰核观测。云室底部有一升降糖盘,糖盘中装有糖液(糖与水的质量比为 1∶1),糖盘上方为冰核活化区。云室主体部分为两个铜质同心圆筒,内筒和外筒形成一个夹层,夹层中装有防冻液,防冻液中有螺旋状的制冷压缩机的蒸发盘管,用于吸收热量,使云室降温,核化区的温度由中下部的感温元件测得。在内外筒下面设计有可使糖盘升降的电机驱动装置,用于空气样本的吸入和排出。超声雾化器用水为蒸馏水,它产生的常温雾经过埋设在冷媒中的三根铜管实现,送雾气流中的杂质微粒可通过静电除尘装置进行清除。超声雾化器产雾可以延长通雾时间,避免传统的人工呼吸过冷雾方法导致取样体积的不确定性。常温雾预冷后再进入云室,这样可以减小常温雾直接进入云室对核化温度的干扰。云室最低温度可降到 $-28\ ℃$,温度测量分辨率为 $0.1\ ℃$,冷媒为汽车防冻液。观测中首先将云室温度降低到所需要的温度,待云室内温度稳定后进行空气取样,环境空气进入云室预冷后通入过冷雾,待一段时间后升起糖盘进行冰核计数。

4.2 地面观测介绍(雨滴谱,冰雹谱)

对于人工影响天气,地面观测的主要目的是通过观测和分析云和降水系统的时空演化特征,建立相应的云和降水数值模式,从而确立人工影响天气的途径和手段。结合人工干预手段,探究云和降水系统在热力学、动力学和微物理学的变化机制,进而实现对人工影响天气效果的预估和检验。除此之外,还能对业务部门人工影响天气的指挥作业和方案设计提供指导意见和参考。雨滴谱和冰雹谱是人工影响天气最重要的地面观测内容。

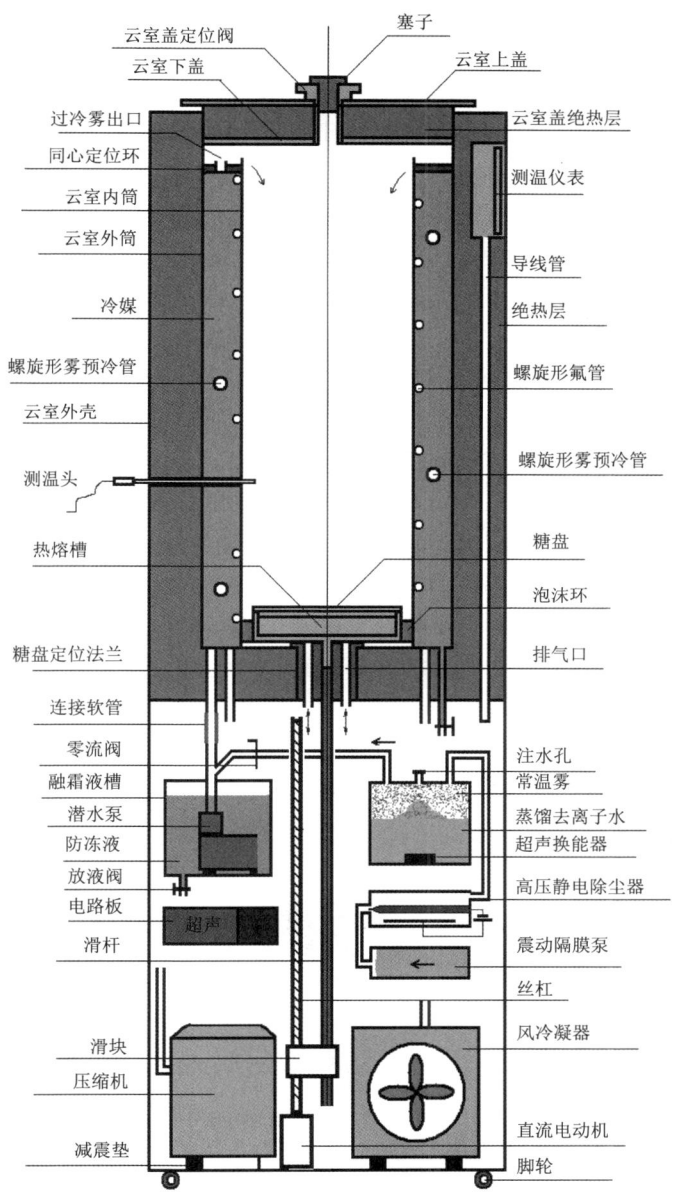

图 4.4 中国气象局气象科学研究院根据 Bigg 混合云室原理设计 15 L
便携式混合云室的结构示意图

(杨绍忠 等,2007)

4.2.1 雨滴谱

地面雨滴谱特征量的变化反映了降水的微物理过程。为了提升雨滴谱和气象雷达观测精度，对不同背景尺度、发生时间的降水系统建立相应的反射率因子拟合式——雨强的拟合式。使用雨滴谱数据用于提高雷达定量测定降水的准确度，因此地面雨滴谱的观测资料非常重要。

早期的云降水粒子的取样主要分为碰撞取样和印模(痕)取样。滤纸色斑法是一种常见的对水滴低速撞击产生的印痕进行取样的方法。该方法假定水滴在涂有水溶性颜料的材料表面形成的色斑大小与水滴的粒径大小成正比，基于测量雨滴在相同材料上形成的色斑大小和假定的正比系数得到相应的雨滴粒径。滤纸色斑法要求雨滴溅落在取样器表面后能即刻形成色斑图案。取样器可选用涂有可溶性颜料的滤纸、晒图纸、相纸等。传统滤纸色斑法的主要特点是简单易行，然而其测量精度有限，资料处理工作耗时繁重。该方法对雨强低的小雨滴进行测量比较准确，对大雨滴的测定会有较大误差。为了克服传统滤纸色斑法的局限性，1994 年中国开发配制了涂敷滤纸的新型敏感显示剂(蔡酚绿-B)，以适应不同种类的图像分析系统(如 Q-900 型图像分析仪)对色斑对比度的要求，从而进行更加准确的测量和计数，并通过计算机直接给出谱分布，计算各类降水谱参数和物理量，省却了人工测量和读数的繁琐劳动。滤纸色斑法在特定设定条件下也可作为雨滴谱自动化测量仪器的比较标准。

随着测量技术的发展，目前业务观测站都配备了可连续测量的雨滴谱自动测量仪(图 4.5)，该仪器基于降水粒子对激光衰减的原理，不仅能够测量降水过程中不同相态粒子的直径、速度、分布密度等特征参数，还能够同时记录雨强、累积雨量、天气现象、能见度等气象信息。

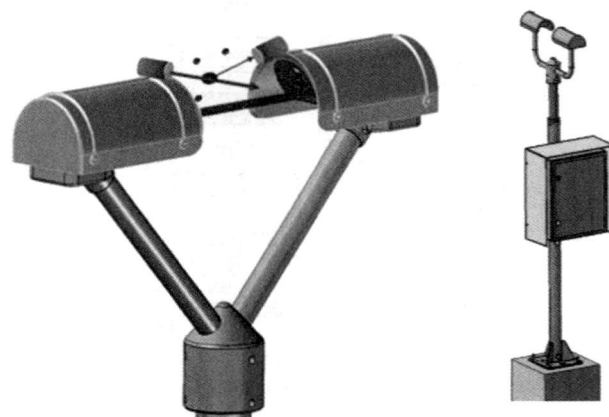

图 4.5 雨滴谱自动观测仪示意图

根据地域背景差异,雨滴谱种类主要包括海洋型雨滴谱和大陆型雨滴谱。其中,大陆型谱宽较窄,对应的降雨云更稳定。大部分雨滴谱都以指数函数进行拟合。由地面雨滴谱可计算出空中雨滴谱和空中含水量,应用于雷达反射率因子计算云水含量的空间分布。在强降水过程中,可以根据降水地区的地面雨滴谱观测资料,构建模型参数与雷达反演公式中参数的相应关系,以提高雷达对该次降水的预测精度。

4.2.2 冰雹谱

测雹板可记录不同尺度雹块打击的凹痕,是观测地面雹谱的常用工具。测雹板属于地面低速碰撞印痕取样器。它的优点是设备简便、成本低廉,通过建设易于形成大面积分布式观测网络(最高密度可达 $1/3.8 \text{ km}^2$),可实现无人化在线测量。缺点是难以明确降雹起止时间,故无从了解降雹各参数随时间的变化。资料整理时,要求首先确定印痕的形状,然后量取印痕在不同方向的尺度,经检定曲线订正后计算得到到达地表的冰雹尺度分布和数浓度分布。测雹板资料也可使用图像分析仪自动处理。

测雹板法所得雹谱资料的准确性和代表性取决于对测雹板材料的选取和标定工作。从撞击变形过程的理论分析可知,凹痕的大小应与落雹的动能有关。根据同样大小的金属球的质量推算其具有同样动能时应有的撞击速度,再根据撞击速度、重力加速度和空气阻力计算得出下落高度。不同质量和大小的雹块的下落末速度及其动能也可由实验方法确定。由于雹块末速度在不同海拔高度有较大差别,应根据取样点拔海高度、材料批次分别进行标定,并选取不同批次取样材料以提高观测结果的可靠性。

关于测雹板材料的发展演变,20世纪70年代末国外采用的铝箔测雹板是在泡沫板上粘贴一层厚 20 μm 的铝箔,后来观测发现凹痕不太清晰、完整;80年代中期研制了特制的测雹板取代铝箔测雹板。我国20世纪80年代末使用的测雹板材料是聚苯或氨酯,弹性偏大,但易老化,直径 2 cm 以下的雹块落在其上印痕模糊,边缘不清晰,甚至有时无法辨认,而我国降雹绝大多数雹块直径在 2 cm 以下。因此,在90年代中期研究出了新型测雹板材料(N-H1型测雹板),弹性小、塑性大,它可清晰地记录直径 2 mm 以上的冰粒落在其上的印痕,对 3 cm 以下的雹块较其他测雹板材料在观测性能上有明显优势。

进行防雹作业时,可以通过该地最近几次的正常降雹和防雹工作后的冰雹谱进行对比,再选取合适的特征量进行分析,可得到该次防雹作业的效果。

4.3 机载平台介绍

机载云粒子探测系统通过在飞机上搭载云粒子探测设备可以对云进行较近距离

的直接探测,获取置信度较高的高时空分辨率云物理参数。为此我国近年来陆续引进多套机载云物理探测系统,大体分为三代:一代 PMS(Particle Measuring Systems)粒子测量系统、二代 DMT(Droplet Measurement Technologies)探测系统和三代 SPEC(Stratton Park Engineering Company)探测系统。目前人工影响天气工作主要利用 DMT 探测系统,该系统包括多种设备,可对云降水宏微观物理参数、气溶胶参数等进行精确测量。

4.3.1 机载云微物理仪器

(1)后向散射云探测器(BCP)

BCP 用来测量 $5\sim75~\mu m$ 的云滴尺寸分布,可计算出总浓度、液态水含量(liquid water content,LWC)、中值体积直径(median volume diameter,MVD)和有效直径(effective diameter,ED)等参数。BCP 采用非侵入式光学外壳,可应用在地面或航空观测领域,不会因受到冰晶破碎和气流变形而造成误差。其工作原理:粒子穿过激光束时会向各个方向上散射光,一部分光在对角角度 143°和 169°之间(156°±13°)的圆锥体内传播。这些光子被引导到光电检测器上,将它们的脉冲转换成电脉冲,并传输到信号处理器,放大并数字化(图 4.6)。使用米氏理论从散射信号的峰值幅度确定粒子的大小。在可编程的时间间隔内,BCP 会存储一个将浓度与每个粒子的光学直径相关联的密度分布数据。该仪器可用于云粒子研究、气候研究、飞机结冰以及流体污染检测(例如,管道中的气体)。

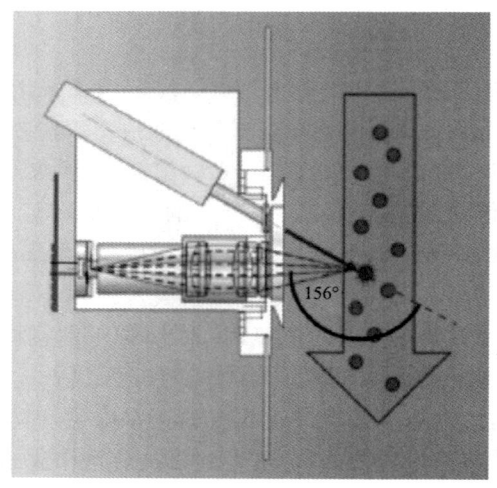

图 4.6 后向散射云探测器(BCP)测量原理
(图片来自仪器说明书)

(2)云滴探测仪(CDP-2)

云滴探测仪是一种小型、轻量、低功率的云粒子光谱仪(图4.7)。它可测量范围在2～50 μm粒子,浓度高达2000颗粒/mm^3。CDP-2易于安装在飞机、高塔、无人机(UAV)和喷雾等装置上。其工作原理:CDP-2是一种前散射光谱仪,为了精确筛选,CDP只接受和筛选那些通过了均匀能量激光区域的颗粒,激光的这个区域被称为视场(field of view,FOV)。当粒子通过激光束时,光向各个方向散射。CDP-2收集环形锥4°～12°激光束内的前散射光子。收集到的光随后被定向到一个50/50的分光器上,最后定向到一对光电探测器上,称为筛选器和限定器。视场角的边界是由粒子散射的一半光线被掩码挡住的点定义的。然后光电探测器将光子脉冲转换成电子脉冲,随后可根据筛选器脉冲的振幅来确定粒子的大小。该仪器可用于大气和云的研究、人工影响天气、飞机结冰研究和认证、飓风和风暴的研究以及农业和工业喷淋作业。

图4.7　DMT公司生产的云滴探测仪(CDP-2)

(3)云组合探测仪(CCP)

云组合探测仪是一个通用式、简单易用的云探测器(图4.8)。它由五种仪器组成,并集成了测量系统。CCP提供以下数据:

①气溶胶粒子和云从2～50 μm水汽凝结体粒径分布;

②从25～1550 μm降水粒径分布;

③0.05～3 g/m^3液态水含量;

④飞机的速度;

⑤大气温度和压强。

CCP包含三个DMT设备,分别是云成像仪(CIP)、云滴探测仪(CDP)和Hotwire液态水含量传感器(Hotwire LWC)。

云成像仪(CIP)用来测量大颗粒,粒子通过准直激光束的阴影图像会投射到一个线性阵列的 64 个光电探测器上,粒子的存在是通过每个二极管上光级的变化来记录的,光检测器记录变化的存储速率与探测器速度和仪器尺寸分辨率一致。粒子图像是由单个的"切片"重建的,一个切片是一个给定时刻的 64 元线性阵列的状态。每隔一段时间存储一个切片,粒子在光束中前进的距离等于探头的分辨率。可选的灰度成像在每个光电探测器上提供三层阴影记录,可以看到更详细的粒子信息。

云滴探测仪(CDP)用来测量小颗粒,它依赖光散射而不是成像技术。粒子散射光来自入射激光,汇聚光学引导光线以 4°～12°的范围分散在正向定径光电探测器内,这个光被测量并用来推断粒子的大小。Hotwire LWC 使用加热传感线圈来估计液体水的含量,系统使线圈维持在一个恒定的温度(通常 125 ℃),同时测量功率对于维持温度是必要的,当水滴在线圈表面蒸发、冷却表面和周围空气时,需要更多的能量来维持温度。因此,这个功率读数可以用来估计 LWC。LWC 的设计和可选的 PADS 软件都包含了一些特性,以确保 LWC 的读取不受传导热损失的影响。

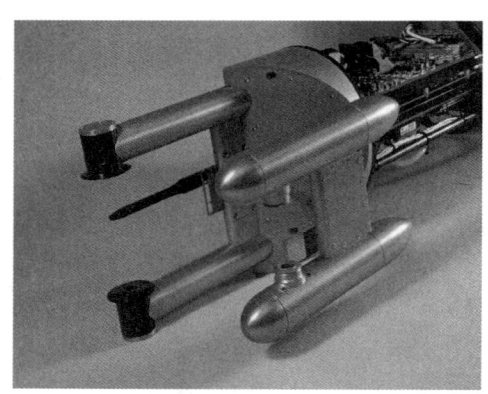

图 4.8　DMT 公司生产的云组合探测仪(CCP)

液态水含量传感器(LWC-300):DMT 生产的液态水含量传感器(LWC-300)微小便携,可测量液态水(LWC)范围为 0.05～3 g/m³,方便安装在无人飞机、冷却塔和喷射钻机上,应用于精确测量 LWC。其工作原理:液态水含量传感器的特点是其盘绕线温度保持 150 ℃。该线圈在惠斯通电桥电路中充当可变电阻。传感线圈的电阻随线温度降低而降低。温度降低可能是由于水滴蒸发或通过传感器的空气形成对流产生的热损失造成的。通过维持位于主控制器两端的线圈与主线圈相同温度来使主线圈末端传导的热量损失最小化。感应线圈的电阻与其温度成正比,因此,通过传感器的电阻维持恒定来控制电路,使传感器处于恒定温度。惠斯通电桥由四个电阻组成,其中主线圈传感器为一个。传感器的功率数值是传感器的电流和电压的乘积。当传感器消耗功率已知,就可以计算出对流热损失。然后可以计算出由汽化引起的功耗,以此推算出液体含水量。

CCP 可用于云粒子的研究、气候研究、飞机结冰、飓风和风暴研究、人工影响天气以及农业和工业喷淋作业等。

4.3.2 降水探测

降水成像仪(PIP)是一种测量 $100\sim6200~\mu m$ 范围内粒子的先进传感器(图 4.9)。PIP 能提供降水粒度分布和粒子图像,是测量雨、雪、霰弹和冰雹的理想选择。PIP 适用于定点、移动或机载采样。其工作原理是通过准直激光束的粒子的阴影图像投射到 64 个光电探测器的线性阵列上。同时每个二极管上光水平的变化用来记录粒子的存在。记录变化的光探测器以与探头速度和仪器尺寸分辨率一致的速率进行存储。粒子图像是从单个"像素"重建的。其中像素是在给定时刻 64 个元素线性阵列。在每个时间间隔存储一个切片,这个间隔距离等于探针的分辨率。可选的灰度成像可在每个光电探测器上提供三个级别的阴影记录,从而提供有关颗粒的更详细信息。

图 4.9 DMT 公司生产的降水成像仪(PIP)

PIP 可用于云粒子研究、气候研究风暴和飓风研究、人工影响天气、凝结尾迹和卷缩引起的卷云云雾室以及农业和工业喷淋作业。

4.3.3 气溶胶测量

被动腔气溶胶探测仪(PCASP-100X)是一种机载光谱仪,可测量 $0.10\sim3.0~\mu m$ 直径范围内的颗粒(图 4.10)。该仪器目前在 20 多个国家的飞机上使用。PCASP-100X 最初是由科罗拉多州博尔德(Boulder)的粒子测量系统公司设计和制造的,但现在仅由 DMT 公司提供。更新的电子元件增强了探头的尺寸分辨率和数据系统接口。其工作原理:PCASP-100X 由光学模块和电信号处理模块组成。光学模块收集穿过激光束的单个颗粒散射的光。然后通过光电检测器将光子脉冲转换为电子电压脉冲。在传输数字值以供外部数据系统处理之前,电信号处理模块可对该电压脉冲进行放大、滤波、数字化和分类。PCASP-100X 颗粒尺寸范围的散射光强度包含六个数量级。因此,该仪器使用具有三个增益级的放大系统。高增益级放大信号检测器电压比中等增益级大 45 倍,中等增益级比低增益级放大 17 倍。该系统允许探头精确地测量其范围内的所有颗粒。

该仪器可用于气溶胶研究、空气质量和能见度、大气和气候、人工影响天气以及生物质燃烧研究。

图 4.10 DMT 公司生产的被动腔气溶胶探测仪(PCASP-100X)

4.3.4 云凝结核测量

云凝结核(CCN)的观测研究对于研究气溶胶-云相互作用具有重要意义。CCN 数浓度的测量主要采用的方法是在仪器内部产生水汽过饱和的环境,使得进入仪器的气溶胶能够被活化长大,然后由光学计数器对活化的粒子进行计数,即为 CCN 的数浓度。根据水汽过饱和环境产生的原理,可以将 CCN 测量仪器分为两类,一类是基于水汽压与温度的非线性关系,另一类是基于水汽和热扩散速度的差别(邓兆泽,2011)。

DMT 公司研制的连续流热梯度云凝结核计数器(Continuous-Flow Streamwise Thermal-Gradient CCN Counter,CCNc)被广泛应用于 CCN 的观测实验,其基本原理是基于水汽和热扩散速度的差别。CCNc 主要有两个型号,分别是 CCN-100 和 CCN-200。CCN-100 有一个云室,每次只能测量一个过饱和度下的 CCN 数浓度;而 CCN-200 有两个云室,可同时对两个过饱和度下的 CCN 数浓度进行测量。云室是 CCNc 内部产生过饱和环境的器件,其工作原理是基于空气中热扩散的速度要低于水汽扩散的速度。气溶胶样气在进入云室前被分为两路,一路经过过滤和加湿后作为鞘气进入主体云室,另一个作为被测量的样气在鞘气的环绕下在云室中心线附近下沉。云室的圆筒壁(图 4.11b)热传导性能较好,通过温度的控制可实现壁上温度的连续变化,圆筒壁上的热量及水汽由云室壁向云室中心扩散,云室圆筒垂直放置,温度设置上冷下热,即 $T_1 < T_2 < T_3$。在云室中心线上任选一点 C,到达 C 点的水汽来源于 B 点,而热量来源于更远的 A 点,假定圆筒壁表面的湿度均已达到饱和,因为 B 点的温度高于 A 点,则使得 B 点的水汽分压就大于 A 点。由于 C 点的水汽分压等于 B 点,而 C 点的温度等于 A 点,这就会在 C 点形成过饱和环境,C 点的过饱和比可

通过温度梯度的调节进行控制。过饱和水蒸气会在随气流进入的云凝结核上凝结，以达到水汽平衡，从而模拟 CCN 在云中的形成过程。安装在底部的光学计数器则通过侧向散射光计数并计算活化粒子的大小。

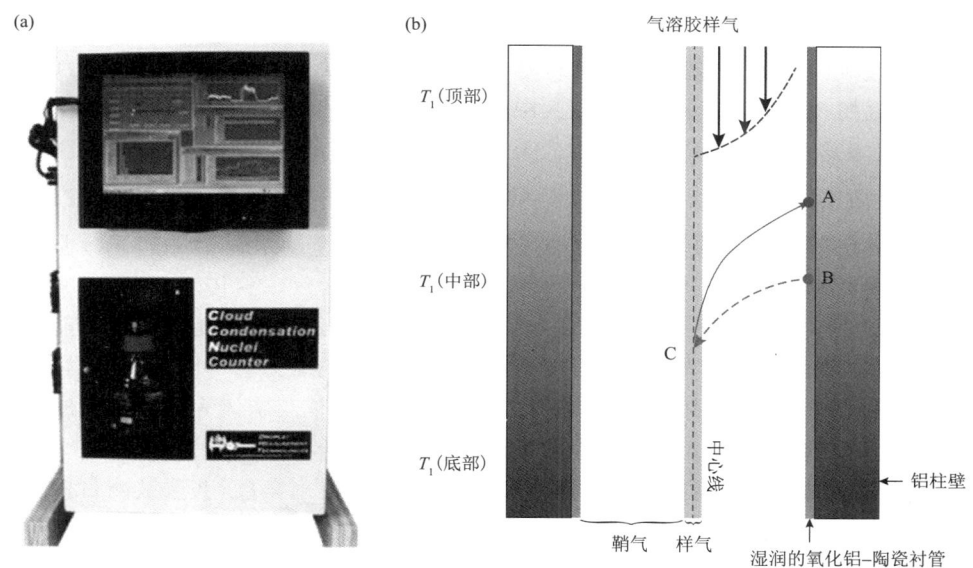

图 4.11　(a)DMT 公司生产的 CCN-100 仪器，(b)CCNc 云室原理图

4.3.5　进气系统

上述的 CCNc 仪器是安装在飞机舱内运行的，需要将飞机舱外的样气采集到舱内，一般会在飞机顶部安装进气系统，人工影响天气工作中常用 Brechtel 公司研制的等速进气系统(ISO)（图 4.12）。该系统的双扩散器设计可防止湍流边界层分离，最大程度减少颗粒损失，对粒子空气动力学直径小于 10 μm 的粒子的样气转换效率超过 90%，同时还具备防冰功能等。

图 4.12　等速进气系统

4.4 遥感探测

机载探测可对云降水宏微观物理特性进行精密测量,但机载探测具有成本高、无法连续性测量的缺点。遥感探测也是云降水宏微观物理特性探测的重要手段,且可长时间连续性测量,一定程度上可以弥补机载探测的缺点。遥感探测可分为两种,包括地基遥感探测和天基遥感探测,其中微波辐射计、毫米波云雷达常用于地基遥感探测,而我国发射的风云系列卫星作为天基遥感探测。

4.4.1 微波辐射计

微波辐射计是一种常见的大气遥感探测仪器,其测量原理涉及量子物理学中的黑体辐射原理、普朗克黑体辐射定律和大气科学中的大气辐射传递理论。

由于自然界粒子存在能级跃迁的现象,包括电子能级、振动能级和转动能级的跃迁现象,物体具有宽频率范围内发射或吸收电磁辐射的能力。不同种类的物体发射、吸收和散射电磁辐射的能力存在差异。这种差异性不仅与物体表面和内部的几何结构有关,还与物体内部介质的介电常数和温度的空间分布有关。

微波辐射计通过适当选择工作波长、偏振模式和发射角度,获取被测目标发射或散射的微波辐射信号,利用内置计算机分析并诊断被测目标类别特征。

4.4.1.1 微波辐射计的基本原理

微波辐射计探测大气温湿廓线的基本原理包括黑体辐射和亮温公式、大气辐射传输理论和大气温湿参数反演三个部分。

只要温度高于绝对零度,自然界中的各个相态的一切物质在任何时候都会向外辐射电磁波,这种现象被称作热辐射。物质的辐射强度及其波长分布取决于物质的绝对温度、分子结构和辐射表面特性。不同的物质的电磁辐射特性存在差异。

黑体作为一种人为假想的材料,其具有完全不透明的特点,即既不反射也不透射任何频率下的辐射能量。根据基尔霍夫辐射定律,处于热力学平衡状态的物体辐射与吸收能量之比只与辐射的波长和温度有关,而与物体自身性质无关。一个温度稳定的黑体是吸收体与散热体的统一,其吸收能力与辐射能力呈正比,这是维持黑体热平衡的基础。德国物理学家普朗克基于量子假说提出黑体辐射的理论公式证明了黑体辐射功率是绝对温度和辐射波长的函数。绝对温度为 T 的黑体在单位立体角和单位频带内辐射的噪声功率密度(也称为光谱亮度)为:

$$B_f(T) = \frac{2h \cdot f^3}{c^2} \cdot \frac{1}{\exp[h \cdot f/(k \cdot T)] - 1} \qquad (4.1)$$

式中,$h=6.626\times10^{-34}$ J·s,为普朗克常数;$c\approx2.99\times10^{8}$ m/s,为光在真空中的速度;$k=1.38\times10^{-23}$ J/K,为玻尔兹曼常数;f 为辐射频率。式(4.1)被称作普朗克黑体辐射

公式。

对于频率较低的电磁波(如微波、毫米波等),普朗克黑体辐射公式可用瑞利-金斯公式近似表达:$P = 2kT/\lambda^2$。当 $\lambda \cdot T > 0.77$,瑞利-金斯公式与普朗克黑体辐射公式计算结果只相差 1%;当 $f = 300\,\text{GHz}, T = 300\,\text{K}$ 时,误差约为 3%,误差范围符合工程应用标准。

由瑞利-金斯公式可知,黑体辐射能 P 与物理温度 T 正相关。当频率范围 Δf 较小,黑体亮度 B_b 可以定义为:

$$B_b = B_f \cdot \Delta f = 2kT \cdot \Delta f/\lambda^2 \tag{4.2}$$

作为一个理想模型,完全辐射能量的黑体在现实世界并不存在。实际物体并不能如黑体一样完全吸收入射能量,而是存在部分反射,故实际物体被称作灰体。在同样的物理温度 T 下,灰体辐射能小于黑体。等效于灰体辐射能量(亮度)$B(\theta,\phi)$ 的黑体温度被称为亮温 $T_B(\theta,\phi)$。亮温是方向的函数,亮温公式为:

$$B(\theta,\phi) = \frac{2k}{\lambda^2} T_B(\theta,\phi) \Delta f \tag{4.3}$$

对于温度均匀的物体,将其亮温与同一物理温度下的黑体亮温的比值定义为表面辐射率,即:

$$\rho(\theta,\phi) = B(\theta,\phi)/B_b = T_B(\theta,\phi)/T$$

由上可知真实物体亮温小于其物理温度。在微波、毫米波段,高性能吸波材料的辐射率接近 1,而金属物体辐射率接近于 0。实际物体表面的辐射率,还与表面状况、观测方向和极化方式有关。

对置于黑体暗室中的无耗微波天线所接收的功率 P_b,可以用黑体谱亮度 B_f 的积分表示:

$$P_b = \frac{1}{2} A_e \int_f^{f+\Delta f} \iint_{4\pi} B_f F_n(\theta,\phi) \mathrm{d}\Omega \mathrm{d}f \tag{4.4}$$

式中,A_e 为天线有效面积;$F_n(\theta,\phi)$ 为天线归一化方向。如果观测频带 Δf 相对较窄,B_f 在 Δf 内近似不变,按照瑞利-金斯公式可得 $B_f = 2kT/\lambda^2$,则式(4.4)可以简化为:

$$P_b = \frac{1}{2} A_e \int_f^{f+\Delta f} \iint_{4\pi} \frac{2kT}{\lambda^2} F_n(\theta,\phi) \mathrm{d}\Omega \mathrm{d}f = kT \cdot \Delta f \frac{A_e}{\lambda^2} \iint_{4\pi} F_n(\theta,\phi) \mathrm{d}\Omega \tag{4.5}$$

式(4.5)中的二重积分代表天线方向图立体角 Ω_p,即:

$$\Omega_p = \iint_{4\pi} F_n(\theta,\phi) \mathrm{d}\Omega \tag{4.6}$$

而

$$A_e = \lambda^2/\Omega_p$$

所以式(4.6)可以进一步简化为:

$$P_b = kT \cdot \Delta f$$

这表明物体表面的微波辐射噪声功率与其自身物理温度呈线性关系,两者可以互相推导。因此,若测得物体的微波噪声辐射功率,且通过定标得到线性方程的各项系数,即可反演出物体的物理温度。

作为热噪声源,地球大气全向辐射电磁波,辐射波段涵盖了微波段、毫米波段和红外波段。由于大气的吸收系数是高度函数,我们可以建立一种模型,将包围地球大气层随高度分成众多薄层,每层厚度足够小,使每层大气的吸收系数近似为常数,这种模型称作球面分层大气模型。当天顶角(观测方向与地面法线的夹角)较小时,我们可以将地球表面近似为水平面,大气薄层近似为平行于地面的水平分层,从而基于球面分层大气模型得到更简单的水平分层模型。

除降水外,大气分子和云内液态水的散射相对于吸收可以忽略不计,只需考虑大气对微波辐射的放射和吸收过程。热平衡条件下大气对微波能量的吸收决定了大气在微波频段的辐射特性。按照大气水平均匀分层模型,在局地热平衡条件下从地面观测的非散射大气微波频段辐射亮温可以采用如下简化公式计算,称为大气微波辐射传输方程:

$$T_B(\theta, f) = T_\infty \exp\left(-\int_0^\infty \alpha \cdot \sec\theta \mathrm{d}z\right) + \int_0^\infty T(z) \cdot \alpha \cdot \sec\theta \cdot \exp\left(-\int_0^z \alpha \cdot \sec\theta \mathrm{d}z\right) \mathrm{d}z \tag{4.7}$$

式中,T_∞ 为宇宙背景辐射亮温;θ 为天顶角;f 为观测频率;$T(z)$ 为高度 z 处的大气温度;α 为大气吸收系数(大气中各组分吸收系数之和)。上述方程等式右侧第一项是宇宙背景辐射经大气衰减后到达地面的辐射,第二项表示大气自身产生的辐射。

对流层中大气的氧气、水汽和云雨等的吸收决定了大气的微波吸收特性,图 4.13 描述了 900 hPa 高度液水含量 0.2 g/m^3 时的大气吸收特性。水汽在 22.24 GHz 存在一个吸收谐振峰,氧气在 60 GHz 附近存在一个吸收谐振峰。大气中氧气的辐射强度依赖于氧气密度和物理温度。因为大气中氧气混合比不随高度变化,所以其辐射强度仅依赖于物理温度。测量 60 GHz 一侧频点的亮温谱,可以得到大气温度廓线。由于谱线不透明度大,信号仅来自于天线近上方,由中心向外扫描得到海拔高度信息,进而反演出温度廓线。水汽垂直分布信息包含在气压展宽的水汽线辐射强度和形状里。而水汽辐射强度受不同海拔的气压分布影响且与水汽密度呈正比,注意高海拔水汽辐射集中于一个窄谱。

4.4.1.2 地基多通道微波辐射计

地基多通道微波辐射计通过神经网络算法利用大气衰减特征分析反演边界层和对流层大气的温度、湿度、水汽密度及液态水廓线,为大气环境综合观测及空气质量预报预警提供综合分析手段。该仪器可以实现边界层逆温现象的高分辨率探测,进

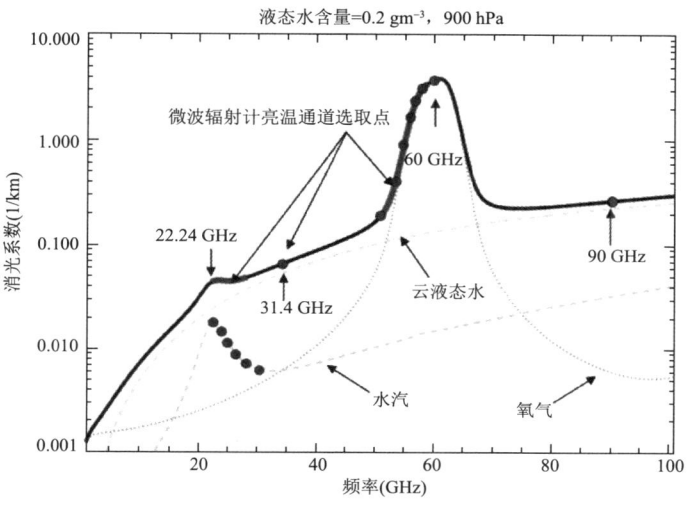

图 4.13 大气微波吸收特性（刘敏，2014）

而对大气稳定性进行预报。本节结合外场观测经验,对地基多通道微波辐射计的仪器结构、测量原理、工作流程和运行维护等方面进行概述介绍。

地基多通道微波辐射计利用实测信号可以分析反演出天顶方向边界层和对流层大气的温度、湿度、水汽密度及液态水含量等气象廓线信息。业务上应用的典型地基多通道微波辐射计型号如德国生产的 RPG-HATPRO 系列产品（图 4.14）,具备防

图 4.14 RPG-HATPRO 地基多通道微波辐射计外貌
(https://www.radiometer-physics.de/products/microwave-remote-sensing-instruments/)

雾、防沙尘、防雷击、防电磁干扰的特点,它可以基于通信网络远程遥控,访问本地原始数据库和图形产品库。

地基多通道微波辐射计主要由廓线仪、工业电脑主机、液氮制冷外部定标物、温压湿地面气象站、降水传感器和GPS时钟、重型露水风机和露水风机增热系统、高精度红外辐射仪、快速方位定位仪、支架和安装工具包、电源线、光纤数据线和配套软件系统组成。仪器内部结构如图4.15所示。

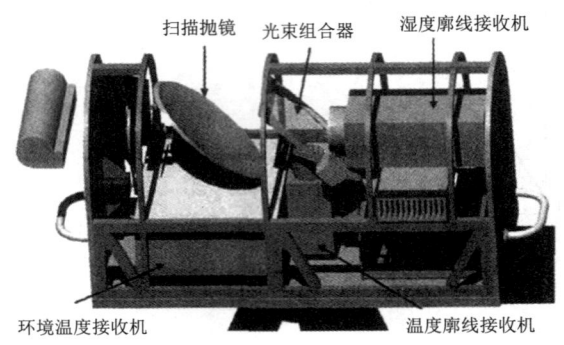

图4.15 地基多通道微波辐射计结构示意图(刘敏,2014)

RPG-HATPRO地基多通道微波辐射计的主要技术参数见表4.1。

表4.1 RPG-HATPRO地基多通道微波辐射计主要参数

参数名称	技术指标
垂直分辨率	30 m(0~500 m),40 m(500~1000 m),60 m(1000~1500 m),90 m(1500~2000 m),120 m(2000~3000 m),160 m(3000~4000 m),200 m(4000~6000 m),250 m(6000~10000 m)
液态水路径	精度:±20 g/m^2;噪声:20 g/m^2 RMS
综合降水量	精度:±200 g/m^2;噪声:500 g/m^2 RMS
14个基本亮温通道频率	K波段:7通道(22.24~31.4 GHz):22.24 GHz,23.04 GHz,23.84 GHz,25.44 GHz,26.24 GHz,27.84 GHz,31.4 GHz V波段:7通道(51.26~58.5 GHz):51.26 GHz,52.28 GHz,53.86 GHz,54.94 GHz,56.66 GHz,57.3 GHz,58.0 GHz
通道宽带	58.0 GHz,2000 MHz,57.3 GHz,1000 MHz,56.66 GHz、600 MHz。其他通道:230 MHz
辐射测量范围	0~800 K
定标精度	0.5 K
廓线采样速率	>1 s

续表

参数名称	技术指标
反演算法	神经网络
旁瓣电平	<-30 dBc
工作温度范围	-50~60 ℃
电源需求	90~230 VAC,50~60 Hz
消耗功率	平均<120 W,峰值功率 350 W

图 4.16 展示了 2020 年 12 月 10—16 日地基多通道微波辐射计在南京浦口地区的外场观测结果。可见地基多通道微波辐射计具备探测大气温湿廓线的能力,并对水汽信号极其敏锐。地基多通道微波辐射计具有较高的时间和空间分辨率,温度和

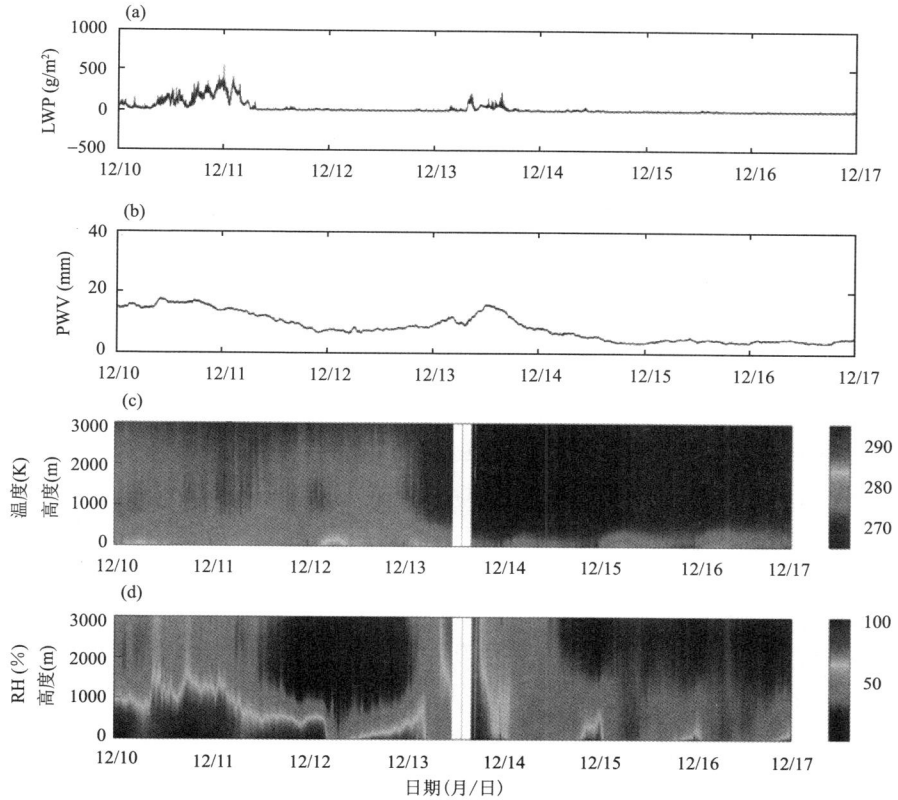

[彩] 图 4.16　2020 年 12 月 10—16 日(世界时)南京浦口地区地基微波辐射计观测结果示意图
(a) 液态水路径;(b) 可降水量;(c) 温度廓线;(d) 相对湿度廓线

湿度探测接收器共有 70 个探测通道,具有并行快速工作能力。与其他利用串行通道扫描的系统相比,地基多通道微波辐射计能在 1 s 内快速完成液态水路径(LWP)的数据采集,保证卓越的噪声性能。该仪器提供两种不同的扫描模式,分别为天顶模式(仅从天顶方向测量整个对流层的温度和湿度、LWP 和 IWV)和边界层模式(扫描 6 个不同高度角获得边界层温度廓线),以便在对流层(10000 m 以下垂直分辨率为 50～250 m)和边界层(<1200 m,垂直分辨率为 30～40 m)范围内获取温度廓线,实现最高的精度和垂直分辨率。

综上所述,地基多通道微波辐射计是一种大气垂直遥测的温度和湿度廓线仪器,利用神经网络推导大气吸收特征,反演边界层和对流层大气的温度、湿度、水汽密度和液态水廓线,为大气环境综合观测及空气质量预报预警提供综合分析手段。

4.4.2 毫米波测云雷达

雷达是利用电磁波束受目标物散射来测定目标物位置的主动遥感设备,其主要构件包括发射机、接收机、天线、天线转换开关、天线传动装置、定时器、显示器等。雷达能实时探测云的结构、分布和发展变化,已经成为天气现象物理研究、天气预报和人工影响天气的有效探测手段。雷达在人工影响天气中的应用主要有三个方面:遥测探明云带和降水的物理结构特征,作为选定作业区域、作业对象、作业方法、计划与实施的依据;依据实时雷达观测资料,引导指挥人工增雨和防雹催化作业;比较防雹催化作业前后多种雷达参数和降水资料的变化特征,进行作业效果评估和物理检验。

4.4.2.1 雷达探测原理和雷达气象方程

气象目标回波特征:层状云和降水回波——片状回波,0 ℃ 以下融化带(亮带);积云及其降水回波——块状回波;积层混合云、降水回波——絮状回波,融化层较厚,且正相关于回波顶高。

雷达探测云和降水的方法:目标回波强度可按照回波亮度、密实程度和轮廓清晰度区分,并通过中频衰减器逐步衰减定量测量;测定回波的移项、移速(据回波前沿或中心的移动);测量区域降水量,按不同类型的云和季节建立反射率因子与距离的关系。决定雷达探测性能的参数主要包括波长、脉冲宽度、脉冲功率、平均功率、波束宽度、天线增益和接收机灵敏度等。

雷达通过测定目标物体后向散射的功率,利用雷达气象方程得到雷达接收功率与目标后向散射截面之间的关系,从而推断目标信息。设雷达发射的峰值功率为 P_t,对于天线增益 G 的最强辐射方向,距离 R 处的功率密度为 $\dfrac{P_t G}{4\pi R^2}$。

设雷达波长 λ,目标后向散射截面为 σ,天线的有效截面为 A_e(存在近似关系 $A_e = \dfrac{\lambda^2 G}{4\pi}$),则返回天线的散射功率 P_r 为:

$$P_r = P_t \frac{G^2\lambda^2}{(4\pi)^3 R^4}\sigma \qquad (4.8)$$

式(4.8)即为适用于飞行器、舰船、单体云和雨滴等目标物的回波强度的雷达方程。

云和降水物作为典型的分散性目标,可以当作受雷达电磁照射的有效散射元。大气湍流、风切变及云降水粒子速度不均,相对于雷达做无规则运动,从而造成回波随时间脉动变化,且由于回波瞬时功率决定于散射元排列方式。因此,在实际工作中,必须对回波进行适当时段的平均处理(常取 10 ms)。

为了确定雷达波束中单位有效照射体积内,云、降水粒子的散射回波强度平均值,必须首先确定单位有效照射体积:有效照射体积 = 距离 R 的目标波束截面 $\pi R^2 \frac{\theta\phi}{4}$ 乘以有效照射深度 $\frac{h}{2} = \frac{\pi h R^2 \theta\phi}{8}$,其中 θ 为水平波束宽度角, ϕ 为垂直波束宽度角, h 为脉冲长度。那么式(4.8)可以变换为:

$$\overline{P}_r = P_t \frac{G^2\lambda^2 \theta\phi h}{512\pi^2 R^2}\sum_i \sigma_i \qquad (4.9)$$

式中, $\sum_i \sigma_i$ 表示对单位有效照射体积内的所有云和降水粒子的等效截面之和。

实际观测表明式(4.9)数值偏大,因为天线辐射强度不均,而计算选取了最大辐射方向并高估了天线增益。加入修正因子后的雷达气象方程为:

$$\overline{P}_r = P_t \frac{G^2\lambda^2 h\theta\phi}{1843.2\pi^2 R^2}\sum_i \sigma_i \qquad (4.10)$$

定义雷达反射率 $\eta = \sum_i \sigma_i$,表示单位体积云和降水粒子的后向散射截面 σ_i 之和。则

$$\overline{P}_r = P_t \frac{G^2\lambda^2 h\theta\phi\eta}{1843.2\pi^2 R^2} \qquad (4.11)$$

雷达气象方程是雷达探测云和降水物的理论基础,它反映了雷达回波强度和雷达各参数、气象目标、距离之间的关联。若雷达参数稳定和准确,那么通过雷达气象方程可以反映一定距离上的气象目标性质特征。

4.4.2.2 毫米波测云雷达

在人工影响天气作业时,必须考虑云量、云类、云中含水量的空间分布等诸多云特征信息。毫米波测云雷达(工作波长主要在 1～10 mm 间的毫米波段,对应频率 30～300 GHz)利用云粒子对电磁波的散射特性,可以穿透厚云表层探测其垂直、水平尺度及内部结构,准确反映时刻变化的云内宏观和微观参数信息,如回波强度、径向速度、速度谱宽、退偏振因子、云顶高度、云底高度、云中粒子大小和浓度、云内微物理过程演化、云的水平和垂直结构变化等信息。

美国、日本、英国和德国先后发展了不同平台(地基和空基)、不同频段(3～8 mm)的毫米波雷达系统,并广泛应用于大气探测中。中国毫米波雷达发展较其他

国家晚了近30年。1979年,中国科学院大气物理研究所与安徽井冈山机械厂合作研发了 X 波段和 Ka 波段(8.2 mm)双波长雷达,并进行了毫米波雷达与天气雷达在观测云降水结构的对比分析。2006年,中国气象科学研究院灾害天气国家重点实验室与中国航天二院电子第二十三研究所联合研发了具有多普勒和偏振功能的毫米波测云雷达。新一代毫米波测云雷达使用频带较宽的行波管作为发射源,应用脉冲压缩技术和相干积累技术提高探测能力,且在提高雷达探测能力的同时,不降低距离分辨率,同时还采用了双线偏振技术,能够获取粒子的相态信息。国产毫米波测云雷达装配在机动平台上,能够对云、雾和沙尘暴进行三维探测,具有较高的灵敏度与空间分辨率,并可根据不同观测要求对空间分辨率进行调整。如图 4.17 所示,系统由天馈、发射机、接收机与频率综合器、信息处理、天线控制、数据处理与显示控制及附属设备等部分组成。

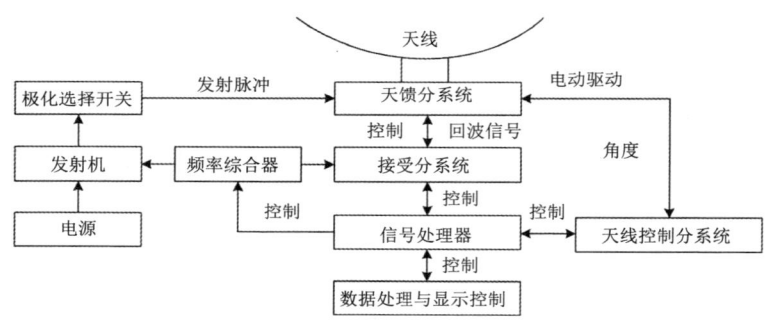

图 4.17 国产毫米波测云雷达结构简图

8.6 mm 波长射频信号由频率综合器产生,经过放大后送入发射机,推动行波管放大,经极化选择开关选择极化方向,再由天馈系统向外发射。天线采用了高增益抛物面天线,具有较为一致的垂直与水平波瓣性能,发射机背附在天线上,减少了天馈系统的损耗。

返回信号由同一天线接收,经由天馈系统送入双路接收机、分别接收垂直与水平偏振信号。接收信号经射频放大、变频成 60 MHz 中频信号,送入信号处理器进行 A/D 转换解码,信号积分(采用快速傅里叶变换(FFT)或脉冲对(PPP)方式)对信号的谱参数进行估算以及偏振参数的处理,得到回波强度、径向速度、谱宽及偏振信息。最终,数据处理与显示控制分机对信号处理器送来的气象目标回波的数据进行采集、处理,并在终端显示器上显示各种气象产品。

表 4.2 是毫米波测云雷达的主要硬件参数:雷达工作频率为 3.4 GHz,最大探测距离为 30 km,峰值功率为 600 W,脉冲宽度有 0.3 μs、1.5 μs、20 μs、40 μs。

第4章 云与降水物理探测在人工影响天气中的应用

表4.2 国产毫米波测云雷达系统参数

名称	参数值
工作频率,波长	$f=33.44$ GHz, $\lambda=8.6$ mm
最大探测距离	30 km
天线直径	1.3 m
天线增益	50 dB
波束宽度	$0.44°\pm0.01°$
极化方式	线性水平、垂直极化
天线转动范围	方位:0°~360° 仰角:0°~90°
脉冲重复频率	5000 Hz
峰值功率	600 W
脉冲宽度	0.3 μs,1.5 μs,20 μs,40 μs
接收机噪声系数	水平通道:<5.6 dB 垂直通道:<4.9 dB
A/D速度	80 MHz
A/D位数	12 bit
信号处理方式	PPP,FFT
FFT采样数	128,256,512

图4.18展示了2020年12月10—16日毫米波测云雷达在南京浦口地区的外场观测结果。毫米波云雷达较好地捕捉了云系变化和强对流天气系统过境时的降水过程,并准确探测出各项云和降水参数。雷达参数图呈现的云的各种垂直和水平结构有利于统计各类型云的宏观特征。

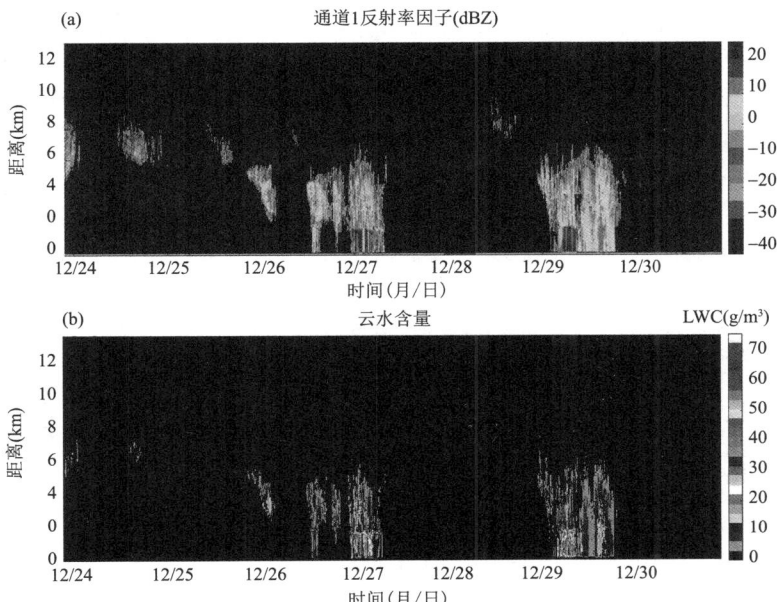

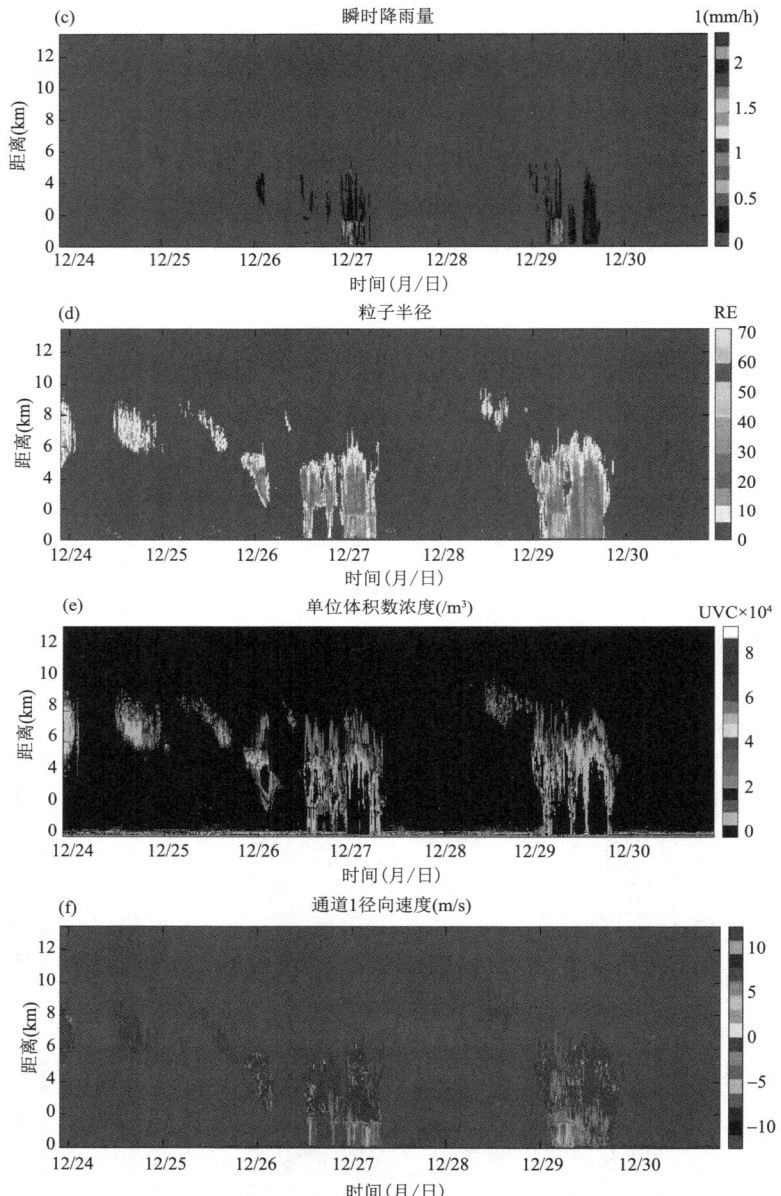

[彩]图4.18 2020年12月24—30日南京浦口地区毫米波云雷达观测结果示意图
(a)反射率因子;(b)云水含量;(c)瞬时降雨量;(d)粒子半径;(e)单位体积数浓度;(f)径向速度

发展毫米波测云雷达将能获取云量、云类等云参数,这些基本参数的获得将有助于探究云粒子谱分布特征、云内液态水含量及其时空分布,在人工影响天气研究方面具有重要意义。

4.4.3 卫星探测在人工影响天气中的应用

基于天基平台的卫星图像是监视云环境、气候变化和中小尺度天气过程的有用工具,为人工影响天气提供参考。天基平台探测范围广阔,自动化程度高,能够连续监测天气系统,有助于对常规观测资料形成补充。静止卫星可获取高时间分辨率图像,可用于跟踪高空环流演变特征。基于可见光和红外卫星云图生成的动态图像,可直观地看出中尺度系统的走向、发展、移动和变化过程等重要特征,有利于对中尺度天气过程的诊断分析。大气参数的梯度及其短期变化对于许多中尺度系统的发展十分重要。将取自对大气柱近似瞬时观测气象卫星的 VAS(可见光和红外自旋扫描辐射仪大气探测)资料与其他资料相结合,有助于监测中尺度大气参数梯度及其变化发展。

气象卫星接收的可见光来源于地表和云对太阳辐射的反射辐射,辐射强度较大,故卫星可见光成像分辨率较高。相比之下,气象卫星接收到地表和云发出的长波红外辐射能量远弱于可见光辐射,且由于水汽在吸收了地表和云的辐射后会进行再辐射,这些过程损耗了能量,因此卫星接收到的红外辐射强度较低,使得红外云图(特别是水汽图像)的分辨率较差。

在实际人工影响天气工作中常用的云图是红外云图,下面重点介绍适合于人工增雨作业的云系的红外云图的识别:

(1)淡积云是初生的积云,云体较小,轮廓清晰,云底高度一般为 500~2000 m,云顶高度在 1000~4000 m,在卫星云图上显示为碎状较薄的单体,这种云含水量较小,不适合于进行人工增雨作业,大多在晴天温度较高的天气里出现。

(2)浓积云云体高大,轮廓清晰,底部较平,云顶多呈圆弧形重叠,云底部较平,云顶高度为 3000~8000 m,浓积云是由淡积云发展而成的,一般不产生降水,在卫星云图上显示为白色单体,不适合于人工影响天气作业。

(3)积雨云的云体庞大,很像耸立的高山,云顶可延伸到 7000~18000 m。积雨云多由水滴、过冷水滴、冰晶组成,时常含有冰雹,发展旺盛的积雨云多片连在一起,彼此间对流发展旺盛,云体中垂直气流速度很大,在卫星云图上显示白亮,边缘明显。

(4)积雨云发展到强盛阶段时,云中形成了大量不同尺度的雨滴、冻滴、霰和冰雹。这些粒子在云中伴着猛烈的气流而运动,并不断地增长,当雨滴和冰雹达到一定重量不能在云中悬浮,就降落到地面,这就是冰雹云。冰雹云又分为超级单体冰雹云、多单体冰雹云和一般单体冰雹云。

卫星图像有助于监视和分析人工影响天气作业时段造成对流活动的中尺度天气

系统。卫星资料有助于判别有组织的长寿命对流活动和孤立的短时对流活动。对有组织的长寿命对流活动进行碘化银播撒将显著增加降水。

利用卫星资料比较播云日和非播云日的对流云特征对于人工影响天气规划评估具有重要意义。数字化的真彩色云图可以定量给出云块大小、数目、反射亮度、云砧范围、云的持续时间、运动(相对于环境风的移向移速)、云的组织特征(云线、云团等)以及云块相隔距离。红外资料可以检测播云日和非播云日的云顶温度(高度)的变化,这对判定是否动力播撒真的改变了云的生长可能是很重要的。红外资料的重要性还在于它是日落后唯一可获取的资料。

卫星资料也可以用于评定一个播云计划的随机程度。对目标区域周围云况的分析有助于判断播云日对流发展与非播云日的差异性,从而减小作业误差,提升播云效果。这种方法也适用于寻找作为客观决策判据的协变量。

地面降水量的参数测定对于人工影响天气试验的重要性不言而喻。卫星资料覆盖范围广且时空分辨率高,对探测面积较大目标区的地面降水量较地基雨量计和雷达具有难以替代的优势。卫星监测可以提供较大范围的云和降水状况,如水汽场、气溶胶粒子数及其谱分布、滴谱特征、云顶温度等,在人工影响天气领域具有重要的应用价值。可见光、红外监测卫星、装载降水雷达、微波成像仪、可见光、装载毫米雷达的测云卫星及其他卫星系统的应用,为人工影响天气作业提供了丰富的云信息。同时,卫星观测资料也在反演云降水结构、演变特征方面发挥了关键作用。

卫星资料有助于探究云的亮度变化和云的尺度变化之间的联系。卫星资料可以作为积云模式的输入,用来验证模式准确度。当前许多人工影响天气计划已经应用了多种不同维度的云模式。为了提供模式的输入量,若采用地基探空站网,建设密度和成本将相当巨大,才能满足对温度和湿度廓线以及风的垂直和水平分量的探测。而星载垂直温度探测仪的出现,就可以以极低成本提供满足这些模式要求的水平分辨率(<70 km)的温湿廓线资料。

综上所述,气象卫星资料是分析诊断云和降水过程的关键参考,对人工影响天气作业的规划、实施和效果评估具有重要意义。

第 5 章 数值模式在人工影响天气中的应用

数值模式使用数学模型的各种参数和方程来描述大气运动和现象。一个大气数值模式建立在控制大气运动的大气原始运动方程组之上,并通过参数化等方式表述了湍流扩散、辐射过程、云降水过程、陆面过程等。数值模式通过对大气运动方程组的离散化实现对大气中不同尺度大气运动和现象的预报。根据模式的水平尺度,模式可以分为全球尺度模式和有限区域模式,前者模式模拟区域覆盖整个地球,后者模拟区域只针对某一特定区域。根据模式运行的方式可分为正压大气模式、斜压大气模式、静力平衡模式和非静力平衡模式。数值模式中的预报是利用数值方法对控制大气物理过程和运动方程的求解,这些方程组是非线性的并不能得到精确的解析解。因此,数值模式得到的是一组近似解。不同的数值模式一般使用不同的数值求解方法,如全球模式一般对水平维度使用谱模式而在垂直方向使用有限差分的方法,而有限区域模式则对所有维度都使用有限差分的数值方法。数值天气预报最早由 L. F. Richardson(1922)在 1922 年提出,20 世纪 60 年代以后,数值模拟随着计算机技术的发展而迅速发展,日益成为现代天气预报和大气科学研究的重要工具。同样地,数值模式是人工影响天气业务和研究中的一个关键组成部分。

5.1 模式动力框架介绍

一般地,一个数值模式由模式前处理、模式主程序、模式后处理三部分组成,其中模式主程序是模式的核心部分,其由动力框架核心和物理过程参数化部分等组成。基本上所有用以研究和预报的数值模式都使用相同大气运动方程组,但基于不同模式类型和目的,这些方程组的精确形式在不同模式中有所差异。地球上的大气运动遵循牛顿第二运动定律,即其动量变化率与其受到的外力成正比,且方向与外力方向一致。其具体表述形式如式(5.1)—式(5.3)。式(5.4)为大气运动的热力学方程,其包含了绝热和非绝热过程对大气温度的影响。式(5.5)为大气运动的连续方程,反映了大气运动过程中的质量守恒。式(5.6)为水汽守恒方程,式(5.7)为理想气体状态方程,表述了温度、气压和密度之间的关系。下列方程组中,u,v 和 w 为笛卡儿坐标下的风速分量,p 为气压,为空气密度,T 是大气温度,q_v 为大气的绝对比湿,Ω 为地球自转率，ϕ 为纬度，a 为地球半径，γ 为温度垂直递减率，γ_d 为干绝热温度垂直递减率，c_p 为大气的比定压热容，g 为重力加速度，H 为热量的收支，Q_v 为水的相变引起的水汽收支，Fr 为对应方向上的摩擦作用项，ρ 为空气密度。

$$\frac{\partial u}{\partial t} = -u\frac{\partial u}{\partial x} - v\frac{\partial u}{\partial y} - w\frac{\partial u}{\partial z} + \frac{uv\tan\phi}{a} - \frac{uw}{a} - \frac{1}{\rho}\frac{\partial p}{\partial x} - 2\Omega(w\cos\phi - v\sin\phi) + Fr_x \tag{5.1}$$

$$\frac{\partial v}{\partial t} = -u\frac{\partial v}{\partial x} - v\frac{\partial v}{\partial y} - w\frac{\partial v}{\partial z} - \frac{u^2\tan\phi}{a} - \frac{uw}{a} - \frac{1}{\rho}\frac{\partial p}{\partial y} - 2\Omega u\sin\phi + Fr_y \tag{5.2}$$

$$\frac{\partial w}{\partial t} = -u\frac{\partial w}{\partial x} - v\frac{\partial w}{\partial y} - w\frac{\partial w}{\partial z} - \frac{u^2+v^2}{a} - \frac{1}{\rho}\frac{\partial p}{\partial z} + 2\Omega u\cos\phi - g + Fr_z \tag{5.3}$$

$$\frac{\partial T}{\partial t} = -u\frac{\partial T}{\partial x} - v\frac{\partial T}{\partial y} + (\gamma - \gamma_d)w + \frac{1}{c_p}\frac{\mathrm{d}H}{\mathrm{d}t} \tag{5.4}$$

$$\frac{\partial \rho}{\partial t} = -u\frac{\partial \rho}{\partial x} - v\frac{\partial \rho}{\partial y} - w\frac{\partial \rho}{\partial z} - \rho\left(\frac{\partial u}{\partial x} + \frac{\partial v}{\partial y} + \frac{\partial w}{\partial z}\right) \tag{5.5}$$

$$\frac{\partial q_v}{\partial t} = -u\frac{\partial q_v}{\partial x} - v\frac{\partial q_v}{\partial y} - w\frac{\partial q_v}{\partial z} + Q_v \tag{5.6}$$

$$p = \rho RT \tag{5.7}$$

一个完整的大气数值模式除了包含有式(5.1)—式(5.7)之外，还包含有不同水凝物和降水类型的连续方程，如云水、雨水、冰水及不同类型降水。这些方程组称为"原始方程组(primitive equations)"，基于这些方程建立的模式，称为原始方程模式(primitive equations model)(Holton，2004)。这一称呼主要用以区分建立于其他变形方程组之上的模式。理论上讲，所有用以研究或者业务的数值模式都建立在上述方程组的某一个形式上。

理论上，方程组(5.1)—(5.7)可以应用于所有尺度的大气运动，包括不能被一般天气模式所分辨的波和湍流运动。由于这些小尺度(如湍流运动)的水平尺度小于模式的网格距，因此上述方程组必须要做一些调整，将这些小尺度的运动在数值模式中更大的网格距里体现出来。因此，可以将所有的自变量分成平均部分和扰动部分，或者称为可分辨过程和不可分辨部分。平均部分的数值为一个变量在模式格点上的平均值，因此一个变量可以写为平均态和扰动部分之和(Pielke，2002)。如水平风速 u，温度 T 和气压 p 可以写成以下形式：

$$u = \bar{u} + u'$$
$$T = \bar{T} + T'$$
$$p = \bar{p} + p'$$

将上述表达式应用于式(5.1)—式(5.7)将得到新的方程组。以式(5.1)右侧表达式为例，其可以写成以下形式：

$$u\frac{\partial u}{\partial x} = (\overline{u}+u')\frac{\partial}{\partial x}(\overline{u}+u') = \overline{u}\frac{\partial \overline{u}}{\partial x} + \overline{u}\frac{\partial u'}{\partial x} + u'\frac{\partial \overline{u}}{\partial x} + u'\frac{\partial u'}{\partial x} \quad (5.8)$$

方程最后将应用于平均态的大气运动组,因此,对上式中的各项进行平均操作,得到:

$$\overline{u\frac{\partial u}{\partial x}} = \overline{\overline{u}\frac{\partial \overline{u}}{\partial x}} + \overline{\overline{u}\frac{\partial u'}{\partial x}} + \overline{u'\frac{\partial \overline{u}}{\partial x}} + \overline{u'\frac{\partial u'}{\partial x}} \quad (5.9)$$

上式中右侧最后一项称为方差项(covariance term)。其数值取决于式中的两个量是否共变。如果第一部分的正值对应着第二部分的负值,此项为负值。如果两个量的变化并没有物理相关,此项的平均值为 0。在此,可以对方程应用雷诺假设(Reynold's postulates)。对于变量 a 和 b,有:

$$\overline{a'} = 0$$
$$\overline{\overline{a}} = \overline{a} \text{ 和 } \overline{\overline{a}\overline{b}} = \overline{\overline{a}}\,\overline{\overline{b}} = \overline{a}\,\overline{b}$$
$$\overline{\overline{a}b'} = \overline{\overline{a}b'} = \overline{a}\overline{b'} = 0$$

将上述假设应用于式(5.9),得到:

$$\overline{u\frac{\partial u}{\partial x}} = \overline{u}\frac{\partial \overline{u}}{\partial x} + \overline{u}\frac{\partial \overline{u'}}{\partial x} + \overline{u'}\frac{\partial \overline{u}}{\partial x} + \overline{u'\frac{\partial u'}{\partial x}} = \overline{u}\frac{\partial \overline{u}}{\partial x} + \overline{u'\frac{\partial u'}{\partial x}} \quad (5.10)$$

注意,根据雷诺假设,上式中第二和第三项为 0。对式(5.1)进行改写,在此,我们忽略地球曲率效应,只考虑起主导作用的科氏力项(Coriolis term)。在这些方程组中,摩擦项 Fr_x(friction terms)具体包含为湍流运动,只考虑次网格分子黏性力产生的摩擦作用,得到:

$$\frac{\partial u}{\partial t} = -u\frac{\partial u}{\partial x} - v\frac{\partial u}{\partial y} - w\frac{\partial u}{\partial z} - \frac{1}{\rho}\frac{\partial p}{\partial x} + fv + \frac{1}{\rho}\left(\frac{\partial \tau_{xx}}{\partial x} + \frac{\partial \tau_{yx}}{\partial y} + \frac{\partial \tau_{zx}}{\partial z}\right) \quad (5.11)$$

5.2 云物理参数化方案介绍

绝大多数的大气运动和降水过程都与云内水的相变过程密切相关。目前,大尺度和中尺度模式不断提高的空间分辨率已经能够相对容易地在模式中处理单个云体的发展演变过程。模式对于云的准确处理需要有对云微物理过程的模拟。

历史上,数值预报模式利用微物理过程参数化已经对层状云有了较为详细的模拟,因为层状云大的水平尺度使得它能够被大多数模式的格点所分辨。相反地,对于典型网格分辨率来讲,大多数对流云水平尺度较小,这意味着它们在模式中是次网格过程。因此需要使用参数化过程来描述它们的影响。因此,一个模式使用参数化描述一个类型云(次网格)同时能够分辨其他类型的云。这两个部分将争夺水汽,造成模式的输出的降水包括对流性降水和大尺度降水。这种情况目前仍常见于大部分数值业务预报模式和气候模式。

5.2.1 云微物理参数化

数值模式中的微物理参数化的目的是为了能够尽可能完整地描述云中发生的微

物理过程。目前在数值模式中对云微物理过程的处理方式，基于如何对云水凝物粒径分布的方式，参数化可以分为两种类型：分档模式(bin models)和体积水微物理参数化(bulk microphysical parameterizations)。在分档模式中，颗粒物的粒经谱被划分为数个间隔，并预报每个间隔（每个档）中的颗粒物浓度。不同颗粒物类型之间的转化以及颗粒物尺度的增加或减小会导致每个档的变化。这就要求每种颗粒物类型以及尺度(size bin)均需要一个预测方程。因此，分档模式需要巨大的计算资源，目前主要在研究中使用。体积水微物理参数化方案为每类颗粒物的尺度谱假定一个预设好的解析形式（例如：指数型分布、伽马型分布等），可以通过解预测方程获得水凝物尺度谱的演变情况。因此，其计算效率较高。体积水微物理方案常见的有单参数方案、双参数，三参数方案等。单参数方案仅包含云水凝物质量的质量混合比或者体积混合比。双参数方案则同时预测水凝物的质量浓度和数量浓度。三参数方案在双参数方案的基础上增加一个参数表述粒子谱的特征，使得伽马分布的形状参数能够独立地变化，常见的第三个参数有雷达反射率等。Kessler(1969)开发了数值模式中的第一个整体云微物理方案，至今，该方案还是多种数值模式的备选微物理方案之一。

下面以一个微物理单参数方案来展示其在数值模式中如何描述云滴形成及增长过程。假设方案包含了水汽(q_v)、云水(q_{cw})、云冰(q_{ci})、雪(q_s)、雨(q_r)等五种水物种。式(5.12)—式(5.16)给出了这五个变量的预报方程。

$$\frac{\partial q_v}{\partial t} = -u_i \frac{\partial q_v}{\partial x_i} - \frac{1}{\rho_0}\frac{\partial}{\partial x_i}\rho_0 \overline{u_i' q_v'} - S_{\text{deps}} - S_{\text{depci}} + S_{\text{evapr}} - S_{\text{vcondtocw}} \quad (5.12)$$

$$\frac{\partial q_{cw}}{\partial t} = -u_i \frac{\partial q_{cw}}{\partial x_i} - \frac{1}{\rho_0}\frac{\partial}{\partial x_i}\rho_0 \overline{u_i' q_{cw}'} + S_{\text{vcondtocw}} - S_{\text{freezcw}} - S_{\text{cwtor}} - S_{\text{accwbyr}} - S_{\text{accwbys}} \quad (5.13)$$

$$\frac{\partial q_{ci}}{\partial t} = -u_i \frac{\partial q_{ci}}{\partial x_i} - \frac{1}{\rho_0}\frac{\partial}{\partial x_i}\rho_0 \overline{u_i' q_{cl}'} + S_{\text{freezcw}} + S_{\text{depci}} - S_{\text{citos}} - S_{\text{accibys}} \quad (5.14)$$

$$\frac{\partial q_r}{\partial t} = -u_i \frac{\partial q_r}{\partial x_i} - \frac{1}{\rho_0}\frac{\partial}{\partial x_i}\rho_0 \overline{u_i' q_r'} - V_{\text{Tr}} \frac{\partial q_r}{\partial z} - S_{\text{evapr}} + S_{\text{accwbyr}} + S_{\text{cwtor}} + S_{\text{smelttor}} \quad (5.15)$$

$$\frac{\partial q_s}{\partial t} = -u_i \frac{\partial q_s}{\partial x_i} - \frac{1}{\rho_0}\frac{\partial}{\partial x_i}\rho_0 \overline{u_i' q_s'} - V_{\text{Tr}} \frac{\partial q_s}{\partial z} + S_{\text{citos}} - S_{\text{accibys}} + S_{\text{accibys}} + S_{\text{accwbys}} + S_{\text{deps}} - S_{\text{smelttor}} \quad (5.16)$$

方程中，u_i, $i=1,2,3$, 分别表示 u,v 和 w。x_i, $i=1,2,3$, 分别表示 x,y 和 z。方程右边 V_T 表示对应水凝物的下落末速度。S 为不同微物理过程造成对应水凝物的源汇项。其中，S 的下标表示不同的微物理过程，evapr 表示雨滴的蒸发，accwbyr 表示云水滴通过雨滴进行的聚积，cwtor 表示云水滴通过冷云过程(Bergeron-Findeisen)增长为雨滴，smelttor 表示雪转化为雨滴的融化过程，citos 表示云冰到雪的增长，acccibys 表示云冰通过雪的聚积，accwbys 表示云水通过雪的聚积，deps 表示雪通过气相沉积的增长，freezcw 表示云水转变为云冰的冻结过程，depci 表示云冰通过气相沉积的增长，vcondtocw 表示蒸汽通过冷凝过程产生云水滴的过程。

一些简单的方案只考虑了少数的水凝物类型和水凝物之间的互相转换。更复杂的方案则考虑了水凝物之间更多、更复杂的相互作用。图 5.1 解释了三个不同参数化方案中考虑的微物理过程，展示了不同方案中水凝物颗粒之间相互转换的过程。

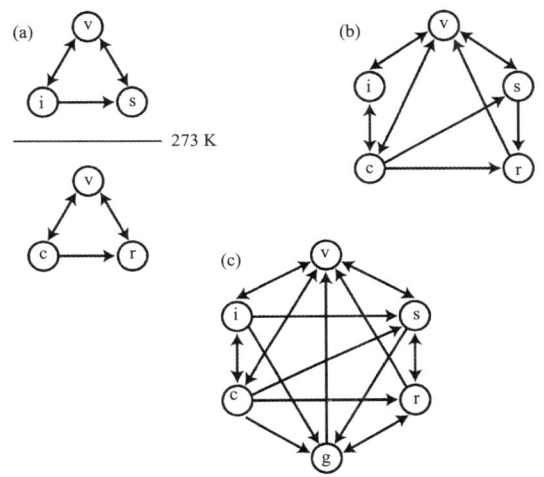

图 5.1　三种不同云微物理方案中水凝物之间的相互转化过程
(a)Dudhia，1989；(b)Resiner et al.，1998；(c)Lin et al.，1983
(v. 水汽，i. 云冰，s. 雪，c. 云水，r. 雨水，g. 霰。箭头表示水凝物转化的方向)

5.2.2　微物理变量的初始化

理想情况下，在数值模式开始积分时，应该像对其他变量一样对微物理变量进行初始化。但是，云微物理量的初始化面临着如下挑战：首先，目前现有的观察手段(卫星、雷达等)只能对某些类型的水凝物进行估测；其次，我们还不能准备认识云中水凝物的垂直分布和水平分布，这使得对它们的初始化存在不确定性；另外，在云尺度上，云微物理变量对大气环流强迫是一个快速响应过程，因此对微物理量的初始化如果没有包含对应环流的初始化也是无效的。例如，如果将沿着锋面观测到云降水微物理变量作为模式的初始数值，则这些云系仅在锋面及对应垂直环流的地方出现。如果没有了锋面抬升，云降水过程将会消散。因此，预报模式中有时将云微物理量的初始值设置为零，并期望它们在 3~6 h 内能接近真实值。同时，也可以使用资料同化方法对数值模式中的云微物理量进行。

5.3 分档方案介绍

如 5.2 节所述,分档云微物理方案是数值模式中表述云微物理过程的另一种主要方法。分档方案的目标是尽可能准确地模拟出云内不同类型的云微物理和降水形成过程。与 bulk 方案最大的区别就是分档方案中的云粒子尺度谱是通过求解具体的云微物理方程组计算得到的。因此,不需要预设一个假定的云粒子尺度谱分布形式。在分档微物理方案中,云粒子的尺度谱分布在不同的分档模式中是通过几十~数百个粒子质量档来描述的。显然,分档微物理方案需要更多的计算资源。随着计算资源的不断丰富以及对云微物理过程更深入的认识,目前已经有多种云分档微物理方案应用于云分辨模式和中尺度数值模式。图 5.2 给出了体积水微物理方案和分档方案模拟的差异。

分档微物理方案中第 k 种水凝物的云粒子谱 $f(m)$ 的运动方程可以写成以下形式:

$$\frac{\partial f_k}{\partial t} + \frac{\partial u f_k}{\partial x} + \frac{\partial v f_k}{\partial y} + \frac{\partial (w - V_t(m)) f_k}{\partial z} = \left(\frac{\delta f_k}{\delta t}\right)_{\text{nuci}} + \left(\frac{\delta f_k}{\delta t}\right)_{\text{c/e}} + \left(\frac{\delta f_k}{\delta t}\right)_{\text{d/s}} +$$

$$\left(\frac{\delta f_k}{\delta t}\right)_{\text{f/m}} + \left(\frac{\delta f_k}{\delta t}\right)_{\text{col}} + \cdots + \frac{\partial}{\partial x_j}\left(K \frac{\partial}{\partial x_j} \rho f_k\right) \quad (5.17)$$

式中,u,v,w 为风速分量;V_t 为粒子的下落末速度,其与粒子的类型、质量和密度有关。方程右侧各项为各个微物理过程的贡献率,以下标表示,如 nuci 表示核化,c/e 表示凝结/蒸发,d/s 表示凝华/升华,f/m 表示冻结/融化,col 表示碰并等。方程右侧最后一项表示湍流作用对粒子谱的贡献,其中 K 为湍流交换系数。目前,有两种方案利用上式计算云粒子谱的演变过程,分别是分档微物理法(bin microphysics,BM)和微物理阶矩法(microphysical method of moments,MMM)。

在 BM 方法中,通过数十个对数等间距的质量格点来描述云中各种水凝物的粒子谱。该方法的一个重要特征是 $m_{i+1}/m_i = a = $ 常数,在大多数的云模式中,a 值取 2;但针对不同的研究问题和总分档数的限制,也会使用其他数值。这个分档方法的优点是对于小粒子其分辨率是最高的,而随着粒子质量的增加分辨率下降。因此,粒子总数浓度 N 和总质量浓度 M 可以使用下列式子计算:

$$N = \int_{m_{\min}}^{m_{\max}} f(m) \mathrm{d}m \quad (5.18)$$

$$M = \int_{m_{\min}}^{m_{\max}} m f(m) \mathrm{d}m \quad (5.19)$$

注意,这里粒子谱 $f(m)$ 的单位为 $\text{g}^{-1} \cdot \text{cm}^{-3}$。通过变换,上式也可以使用另一个粒子谱函数 $g(\ln r)$,这样就得到了标准化的形式(Berry and Reinhardt 1974):

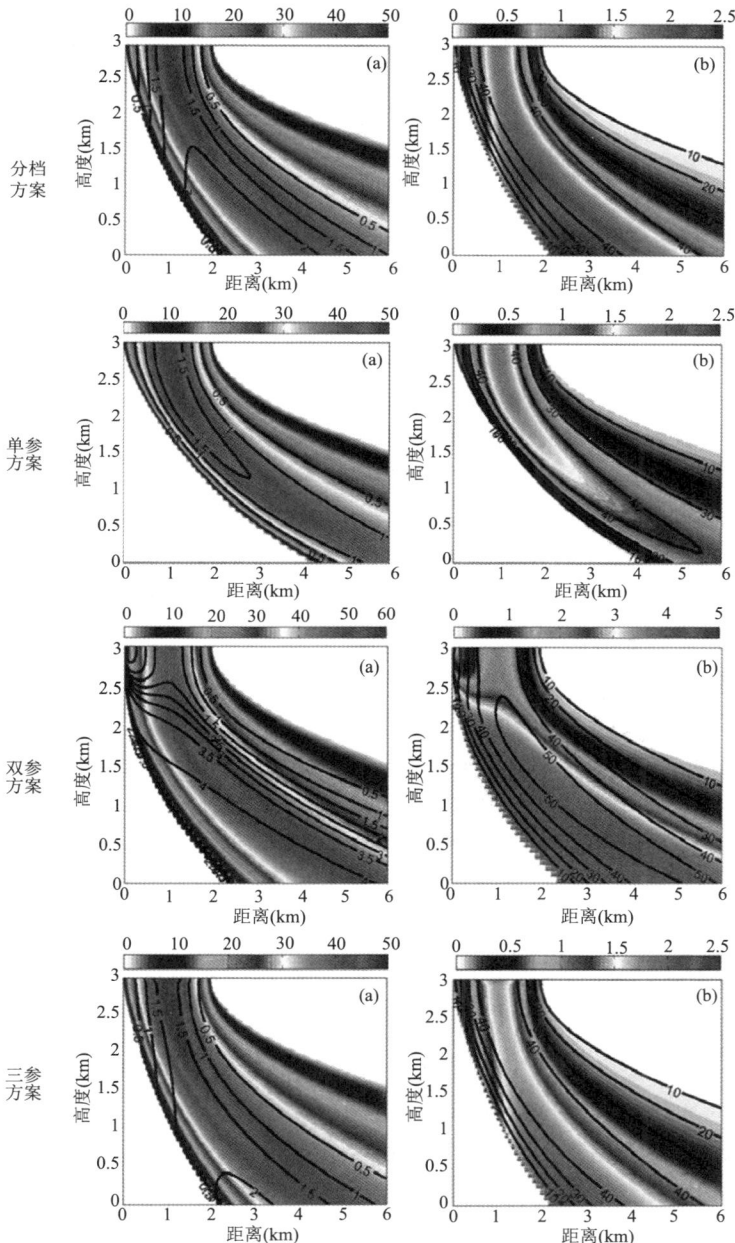

图 5.2 二维风切变模式使用不同微物理方案的模拟结果。图中显示了(a)Z_H(地面雷达反射率因子,阴影)和(b)Z_{DR}(差分雷达反射率因子,阴影)的 Z-X 轴剖面;(a),(b)中的等值线分别为差分雷达反射率因子 Z_{DR} 和地面雷达反射率因子 Z_H(Khain et al.,2015)。

$$M = \int_{\ln r_{\min}}^{\ln r_{\max}} g(\ln r) \mathrm{d}\ln r \tag{5.20}$$

式中，r 为质量为 m 的粒子等效球半径，函数 $f(m)$ 和 $g(\ln r)$ 存在着 $g(\ln r) = 3\ m^2 f(m)$ 的关系。对于某一水凝物粒子的第 i 档，$g(\ln r_i) = 3\ m_i^2 f(m_i)$。因此，有限分档的粒子谱的总数浓度和质量浓度为：

$$N = \frac{1}{3} \ln a \cdot \sum_i \frac{g(\ln r_i)}{m_i} \tag{5.21}$$

$$M = \frac{1}{3} \ln a \cdot \sum_i g(\ln r_i) \tag{5.22}$$

粒子的每一档的运动方程可以使用式(5.12)来进行计算。BM 方法中描述粒子最主要的特性是它的质量。在真实情况中，同样质量的粒子也可能具有不同性质，如密度、形状、下落末速、电荷性等。根据不同的研究目的，粒子的这些特性也需要在 BM 方法中得以体现。同样质量粒子（甚至是同一种水凝物）的增长速率也会因为粒子的形状、盐度等差异而有所差异。严格意义上，对粒子谱的描述应该使用更多维度的参数。除了质量，已经有学者使用了更多的粒子特性来描述粒子谱，如粒子的溶解度(Bott，2000)、电荷性(Khain et al.，2004)等。这样的处理方法显著增加了求解和计算的复杂度。更常用的方法是将粒子的其他参数进行统计平均并将其归于某一特定的质量档粒子。

在 MMM 方法中，粒子的质量通过等对数距离格点进行了分类。对于每一类粒子，粒子谱通过多种阶矩来进行描述，如 Tzivion 等(1987；1989)使用粒子的质量和数浓度来进行描述。因此，在 MMM 方法中，模式方程计算的不是每一类粒子的粒子谱，而是粒子的阶矩 R，其 v 阶矩的定义为：

$$R_i^{(v)} = \int_{m_i}^{m_{i+1}} m^v f(m) \mathrm{d}m \tag{5.23}$$

可以看出，零阶矩为第 i 类粒子的数浓度，一阶矩与第 i 类粒子的质量相关，二阶矩正比于第 i 类粒子产生的雷达反射率。为了对上述量进行求解，需要对每一类粒子的粒子谱分布做一定的假设。在 MMM 方法中，各类粒子的谱分布满足连续性假设且其与粒子的质量呈现为线性关系。Tzivion 等(1987；2000)以及后来的很多使用 MMM 方法的学者(Yin et al.，2000；Saleeby and Cotton，2004；Xue et al.，2010，2012；Teller and Levin，2008；Teller et al.，2012)对每一类粒子的零阶矩和一阶矩进行了求解。在模式中，其方程形式类似式(5.12)。在 MMM 方法中，方程的总数由水凝物种类、粒子分类、每类水凝物的分档数以及每类粒子使用的阶矩数来决定。MMM 方法中，每类粒子都需要两个预报方程，因此其需要处理的变量数是同等分档数 BM 方法的两倍。Tzivion 等(1987)研究发现，使用 36 档模拟结果的精度与使用

72 档甚至 144 档结果精度相近。

分档微物理方案使用的方程并不依赖特定的气象条件。这意味着分档云微物理方案具有普适性,同样的方案可以同时应用于模拟极地层状云和热带气旋。与之对应的,体积水微物理方案则需要根据模拟的云系统进行选择。分档微物理方案中的方程数与分档数和云水凝物种类(包括气溶胶)。典型的分档微物理方案约有 200～300 个微物理预报量,而体积水微物理只有 6～18 个变量。因此,分档云微物理方案需要更多的计算资源,一般是体积水微物理方案的 5～20 倍。表 5.1 给出了当今使用较多的分档云微物理方案/模式。分档模式发展以来,最先应用的领域之一就是用以研究播散云凝结核和人工冰核对人工增雨和人工冰雹的作用(Khvorostyanov et al.,1989;Reisin et al.,1996c;Yin et al.,2000)。

表 5.1　分档云微物理方案/模式发展概况

作者	SBM 类型,模型名称	水凝物种类	分档数	模型的具体特点
Young (1975)	MMM	液态水、冷冻水、冰晶、雪花和霰	45	气泡模型,预设动力框架;液滴的数密度与液滴半径呈线性关系;冰晶数密度随轴长呈线性变化;所有微物理过程都进行了简化描述。
Khvorostyanov et al. (1989)	BM	液滴、冰粒	33	二维模型,粒子尺度谱定义在与其半径平方呈线性关系的网格上。
Hall (1980)	BM	液滴和冰		轴对称模型,对于液滴和冰采取了两种尺度谱描述。冰粒子密度随粒径的增大而增大。
Tzivion et al. (1987),Reisin et al. (1996a, 1996b)	MMM TAU	液滴、冰晶、雪和霰	34	轴对称,在温度高于 0 ℃时,冰瞬时融化。
Kogan (1991)	BM	暖性	水凝物:30 档,CCN 气溶胶 19 档	3-D,质量对数等距网格。
Ackerman et al. (1995)	BM, DHARMA	暖性	50	对数等距网格;通过追踪 CCN 的溶解体积使模型中的 CCN 保持质量守恒。液滴最大半径为 500 μm;在液滴凝结方程中包含辐射项。

续表

作者	SBM 类型，模型名称	水凝物种类	分档数	模型的具体特点
Khain and Sednev (1996)	BM HUCM	液滴、三类冰晶、雪、霰、雹、CCN	33	二维模型，质量对数等距网格；包含 CCN 收支，温度高于 0 度时，冰相立即融化。
Yin et al. (2000)	MMM TAU	同 Tzivion et al. (1987)	36	二维面对称模型；微物理方案同 Tzivion 等(1987)；霰的融化需要一定的时间，并不是立即融化。
Khain et al. (2004a) and Phillips et al. (2007b)	BM HUCM	同 Khain and Sednev (1996) 包括雪、霰和冰雹中的液态水	33	同 Khain 和 Sednev (1996)；改进了对碰并的描述（Bott, 1998）。引入了考虑液滴碰撞破碎和基于高度的液滴碰并；模式考虑了包括雪、霰、冰雹等水凝物质量的谱分布。
Muhlbauer et al. (2010), Hashino and Tripoli (2007, 2008, 2011)	MMM UWNMS University of Wisconsin	液滴、初生冰晶、凇化粒子、凇化聚集、霰	液滴30档；冰粒子30档	所有冰相粒子使用同一个质量网格。每一类粒子的性质代表了不同类型水凝物混合后的性质；初生冰晶的贡献在小质量粒子类别中占主导地位；霰粒子对大质量粒子的贡献较大。
Khain et al. (2008a)	BM HUCM	同 Khain et al. (2004a) 包含雪中凇化的质量	33	同 Khain 等(2004a)，改进了扩散增长以及凇化形成的雪的质量谱；扩散生长和尺寸分布的方案；考虑了雪密度。
Lynn et al. (2005a, 2005b), Lynn and Khain (2007)	BM MM5/SBM	同 Khain et al. (2004a)	33	三维嵌套网格。
Tao et al. (2007) and Li et al. (2009a, 2009b)	BM GCE-SBM	同 Khain et al. (2004a)	33	详细的飑线的形成过程，比较了体积水箱和大多数方案；测试了对下落速度的敏感性。
Fan et al. (2009)	BM SAM/SBM	同 Khain et al. (2004a)；冰核单独作为一种水凝物	33	同 Khain 等(2004a)，冰核的核化由气溶胶、温度和过饱和度共同决定；冰核粒子谱由模式预报。

续表

作者	SBM 类型，模型名称	水凝物种类	分档数	模型的具体特点
Khain et al. (2010)	BM WRF/SBM-fast	液滴、雪、霰/雹	33	三维嵌套网格。
Lebo and Seinfeld (2011)	MMM WRF/MMM	同 Reisin et al. (1996a, 1996b)	36	三维模型；液滴之间的碰并过程采用 Long (1974) 方案；对于冰-冰、冰-雪、冰-霰、雪-霰、液滴-冰、液-雪、液滴-雪、液滴-霰、霰-霰之间的碰撞过程，采用重力碰并方案。
Khain et al. (2011)	SM	同 Khain et al. (2008a)	43	同 Khain 等（2008a），改进了对霰-雹转换的描述；计算了偏振参数。
Benmoshe et al. (2012)，Benmoshe and Khain (2014)	BM HUCM	同 Khain et al. (2011)	43	同 Khain 等（2011），计算湍流强度并引入粒子的湍流碰并计算。
Iguchi et al. (2012a, 2012b)	BM the Japan Meteorological Agency Nonhydrostatic Model (JMA-NHM)	同 Khain et al. (2004a)	33	三维模型，冰核核化率基于 Cotton et al. (1986) 的研究而改进。
Fan et al. (2014)	BM WRF/SBM	同 Fan et al. (2009)	33	同 Fan 等（2009）；改进了均质冻结；引入了简化的时间依赖的融化过程；融化的水立即脱落。
Phillips et al. (2014)，Ilotoviz et al. (in revision, 2016)	BM HUCM	同 Khain et al. (2011) 冻结液滴作为一种新水凝物类型	43	包含了详细的时间依赖的冻结过程；引入了冻结液滴的尺寸谱；考虑了冰雹的干湿生长。
Iguchi et al. (2014)	BM WRF/SBM	同 Khain et al. (2011)	33	三维模型。

除常规的分档云微物理方案外，Onishi 和 Takahashi（2011）提出来一种混合微物理方案，该方案介于分档微物理方案和体积水微物理方案之间。该方案主要考虑到目前模式对云滴形成和增长描述越来越精确的需求，同时对冷云过程的认识还存在很大的不确定性，方案中对于暖云过程的处理采用分档微物理方案而对于冷云过程的处理采用了体积水微物理方案。

除了分档云微物理方案外，最近发展了一种致力于研究云滴谱在湍流中形成和发展的云微物理方案。该方法将计算大涡模拟流场中所有独立云粒子的运动。这类模式也被称为拉格朗日模式（Andrejczuk et al.，2009，2010；Shima et al.，2009；Riechelmann et al.，2012）。在该方法中，为了避免大量的云粒子计算带来的挑战，Shima 等（2009）提出了超级粒子的概念，该方法又被称为超级粒子方案（super droplet method，SDM）。每一个超级粒子代表着一些数量具有相同大小和位置的真实粒子。从这个角度讲，每个超级粒子对应着分档微物理方案中的一个质量档。这类模式中的湍流混合对云滴的作用没有使用任何参数化方案而是被精确处理的。不同模式中对湍流模拟的精确度依赖于大涡模式对湍流结构的描述能力和大涡模式的格点分辨率。目前这一方案还处于发展阶段，未来该方法将考虑更多的暖云微物理过程（碰并、核化等）以及冷云微物理过程。

5.4 人工催化方案介绍

云模式/微物理方案的发展同样地也为人工影响天气提供了一个有力的工具。我们已经在数值模式中对控制云系形成和发展的环境条件进行了描述（模式动力框架），同时对云滴和冰晶的活化以及降水的形成（云微物理方案）也进行了描述。在此基础上，加入核化模式，可以建立人工影响天气的数值模式系统。人工影响天气中的核化模块一般包括暖云核化（CCN 活化）和冰核活化（IN 活化）。对于暖云过程，一般是通过播撒适量的巨云凝结核（GCCN，粒径大于 25 μm）改变自然云的云滴谱分布，进而影响暖云形成的重力碰并机制来实现人工播撒对云降水的影响。

冰核按照活化机制可分为凝华核化、凝结冻结核化、接触冻结核化以及浸润冻结核化。每一种核化机制对应的冰核气溶胶以及环境条件（温度、水汽等）都可能有所不同。因此，在数值模式中，一般会分别对每一种机制进行模拟。其基本思路是预报每一类核化机制对应冰核的浓度，然后通过核化方案，得到对应机制产生的冷云水凝物浓度。因核化而造成的水凝物浓度的变化（率）相应的反应在式（5.12）—式（5.16）中的相关过程项中。下面以 Hsie 方案（1980）为例介绍数值模式中核化方案的引入。

Hsie 等（1980）提出的 AgI 核化方案，包含了接触冻结核化及凝华/凝结冻结核化。对于接触冻结核化，方案计算云滴、雨滴通过布朗运动、惯性碰并等过程搜集 AgI 粒子的数量。在过冷条件下，云雨滴遇到 AgI 粒子通过接触核化机制冻结为冰相粒子,其过程为,在过冷区,云滴+AgI→冰晶;雨滴+AgI→霰(雪)。在暖区,则考虑云雨滴对 AgI 粒子的湿清除作用。

在温度低于 -5 ℃且水面饱和情况下,考虑 AgI 通过凝华/凝结冻结核化形成冰晶,但并没有单独区分凝华核化和凝结冻结核化,其核化过程为,水汽+AgI→冰晶,且形成的初始冰晶质量为 10^{-12} kg。该方案需满足以下假设条件:AgI 粒子为单分散分布,半径为 0.1 μm;一个液滴仅且捕获一个 AgI 粒子;忽略冰相粒子对 AgI 的清除作用以及 AgI 的下落末速度;温度低于 -20 ℃时,AgI 粒子全部核化。

将上述过程带来的对应水凝物质量/数量的变化考虑到式(5.12)—式(5.16)中,则实现了人工核化过程。除 Hsie 方案外,还有根据 DeMott(1995)的研究提出的冰核核化方案建立的核化方案。可见,核化方案的实施和引入与使用的云微物理方案及对云中水凝物粒子谱的描述密切相关。因此,除核化方案中 AgI 核化机制描述的差异外,云微物理过程带来的不确定性也会影响到核化方案的性能。

第6章 人工影响天气的效果检验

6.1 概述

人工影响天气的效果检验是一项既重要又困难的研究性和业务性问题,重要性在于必须明确回答人工影响天气作业(试验)是否有效？效果有多大？困难包括两方面的含意：一方面,自然降水(包括冰雹)时空分布和变化太大,存在着巨大的不平稳性;另一方面,目前人工影响天气主要通过播撒催化剂,直接影响自然云中云滴或冰晶的核化过程,人为影响的环节和强度受到一定限制,同时对云、降水的物理机制和发展变化的物理过程还缺乏全面地、系统地、深入地了解,不能完全区分人为影响与自然变异。Changnon Jr(1986)对人工影响天气的效果评价作了回顾,认为经历了一个从依赖统计方法,强调随机化试验到重新注重经验证据,学会如何正确设计催化试验,把物理控制变量与统计检验正确地结合为一体的大轮回过程。国际上已有的随机化试验的实践结果并不很理想,起因既有试验设计技术上的科学性问题,更有试验运作过程中的管理、协调甚至经费等问题。随着20世纪70年代末计算机技术的迅速发展,非参数检验获得新的发展和应用,检出功效有所提高,已明确提出人工影响天气业务性作业的效果评估可采用无分布推断法。

6.1.1 人工影响天气效果评价的基本方法

人工影响天气的效果,一般理解为人工降水和防雹作业是否产生了预期的云、降水的明显变化：既包括降水是否增加,冰雹是否减少,又包括云、降水的宏、微观物理量有无明显的变化,即云的厚度、面积、上升气流速度、云体内的温度廓线、云持续时间以及云中冰晶数浓度、大云滴数浓度、雹胚数浓度、含水量、谱宽、雷达回波参数等是否产生预期的变化。前者可归结为人工影响天气的间接效应,或最终效果;后者可归结为人工影响天气的直接效应或物理效应。实际上最终效果正是人们所特别关注的。二者原则上应该一致,但由于最终效果所受的影响因子太多,尺度太宽、太复杂,实际上它们之间仅表现出存在着相关关系。目前,人工影响天气效果检验中常用的方法为统计检验、物理检验及数值模拟检验,将三种手段综合起来对作业效果进行综合评价是当前人工影响天气效果检验的发展趋势。

(1) 人工催化效果的统计检验

以人工增雨为例,若自然降水量为 R_0,影响后的降水量为 R,则差值 $R-R_0=E$ 即为增雨效果。R 可测,R_0 必须通过统计推断进行估算,即进行参数假设检验,根据众多雨量资料,建立统计量,做统计推断的显著性检验和参数估计。从统计原理考虑,为了客观地评价试验效果,在做出统计方案的前提下,在进行统计模拟计算的基础上,最后确定试验计划,包括不同阶段和具体程序。基础统计工作包括检验雨量概型,预计试验次数和周期,决定雨量记录的代表性并决定雨量测点的密度等,关键在于如何确定准确度较高的自然雨量估计值。

(2) 人工催化效果的物理检验

从人工影响天气的物理机制出发,通过各种探测技术,测量催化的宏观动力学效应和微观物理效应,并制定相应的指标,以便比较催化前后这些指标是否显著改变。但必须强调,所有这类指标,如同雨量一样,也是受多种因素制约的,它们在试验中并非唯一地受制于播云措施,存在着相当大的自然变差,要从中检测出人工影响的效应,除了效应特别明显或云结构的时空变化小以外,一般仍需采用统计检验的方法,可以把这种物理检验称为"物理效应的统计检验"。

"统计检验"和"物理检验"之间的关系是,统计的效果只有在获得物理上的解释,并为观测到的物理效应所证实时,效果的检验才是完整的、令人信服的。

(3) 人工催化效果的数值模拟检验

根据云、降水的动力学和微物理学过程以及人工影响天气原理,针对人工影响天气试验,建立描述人工影响天气过程的方程组,求其数值解,这是一种宏、微观耦合的对全过程的理论分析方法,但由于数值模式对实际云、降水过程不能完全再现,为了求解必须对方程进行简化,而且参数的确定和调整包含有相当程度的经验和技巧,目前尚不能作为十分可靠的理论分析方法,主要用于试验方案设计的参考,进行目标云的可播性预测,选择与之相适应的催化技术,以提高人工影响天气试验的预见性、科学性,避免盲目性。

6.1.2 统计检验的基本概念和方法

人工影响天气效果的统计检验以数理统计为基础,主要内容是显著性检验。例如:对实测催化雨量与统计推断雨量之差值进行显著性检验,明确由于降水的自然变差和统计推断雨量的随机误差引起的差值的可能性有多大,若这种可能性较大,就不能认为人工催化显著地改变了实际雨量,此即为催化效果不显著;若这种可能性很小,如 $<5\%$,则认为人工催化效果显著。这种可能性的大小,通常称为显著性检验水平或显著度,以 P 表示,如上述后一种情况,$P<\alpha=0.05$。

显著性检验在数理统计中称为假设检验,可分为参数性检验和非参数性检验。参数性检验是在总体分布已知的情况下(如正态分布),检验分布参数(均值和方差)的假设。这类检验有 u 检验、t 检验、F 检验和 χ^2 检验等。人工增雨中常用的参数性检验即 t 检验,它要求统计变量服从正态分布,而且规定人工催化只改变总体平均值,而不改变总体方差。若这两个条件不满足,就不能采用 t 检验,故在应用 t 检验前,应对统计变量的分布,进行分布函数的检验,可分别采用 χ^2 检验、柯尔莫哥洛夫拟合度检验和 H 检验,前两种检验法都要求大样本,一般 $n > 30$;H 检验适用样本较小的场合。一般降水量与正态分布偏离甚大,需作变量转换使之正态化,如取降水量的对数、某次方根等。有关参数性检验,这里只作简要概括,详见叶家东和范蓓芬(1982)、曾光平和吴章云(1997)的研究。

非参数性检验对无特定形式的分布或形式未知的分布进行比较,常为分布之间的比较,而不是参数之间的比较,故称为非参数性检验。这类检验有符号检验、秩和检验、χ^2 检验(对分布函数的假设检验)等。

人工影响天气中,效果指标的分布形式常常是未知的,此时即可采用非参数性检验。实际上无分布统计推断法都是基于统计变量在现实集合中的具体排列分布,其中秩和检验也要求两样本所代表的总体方差相等。下面先讨论符号检验法,符号检验法是一种非参量性检验法。

问题:甲、乙两组样本,共 m 对数据,要判断这两个样本差异是否显著。

方法:求 n_1 对数据之差,令甲>乙时差值为正;甲<乙时差值为负;相等时为 0。然后数一下"+"号、"−"号及"0"号的个数,分别用 n_+、n_- 及 n_0 表示,令 $n = n_+ + n_-$。可以想象,如果两个样本差异不显著,则甲比乙大或乙比甲大的可能性是一样的,也就是 n_+ 与 n_- 应该相等。由于试验误差的存在,n_+ 与 n_- 不可能总是相等,而常常会有一些差异。但 n_+ 与 n_- 之差不会太大,如果太大了,就可以怀疑不仅有试验误差,而且有条件变差,也就是两个样本有显著的差异。那么 n_+ 与 n_- 正差多少才算有显著的差异呢?符号检验表给出了有显著差异的界限(双边界限)(叶家东 等,1982)。例如当 $n = 11$ 时,查符号检验表 $n = 11$ 那一行,显著性检验水平 $\alpha = 10\%$ 那一列,得到相应数为 2。用 r 表示 n_+ 与 n_- 中较小的一个,即取 $r = \min(n_+, n_-)$,将 r 与 2 比较,如 $r > 2$,就认为两者差异不显著;如 $r \leqslant 2$,就判断两者有显著的差异,如取显著性水平为 5%,则要求 $r \leqslant 1$ 才显著[①]。

原理:符号检验主要适用于连续的随机变量。设有 A, B 两样本总体,分别记为 $A(x)$ 和 $B(x)$,x 为随机变量。

检验假设 $H_0: A(x) = B(x)$

对两总体分别独立地抽取 n 对数据:$(x_1, y_1), (x_2, y_2), \cdots, (x_n, y_n)$

---

① 符号检验表所列是双边界限,在单边检验的情况下,$n = 11, r = 2$ 时相应的显著性检验水平是 0.033,单边符号检验参见 Dixon 和 Massey(1957)。

若 $A(x)=B(x)$ 假设成立，则 $x_i > y_i$ 与 $x_i < y_i$，$(i=1,2,\cdots,n)$ 应具有相同概率 $p = \frac{1}{2}$。

令
$$C_i = \begin{cases} 1 & x_i > y_i \\ 0 & x_i < y_i \end{cases} \quad (i=1,2,\cdots,n)$$

则 $C = C_1 + C_2 + \cdots + C_n$ 服从二项分布，其概率 $p = \frac{1}{2}$。

二项分布是一种离散型随机变量的分布规律。在一次试验中，$C=1$ 或 0，二者必居其一。令 A 出现的概率为 p，则 B 出现的概率为 $(1-p)$，每次试验结果彼此独立，则 n 次试验中，事件 A 出现 k 次的概率为：

$$p(k/n) = C_n^k p^k (1-p)^{n-k}$$

$$C_n^k = \frac{n!}{k!(n-k)!}$$

式中，C_n^k 是 n 个中取 k 个的组合数。当 n 较大时，由数理统计理论知，C 近似呈正态分布 $N(\frac{n}{2},\sqrt{\frac{\pi}{4}})$，此时可用正态分布性质来检验。算出 $t = (r - \frac{n}{2})/\sqrt{\frac{\pi}{4}}$，相当于作变数替换，$t$ 服从 $N(0,1)$ 分布。当显著度取 $\alpha=0.05$ 时，若 t 落在区间 $(-1.96,+1.96)$ 内，则认为 A,B 无显著差异，若 t 落在此区间外，则认为 A,B 有显著差异。

符号检验主要适用于连续随机变量，符号检验表就由二项分布计算得到（双侧检验），由它给出有显著差异的界限（叶家东和范蓓芬，1982：附表7）

[**例 6.1**] 四川武胜高炮催化积云试验的效果分析。影响区 A 和对比区 B 的资料列于表 6.1。表中 $n=11, n_+ =9, n_- =2, r = \min(n_+, n_-) = 2$，查单侧符号检验表可知，$r=2$ 时，相应的显著性检验水平为 0.033，即 $\alpha<0.05$，说明影响区雨量明显高于对比区，还可以进一步求出雨量增值的单侧置信区间，即估计相对增雨率。

表 6.1 四川武胜 A,B 区雨量及其符号检验（中国气象局科技发展司，2003：212）

A(mm)	4.96	30.85	1.15	7.36	1.99	3.03	2.80	1.36	5.73	18.96	2.69
B(mm)	2.26	4.25	2.17	3.18	0.50	8.45	0.33	0.32	2.95	15.14	0.80
符号	+	+	−	+	+	−	+	+	+	+	+
$A-B$	2.70	26.60	−1.02	4.18	1.49	−5.42	2.47	1.04	2.78	3.82	1.89
$(A-B)/B$	1.19	6.26		1.31	2.98		7.49	3.25	0.94	0.252	2.363

如果显著性检验表明一个样本显著地比另一个样本大，那么我们可以进一步求出增值的单边置信区间，例如对上例，我们可以估计雨量的增率 P 和增值 Q。

设原来的样观测值为：

$$(A_1,B_1),(A_2,B_2),\cdots,(A_{11}B_{11})$$

将 B 的观测值增加 $P \times 100\%$，再与 A 的观测值比较，要求差值在 $\alpha = 0.05$ 水平下仍显著，为此分析

$$[A_1, B_1+Q], [A_2, B_2+Q], \cdots, [A_{11}, B_{11}+Q]$$

由表 6.1 第 5 行可以看出，雨量相对增率的最小值是 $P = \dfrac{A_{10} - B_{10}}{B_{10}} = 0.252$，要求在 $\alpha = 0.05$ 水平下样本 A 仍比样本 $B(1+P)$ 显著地大。当满足上述条件时，即差值的符号数 r 不改变的条件下，找出 P 的最大可能值，即 $P = 0.252$。因 $P = 0.252$ 时有 $(1+P)B_{10} < (1 + \dfrac{A_{10} - B_{10}}{B_{10}}) B_{10} = A_{10}$，所以新数列的符号数 r 仍然为 2，但当 $P > 0.252$ 时 r 就大于 2 了。这个 P 值就是雨量相对增率的 95% 单边置信区间，说明人工催化后作业区雨量比对比区大 25.2% 以上的概率是 95%。

类似地可以估计雨量增值 Q 的置信区间。为此，研究下列数据：

$$[A_1, B_1+Q], [A_2, B_2+Q], \cdots, [A_{11}, B_{11}+Q]$$

给定信度 $\alpha = 0.05$，在要求上述数列的差值仍显著的条件下，由表 6.1 的第 3 行可得 $Q = 1.03$［它小于最小差值 $(B_8 - A_8) = 1.04$］。这就是说，人工影响后影响区雨量比对比区雨量大 1.03 mm 以上的概率是 95%。不过，一般认为人工降水的效果是可乘的，而不是可加的，所以分析时总是求 P，而不去计算 Q。

秩和检验，文献上常称为 W-M-W 检验法，它先是由 Wilcoxon 于 1945 年提出，然后由 Mann 和 Whitney 两人于 1947 年详细讨论的。秩和检验也是一种非参量性检验法，在人工影响天气试验的效果检验中广为应用，分成对试验和不成对试验两种。

(1) 不成对试验的秩和检验

比较两个总体 $A(x)$ 和 $B(x)$，分别从中独立地抽取容量为 n_1 和 n_2 的随机样本：$a_1, a_2, \cdots, a_{n_1}; b_1, b_2, \cdots, b_{n_2}$。

原假设 H_0：两个总体相等，$A(x) = B(x)$；替代假设 H_1：两个总体相差为一线性平移。

将容量为 n_1 和 n_2 的两样本按观测值的大小次序混合排列，编顺序号。最小为 1，次小为 2 等等，称之为秩次，最大值的秩次为 $(n_1 + n_2)$。秩和定义为样本容量较小的那一个样本的观测值的秩次总和，并称为该样本的秩和。

若两样本是从同一总体中独立地抽出的随机样本，则两样本的观测值在多数情况下会相间混杂，任一样本的秩和不会太大或太小。秩和特别大或特别小（相当于一个样本的观测值普遍比另一个样本的观测值大或小）的极端情况是少见的，否则就会有显著差异，从而判定两样本不属于同一总体。而秩和检验的基本思想就是要确定一个秩和界限 T_α 或 $T_{1-\alpha}$，使得在同一总体中随机抽样时，容量较小的样本的秩和 T

$\leqslant T_\alpha$(或 $T \geqslant T_{1-\alpha}$)的概率为 α，属于小概率事件。若实际观测到的秩和落在这一区间，则拒绝原假设 H_0，而认为容量较小的样本比另一样本显著地小(或大)，两个总体不相等。说明两样本来自不同总体，二者有显著差异。

令 $n_1 + n_2 = N$，且设 $n_1 \leqslant n_2$，则样本容量较小的那个样本的观测值在 N 个数中的秩次组合方式能有 $C_N^{n_1}$ 种。因为这是一个组合问题，从 N 个数中抽取 n_1 个数的方式一共有 $C_N^{n_1}$ 种，每一种秩次组合方式都有一个相应的秩和。

1974 年 8—9 月份，福建古田地区对台风影响下的层状云系进行了以三小时为一催化单元的随机试验(福建省气象局和南京大学气象系，1975)，获得了两组雨量资料，列于表 6.2。将两个随机样本按秩次排列(表 6.3)，要检验两个样本的差异是否显著。这里 $N=8, n_1=4$。如上所述，样本 A 中各秩次的组合数有 C_8^4 种。

表 6.2　福建古田地区随机试验雨量资料(叶家东 等，1982:129)

催化	x_1' (mm)	12.84	28.10	25.90	6.35
	$x_1 = \lg x_1'$	1.1086	1.4487	1.4133	0.8028
不催化	x_2' (mm)	10.68	8.87	4.39	0.90
	$x_2 = \lg x_2'$	1.0286	0.9479	0.6425	-0.0458

表 6.3　两个随机样本的秩次(叶家东 等，1982:160)

x(A 组)	0.90	4.39		8.87	10.68			
y(B 组)			6.35			12.84	25.90	28.10
秩次	(1)	(2)	3	(4)	(5)	6	7	8

W-M-W 检验法假定：在原假设成立的前提下，秩次的任一种组合都是等可能的，因此任一种组合方式的概率为 $\dfrac{1}{C_N^{n_1}}$。故此只要计算出有多少种秩次组合方式，它们的秩和不大于(或不小于)实际观测到的样本数据的秩和，就能决定在同一总体抽样的情况下，容量较小的样本的秩和不比实际观测到的秩和大(或小)的概率。设满足上述条件的秩次组合方式有 k 种，则样本 n_1 的秩和不比实际观测到的秩 T_{n_1} 大的概率是：

$$P(T \leqslant T_{n_1}) = \frac{k}{C_N^{n_1}}$$

假若这个概率很小，譬如小于 0.05，则认为 n_1 和 n_2 所抽取的总体是同一个总体的可能性太小了，现在却在一次试验中就出现这么小的小概率事件，所以认为：n_1 和 n_2 不是从同一个总体中抽取的，$A(x)$ 中的取值要比 $B(x)$ 普遍小一些。

反之，如果 $P(T \geqslant T_{n_1})$ 的值很小，就认为 $A(x)$ 中的取值要比 $B(x)$ 普遍大

一些。

例如对上例,已观测到样本 A 的秩和是 $T=1+2+4+5=12$,而秩和 $\leqslant 12$ 的秩次组合方式一共有 4 种:

$1+3+2+4=10, 1+2+3+5=11,$
$1+2+3+6=12, 1+2+4+5=12$

因此,秩和 $T \leqslant 12$ 的组合方式,其概率为:

$$P = \frac{(秩和 \leqslant 12)的秩次组合数}{C_N^{n_1}} = \frac{4}{C_8^4} = \frac{4}{70} = 0.057$$

这样如对显著性水平 $\alpha=0.05$ 来讲,上述概率与之接近,故可认为 A 和 B 有显著差异,从而拒绝原假设 H_0,而接受替代假设 H_1,即人工降水有显著效果,这个结论与前面用 t 检验法所得的结论一致。

这个方法的原理是比较直观的,即如果一总体是由另一个总体平移得到的,那么低的秩和将落在一个样本中,而高的秩和将常常落在另一个样本中。

具体检验时根据样本容量的大小,分成两种情况:

(1) 当 $n_1, n_2 \leqslant 10$ 时,根据实测求出样本容量较小的秩和 T。由 n_1 和 n_2 及给定的 α 值,查表(中国气象局人工影响天气办公室 等,1994:123,124)确定 T_α 和 $T_{1-\alpha}$,将 T 与 T_α 或 $T_{1-\alpha}$ 进行比较,视其是否进入区域而决定原假设的取舍。

(2) 当 $n_1, n_2 > 10$ 时,秩和 T 近似于正态分布 $N\left[\frac{n_1(n_1+n_2+1)}{2},\sqrt{\frac{n_1 n_2(n_1+n_2+1)}{12}}\right]$,其中 n_1 为计算秩和的样本容量。此时可用正态分布来检验,设

$$u = \frac{T-均值}{标准差} = \frac{T - \frac{n_1(n_1+n_2+1)}{2}}{\sqrt{\frac{n_1 n_2(n_1+n_2+1)}{12}}}$$

对双侧检验,若 u 值落入 $(-1.96, +1.96)$ 内,差异不显著;若 u 值落入 $(-1.96, +1.96)$ 之外,差异显著,显著性检验水平为 0.05。单侧检验时,若 $u \geqslant 1.64$(或 $u < 1.64$),则差异显著;否则,不显著,显著性检验水平为 0.05。

[例 6.2] 以 1981 年福建古田水库人工增雨随机回归试验资料为例。x_{ns} 和 x_s 分别为非催化单元和催化单元目标区区域面积加权平均雨量,样本容量分别为 11 和 15,秩次排列见表 6.4。

表 6.4 1981 年古田水库人工增雨试验非催化单元和催化单元目标区雨量(mm/3 h)及秩次
（中国气象局科技发展司,2003:125）

x_{ns}		0.90	1.65				3.62	4.11	4.29	4.77	4.82	5.81	
x_s	0.31			1.80	3.13	3.58							5.97
秩次	1	(2)	(3)	4	5	6	(7)	(8)	(9)	(10)	(11)	(12)	13
x_{ns}		6.82			7.72		10.34						
x_s	6.12		7.16	7.53		8.81		11.19	11.32	12.11	14.49	14.72	16.58
秩次	14	(15)	16	17	(18)	19	(20)	21	22	23	24	25	26

$n_1 = 11, n_2 = 15, n_1$ 秩次和 $T_{n1} = 115$，即 $T = 115$。计算统计量

$$u = \frac{T - \dfrac{n_1(n_1 + n_2 + 1)}{2}}{\sqrt{\dfrac{n_1 n_2(n_1 + n_2 + 1)}{12}}} = -1.739$$

对单侧检验 $u < 1.64$，表示非催化单元目标区雨量明显小于催化单元目标区雨量，说明人工增雨取得显著效果，显著性检验水平为 $\alpha = 0.05$。

对于正态总体，t 检验比秩和检验准确度要高。据分析，要达到相同的功效，秩和检验要比 t 检验增加 5% 的观测资料。因此，对于正态总体的情况，一般应采用 t 检验。但总体分布不明时，可以采用秩和检验。更重要的是秩和检验方法计算很简单，有时宁可牺牲一些精度而采用它。

(2) 成对试验的秩和检验

成对试验的秩和检验，又称为符号秩次检验，它实际上是符号检验的一种改进型式。把各对观测数据的差值按绝对值大小排成秩次，在秩次上标以差值的符号，若正秩次的和小于负秩次之和，则把正秩次的和求出，若负秩次的和小于正秩次的和，则把负秩次的和求出，与符号秩次统计量分布表中的数值比较，作出拒绝或接受原假设的判断。符号秩次检验不仅考虑了差值的符号，而且考虑了差值大小，差值大，秩次就大，计算秩和 T 时权重也大。

例如，内蒙古地区用碘化银水溶胶影响冷云的 9 次试验以催化前后云中冰晶浓度及其差数的秩次列于表 6.5。问人工影响前后冰晶浓度是否有显著变化？

原假设 H_0：人工影响不改变冰晶浓度，即总体差数的平均值 $\mu_d = 0$。

由表 6.5 可知，负秩次的和 T_- 比较小，等于 -6，这个数值，不计其符号，可和符号秩次统计量 T 的分布表（中国气象局人工影响天气办公室 等,1994）所列的数值比较，表 6.5 中列出的在 9 对中秩和如 $\leqslant 6$，就在 $\alpha = 0.0027$ 的显著性水平处拒绝 H_0。现在观测值的秩和 $|T_-| = 6$，所以否定 H_0，即拒绝原假设，说明催化后云中冰晶数

浓度明显增多。单侧检验显著性检验水平 $\alpha=0.0027$。

表 6.5 内蒙古 AgI 水溶胶催化冷云前、后云中冰晶数浓度变化(个/L)及差值的秩次
(中国气象局科技发展司,2003:126)

催化前 x_1	3.6	6.5	6.0	11.5	1.6	4.8	7.8	2.6	1.5
催化后 x_2	4.0	8.2	7.8	13.3	3.5	2.4	12.6	12.0	13.3
增量(x_1-x_2)	0.4	1.7	1.8	1.8	1.9	−2.6	4.8	9.4	11.8
差值秩次	1	2	3.5	3.5	5	−6	7	8	9

若正号的秩和小于负号的秩和,则用正号的秩和与表列的相比较。总之,总是用较小的那个数值。若有两个以上的差数相等,则一般只要把原来应给它们的秩次的平均数放在每个相等的差数上即可,如表 6.5 中秩次为 3,4 的两个差数,都是 1.8,则各给以秩次 3.5。

[例 6.3] 东北三省用尿素催化层状冷云①共进行了三次试验,在云层各高度催化前后冰晶的平均浓度及其差数的秩次列于表 6.6。

表 6.6 三次催化试验催化前后云层各高度冰晶浓度的变化(叶家东 等,1982:163)

距云底高度(m)	1400	800	1000	1200	200	1600	400	600
催化前 x_1(个/L)	4.632	4.394	4.223	5.772	2.579	4.753	1.445	3.372
催化前 x_2(个/L)	4.462	5.289	5.262	6.889	4.036	6.639	5.820	9.547
增加量(x_1-x_2)	−0.170	0.895	1.039	1.117	1.457	1.886	4.375	6.175
差数的秩次	−1	2	3	4	5	6	7	8

由表 6.6 可见,负秩次的和 $T_-=-1$,比正秩次的和小,这个数值不计其符号,和符号秩次统计量 T 的分布表(中国气象局人工影响天气办公室 等,1994)所列的数据比较,在 8 对这一行,$\alpha=0.008$ 时,$T_{0.008}=1$,现在观测值的负秩和 $|T_-|=1$,所以在 $\alpha=0.008$ 的显著性水平上认为人工影响后冰晶浓度显著增加。从冰晶浓度这个因子看,人工催化是有效的。

6.1.3 回归分析

自然界出现的各种现象之间,存在着数量上的联系,常可分为两大类:确定性关系(函数关系)和非确定性关系。确定性关系比较简单,具有唯一性。非确定性关系,一般不能用函数形式表达,但在大量的观测和试验中,发现这种不确定性关系存在某种规律性,即统计相关。

---

① 辽宁省气象局,吉林省气象局,黑龙江省气象局. 尿素催化层状冷云的野外试验. 全国人工降水,防雹科研座谈会. 长沙,1972.

为了寻找非确定性关系的统计相关,并运用这种统计相关,从一个或数个变量所取的值去有效地估计与其统计相关的另一个变量的取值,同时还应确定在进行这种估计时,准确度有多大,这就是回归分析。研究两个变量之间相关关系的回归分析称为一元回归,研究3个以上变量之间相关关系的回归分析称为多元回归。人工影响天气效果统计评价中,常用回归分析法对作业期目标区自然降水量进行估计,然后与实测降水量比较,以确定人工增雨的效果。寻找有效的相关因子大体上有两种可互相结合的方法:一种是根据云、降水发展的物理规律确定对估计量有重要作用的相关因子;另一种是根据观测和试验数据,逐个引入因子,引入的条件是该因子对估计量的相关性经检验是显著的。这后一种方法称为逐步回归分析。

6.1.3.1 一元线性回归分析

两个变量之间的相关关系可以是线性的或是非线性的。这里主要讨论线性回归,因为线性回归比较简单,而且许多非线性回归问题可以转化为线性回归问题。

散点图和一元线性回归方程:对有线性关系的两变量 X,Y 观则中得 n 对数据:$(x_1,y_1),(x_2,y_2),\cdots,(x_n,y_n)$,将各对数据分别点绘在 $x-y$ 平面坐标图上,每一对数据在坐标图上相应于一个点,组成散点图。只要 x 和 y 具有线性相关,散点大体上分布在图中某一直线两侧,由散点图可直观地画出一条直线,均匀地通过散点区,此即 x,y 之间的经验关系式:

$$\hat{y} = a + bx \tag{6.1}$$

式中,$\hat{y}$ 是变量 y 的估计值;a,b 称为回归系数。式(6.1)称为一元线性回归方程,通常采用最小二乘法求出回归直线,例如:假如目标区雨量(y)和对比区雨量(x)之间存在以下统计关系:

$$y_i = \alpha + \beta x_i + \varepsilon_i (i = 1, 2, \cdots, n)$$

式中,ε_i 表示其他随机因素对 y_i 的影响。一般假定 $\varepsilon_1,\varepsilon_2,\cdots,\varepsilon_n$ 是一组相互独立、服从同一正态分布 $N(0,\sigma)$ 的随机变量,α,β 是系数。于是,y_i 是服从正态分布 $N(\alpha+\beta x_i,\sigma)$ 的随机变量,上式就是一元线性正态回归的数学模型。它是回归分析的主要数学模型。其他一些类型的回归模型常可转化为线性正态回归模型。根据 x,y 的 n 组观测值求出 α,β 的最佳估计值 a,b,建立如式(6.1)的经验回归方程。使得 $x=x_i$ 时,$\hat{y}_i = a + bx$,作为 y_i 的最好估计,即以它作为估计值时误差 ε_i 最小。用偏差的平方和作为误差的指标,根据样本求出系数 a,b,使剩余平方和

$$Q_{剩} = \sum_{i=1}^{n} [y_i - (a + bx_i)]^2$$

达极小,根据此原理确定回归系数 a,b 的方法称为最小二乘法。

根据极值原理,回归系数 a,b 满足下两式:

$$\begin{cases} \dfrac{\partial Q_{剩}}{\partial a} = \sum_{i=1}^{n} 2[y_i - (a + bx_i)] = 0 \\ \dfrac{\partial Q_{剩}}{\partial b} = \sum_{i=1}^{n} 2[y_i - (a + bx_i)]x_i = 0 \end{cases} \quad (6.2)$$

由上两式导得
$$\begin{cases} a = \overline{y} - b\overline{x} \\ b = \dfrac{\sum_{i=1}^{n} x_i y_i - n\overline{x}\overline{y}}{\sum_{i=1}^{n} x_i^2 - n\overline{x}^2} \end{cases}$$

其中
$$\overline{x} = \frac{1}{n}\sum_{i=1}^{n} x_i, \overline{y} = \frac{1}{n}\sum_{i=1}^{n} y_i$$

如果把 $a = \overline{y} - b\overline{x}$ 代入式(6.1)，回归方程的另一种形式：

$$\hat{y} - \overline{y} = b(x - \overline{x}) \quad (6.3)$$

相关系数及其显著性检验：实际上不论两变量之间的线性关系程度如何，都可用最小二乘法，求出回归直线。为了确定所得回归直线有无实际意义，必须给出一数量指标来描述两变量间线性关系的密切程度，这个数量指标称为相关系数，以 r 表示，其计算式为：

$$r = \frac{\sum_{i=1}^{n}(x_i - \overline{x})(y_i - \overline{y})}{\sqrt{\sum_{i=1}^{n}(x_i - \overline{x})^2 \sum_{i=1}^{n}(y_i - \overline{y})^2}} = \frac{S_{xy}}{S_x S_y} \quad (6.4)$$

如果回归方程取如下形式：

$$\hat{x} = a_1 + b_1 y \quad (6.5)$$

则与前面相仿，可求得 x 倚 y 的回归系数 a_1 和 b_1：

$$\begin{cases} a_1 = \overline{x} - b_1 \overline{y} \\ b_1 = \dfrac{\sum_{i=1}^{n} x_i y_i - n\overline{x}\overline{y}}{\sum_{i=1}^{n} y_i^2 - n\overline{y}^2} \end{cases} \quad (6.6)$$

式中
$$S_x^2 = \frac{1}{n-1}\sum_{i=1}^{n}(x_i - \overline{x})^2 = \frac{1}{n-1}\sum_{i=1}^{n} x_i^2 - n\overline{x}^2$$

$$S_y^2 = \frac{1}{n-1}\sum_{i=1}^{n}(y_i - \overline{y})^2 = \frac{1}{n-1}\sum_{i=1}^{n} y_i^2 - n\overline{y}^2,$$

$$S_{xy} = \frac{1}{n-1}\sum_{i=1}^{n}(x_i - \overline{x})(y_i - \overline{y}) = \frac{1}{n-1}\left(\sum_{i=1}^{n} x_i y_i - n\overline{x}\overline{y}\right)$$

式中，S_x，S_y 分别是 x 和 y 样本的标准差；S_{xy} 是变量 x 和 y 的协方差。

所以回归系数 b 和 b_1 可改写为：

$$b = \frac{S_{xy}}{S_x^2}$$

第6章 人工影响天气的效果检验

$$b_1 = \frac{S_{xy}}{S_y^2}$$

在回归分析中，x 与 y 之间的相关性愈好，根据回归方程对 y 作出的估计愈准确。当 r 很小时，就不能用线性回归方程进行估计，可能它是一个非线性相关。为此必须对相关系数的显著性水平进行检验。相关系数 r 的显著性检验采用 t 检验。

人工影响天气效果检验中常采用双比分析法来评价固定目标区和对比区试验的催化效果。双比分析实际上就是一元线性回归分析的简化。

在一元线性回归方程(6.1)中，令 $a=0$，则有：

$$\hat{y} = bx \tag{6.7}$$

对人工增雨来说，即目标区自然降水量与对比区降水量成正比，比例系数 b。

设非催化单元样本容量为 n，n 次试验对比区降水量平均值为 $\overline{x_2}$，目标区降水量平均值为 $\overline{y_2}$，按上述比例关系，有：

$$\overline{y_2} = b\overline{x_2}$$

显然

$$b = \frac{\overline{y_2}}{\overline{x_2}}$$

催化单元样本容量为 m，m 次试验对比区降水量平均值为 $\overline{x_1}$，目标区实测降水量平均值为 $\overline{y_1}$。按式(6.7)，得出目标区自然降水量估计的平均值为：

$$\overline{\tilde{y}} = b\overline{x_1}$$

代入 b 值，得：

$$\overline{\tilde{y}} = \frac{\overline{y_2}}{\overline{x_2}}\overline{x_1}$$

而相对增雨平均值 $\overline{E}$ 为：

$$\overline{E} = \frac{\overline{y_1} - \overline{\tilde{y}}}{\overline{\tilde{y}}} = \frac{\overline{y_1}}{\overline{\tilde{y}}} - 1 = \overline{y_1} / \frac{\overline{y_2}}{\overline{x_2}}\overline{x_1} - 1 = \frac{\overline{y_1}}{\overline{x_1}} / \frac{\overline{y_2}}{\overline{x_2}} - 1 \tag{6.8}$$

令

$$\overline{R} = \overline{E} + 1 = \frac{\overline{y_1}}{\overline{x_1}} / \frac{\overline{y_2}}{\overline{x_2}} \tag{6.9}$$

称为双比。若 $\overline{R} > 1$，表示人工增雨有正效果；$\overline{R} = 1$，表示人工增雨无效果；$\overline{R} < 1$ 表示人工增雨负效果。效果的显著性检验采用不成对试验的秩和检验：设催化总体中目标区和对比区实测雨量之比 $\left(\dfrac{y_m}{x_m}\right)$ 为总体 A，非催化总体中目标区和对比区自然雨量之比 $\left(\dfrac{y_n}{x_n}\right)$ 为总体 B。现分别从总体 A 和 B 中独立地抽取样本容量为 m 和 n 两组随机样本。

原假设 $H_0: A = B$，属不成对试验的秩和检验。按6.1.2中的例6.2类似的方法进行检验。

6.1.3.2 多元线性回归分析

影响变量 y 的因子有时有很多，为了进行有效的估计，需找出对所要估计的变量 y 有重要影响的所有因子作为协变量，根据历史资料确立协变量和估计量之间的相关关系，建立多元回归方程。如变量 y 与 m 个变量 $x_1, x_2, \cdots, x_m$ 之间有线性关系，进行观测，观测值为 y_i 和 $x_{1i}, x_{2i}, \cdots, x_{mi}(i=1,2,\cdots,n)$，则得经验回归方程：

$$\hat{y} = b_0 + b_1 x_1 + b_2 x_2 + \cdots + b_m x_m \tag{6.10}$$

式中，$\hat{y}$ 是变量 y 的估计值，$b_0, b_1, b_2, \cdots, b_m$ 是回归方程待定系数。采用最小二乘法求出多元线性回归方程的各待定系数。多元线性回归也必须进行回归系数的显著性检验，实际上就是通过逐次检验，逐次剔除其中最不显著的变量。但是这样处理是很繁冗的。特别是当相关因子较多时，工作量很大，因为每剔除一个变量，就得重新计算回归系数，并逐个对其显著性进行检验。为此，在进行多元线性回归分析时，常采用逐步回归分析法。

6.2 人工影响天气效果的统计检验

6.2.1 人工降水效果的统计检验

叶家东等(1984)最早利用福建古田水库人工降水试验的雨量资料，对该地不同试验设计对试验功效的影响采用自然复随机化法进行数值模拟试验。曾光平等(1997)对人工降水效果的统计检验进行了较全面的论述，这里作一概略介绍。

效果统计分析方案的比较和择优：由于自然降水时空分布变化太大，致使人工催化效果的"讯号"，常被淹没在自然降水起伏的"噪声"中，统计分析是一种用以从"噪声"中提取信息的技术方法。显然，由于不同试验方案和不同统计分析方法，对自然降水时—空分布作不同假设，以及由于统计概型与资料拟合不准确，或试验对象实际不属于同一统计总体，或个别极端事件的权重太大等因素，使得统计效果及其显著度都会有明显起伏变化，从而得出不一致的统计结论。

同时，人工降水效果统计检验必须认真面对两方面的问题：选择何种检验方案才能在最短的试验周期内客观、科学地检验催化效果？对某一确定的检验方案，需要多少样本量才能得出可信的统计结果？由于影响自然降水起伏的众多因素无法在参数化统计检验中反映出来，更由于真实效果无法准确获知，所以上述两方面的问题难以直接回答，但却可以通过试验的功效、准确度和灵敏度的分析，给予统计上的比较认定。

功效、准确度、灵敏度及其分析：功效指在一定试验期内(一定样本容量)，在一定显著度下检出一定试验效果的概率(即检出率，检出率愈高，功效也愈高)，也可指在一定显著度下，以一定检出率检出一定试验效果所需的试验周期(样本容量)。功效的高低表明从自然降水起伏的背景上检出人工降水效果的能力。

准确度指统计效果与实际催化效果之间差值的大小,用 η 表示它们之间的相对变差,也称为失真率,表达式为:

$$\eta = \left| \frac{\text{统计效果} - \text{催化效果}}{\text{催化效果}} \right| \times 100\% \qquad (6.11)$$

准确度 $\xi = 1 - \eta$, η 愈小,准确度愈高。准确度的高低表征准确地反映催化效果的能力。

灵敏度指在一定显著度 α 下检出试验效果所需的相对增雨效果的最低值 θ。θ 值愈小,灵敏度愈高,也可指在一定相对增雨效果下,统计检验的显著度 α 的大小,α 愈小,灵敏度愈高。灵敏度的高低表征对催化效果反映的敏感程度及检验的能力。

研究试验的功效、准确度和灵敏度的方法有两种:一种是经典的统计理论分析法,另一种是统计数值模拟试验方法,包括复随机化试验法和较简易的、近似的自然复随机化试验法。这里介绍自然复随机化试验方法,并采用此法研究试验的功效、准确度和灵敏度。

自然复随机化试验法:基本步骤为,对 N 个单元的试验样本,事先不做任何"催化"处理,面对原始数据进行复随机化处理,例如:进行 1000 次,据此可求出在降水量的自然随机变差影响下,表征"效果"的统计量 R 的大小分布,并求出相应的 R_0 值,以此 R_0 为判据,设进行一次"催化"试验,其中随机抽取 k 个单元作了"催化"处理,求出相应的效果统计量 $R(\theta)$,$R(\theta) \geqslant R_0$,则"效果"显著。如此进行,直至进行 1000 次"催化"试验,每次试验的随机抽取程序不同,其中"效果"显著的比率 P 就是试验功效的估计值。

复随机化试验法(游景炎 等,1994)的计算量比自然复随机化试验约高一个量级,虽比自然复随机化试验的功效精确,但偏差最大不超过 7%。

6.2.1.1 常用的非随机化试验的效果统计分析方案

业务性催化项目的效果检验,一般采用非随机化试验方案,非随机化试验通常有序列试验、区域对比试验、区域回归试验和区域控制模拟试验。

(1)序列试验

以试验区历史降水量平均值作为试验期自然降水量的估计值,然后与试验期的实测降水量作比较,得出人工影响的效果值,假设"试验区自然降水量在时间分布上是平稳的"。这是最简单的效果统计检验方法。其具体步骤为:

第一步,确定统计降水量的时间单元。由于降水量的逐日变差很大,一般采用的时间单元为月或季。

第二步,统计作业效果。根据历史月(或季)降水资料,求出目标区月(或季)历史降水量的平均值 $\overline{x_2}$,作业月(或季)降水量资料为 x_1,则作业效果的绝对和相对增值分别为：

$$\Delta R = x_1 - \overline{x_2}, \qquad E = \frac{x_1 - \overline{x_2}}{\overline{x_2}}$$

第三步,作业效果显著性检验。常采用 u 检验法检验作业效果的显著性。

假设"试验区自然降水量在时间分布上是平稳的"。由于天气形势不同或局地气候条件有变化,这个假定常常不能成立。况且历史雨量变率太大,用它的平均值来估计作业期自然雨量功效很低。

(2)区域对比试验

该种试验分两种,固定目标区与对比区的对比试验和作业云与对比云的对比试验。两种的区别在于:前者以区域平均降水量为统计检验对象;后者以云体降水量为统计检验对象。

区域对比试验假设"试验期自然降水量的空间分布在统计上是均匀的"。以同期对比区自然降水量作为目标区自然降水量的估计值,同目标区实测降水量进行比较,求得催化效果。效果显著性可采用成对试验的秩和检验法或符号检验法检验。其具体步骤为:

第一步,确定统计降水量的时间单元。一般取日降水量作为统计的时间单元,为了提高效果检验的灵敏度,可以作业云移出目标区时间为统计单元,如 3 h。

第二步,统计作业效果。求出试验期对比区自然降水量的平均值 $\overline{x}$,目标区自然降水量平均值 $\overline{y}$,并以 $\overline{x}$ 作为目标区自然降水量的估计值。则催化效果分别为:

$$\text{平均绝对增值 } \Delta R = \overline{y} - \overline{x}, \text{平均相对增值 } \overline{E} = \frac{\overline{\Delta R}}{\overline{x}}$$

第三步,催化效果的显著性检验。采用成对试验的秩和检验法或符号检验法检验。

由于地形条件差异以及作业单元选择时往往偏向于天气条件有利于作业区等主观偏倚,上述假定也常常难以满足。

(3)区域回归试验

利用对比区自然降水量作为预报因子,对试验期目标区自然降水量进行统计推断。它基于一个或一个以上的对比区,按历史资料建立目标区与对比区的自然降水量回归方程,据此以试验期对比区自然降水量估计影响区的自然降水量。

区域回归试验假设"作业期目标区与对比区雨量的统计相关关系与历史上同类天气条件下雨量的区域相关性相同"。具体步骤为:

第一步,统计变量的选择。此时需考虑下列 3 方面的因素:①所选变量具有代表性;②变量适于进行统计检验,若采用 t 检验法,则要求变量服从或近似服从正态分布,故有时要取降水量的某种变换(如对数、方根等);③变量的区域相关系数应较大,变量本身的自然变差应较小,即变量要有相对稳定性。在效果统计检验时,常采用下列统计变量:单站月降水量,区域面积平均月降水量,日降水量或催化后某一时段的降水量,天气系统的总水量或天气系统的日平均降水量。

第二步,统计变量正态化。为使统计变量正态化,需将统计变量进行变换,然后利用柯尔莫哥洛夫定理或分布函数拟合度的 χ^2 检验法,进行正态分布的拟合度检验。

第三步,区域降水量的相关分析。根据目标区和对比区历史自然降水量资料,求两区自然降水量的相关系数 r,并进行显著性检验(为提高统计结果的准确性,相关系数的显著性检验水平应达 0.01)。

第四步,建立 y 倚 x 的历史回归方程 $y = a + bx$。

第五步,求出增雨效果。将试验期对比区实测降水量 x 代入上述回归方程,求出目标区试验期自然降水量的期待值 $\hat{y}$,则降水量绝对增值 $\Delta R = y - \hat{y}$,相对增值 $= \frac{\Delta R}{\hat{y}}(\%)$。

第六步,增雨效果的显著性检验。为确定上述增值 ΔR 是由于人工影响的结果引起的或者是降水自然变差引起的,必须对 ΔR 进行统计显著性检验。

由于样本容量通常较小,加上历史相似天气的选择难免有主观性,所以估计值不稳定,或存在系统性的主观偏倚,估计值随着样本容量改变显示出较大的波动。

(4)区域控制模拟试验方案

在分析各种效果检验方案的基础上,曾光平等(1997,1999)提出一种估算人工增雨目标区自然降水的方法,该法不对自然降水的时空分布作稳定性假设,而是通过分析作业期自然降水特征,事先确定一些判据,从长序列历史样本中获取供比较的样本,并对效果进行检验,把此方案称为区域控制模拟试验方案。

①试验设计:该方案属一种固定目标区和对比区的区域回归试验。分析作业期自然降水特征确定一些指标作为判据,从长序列历史样本中"寻找"供对比的样本,使得这组样本中的对比区自然降水和作业样本中的对比区自然降水"相似"。为使"寻找""相似"样本的过程客观,要求:

第一步确定的指标具有一定物理意义,一旦确定,在整个试验过程中不应随意改变。

第二步采取随机抽样从长序列历史样本中抽取一组样本,并用事先确定的指标来判别。

第三步"相似"性应通过统计显著性检验。

由于业务性作业中对比区和目标区的设定难以事先划定,可作为对比单元的样本只有历史资料。按此实际情况,两区划定只能事后按实际作业影响区来确定,但仍应遵循区域回归试验中两区设置的原则,并保证有一定的样本容量。确定对比样本的指标,包括同期性(同一历史期相同季),天气形势同类,降水性质相同(阵性、稳定性、混合型),降水量区间限定(经正态化处理后,作业样本均值和方差分别为 $\overline{x_1}$ 和 s_1^2,历史样本为 $x_{0i}(i=1,2,\cdots,n)$,确定对比样本降水量区间为 $\overline{x_1}-3s_1 \leqslant x_{0i} \leqslant \overline{x_1}+3s_1$,试验区雷达回波参数和卫星云图参数指标,对比单元和作业单元对比区自然降水样本的经验分布函数相同性(采用参数检验法或斯米尔诺夫检验法检验)。

选取对比单元样本流程如图6.1所示。各步的比较均以作业单元对比区样本为准,将从长序列历史资料中随机抽取样本中的对比区样本与之进行比较。

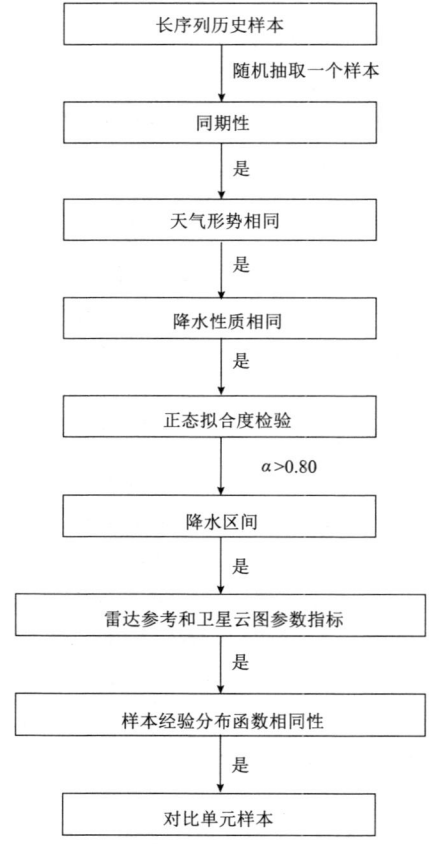

图6.1 选取对比单元样本流程(中国气象局科技发展司,2003:225)

②效果检验:采用与回归试验方案相同的方法对影响区自然降水量进行估计。它不同于历史回归试验方法,它不是简单地取历史上同期降水资料作为对比样本,而是以作业单元对比区自然降水为标准,根据事先制定的指标为判据,从长序列历史资

料中随机"寻找"对比单元样本。

显然,由于样本的抽取是随机的,符合事先规定指标的样本可以是多个,故作业单元影响区自然降水量的估计值也有多个。相应的催化效果的统计值也是多个。原则上当历史样本容量较大时,自然降水量估计值和效果统计值的样本也较大,可通过分析自然降水估计值或效果统计值的分布来探讨其规律,并确定各指标的最佳取值。

③不同试验方案的比较:从历史资料中任取一组容量为 $K(30\sim50)$ 的样本,假设其催化。此时效果统计结果表明,由于受降水时空分布起伏的影响而产生的假效果。采用不同试验方案进行效果检验,依统计结果产生的假效果大小,显著性及其分布来评价不同方案优劣。统计分析采用辽宁 1978—1987 年 5—9 月历史降水资料。采用区域控制模拟试验评价效果时,统计了 10000 个影响区自然降水量的估计值以及相应的催化效果的统计值。表 6.7 是各种非随机试验方案假效果的统计值,表 6.8 是区域控制模拟试验方案降水自然起伏引起假效果数值试验结果。

表 6.7 各种非随机试验方案假效果统计值(中国气象局科技发展司,2003:226)

试验方案	$E(\%)$	变化范围
历史回归	−27.56	
序列试验	−19.04	
区域对比	−31.24	
区域控制模拟	−2.97	−5.0～0.0

表 6.8 区域控制模拟试验假效果统计值(中国气象局科技发展司,2003:226)

$E(\%)$	频率(%)	$E(\%)$	频率(%)
−5～−4	8.8	−2～−1	5.6
−4～−3	43.9	−1～0	0.3
−3～−2	44.4		

统计结果表明,序列试验、区域对比试验和历史回归试验产生的假效果与人工增雨可能的相对增率相当,甚至大于可能的相对增率。区域控制模拟试验假效果统计值不仅远小于前 3 种试验方案的假效果,而且远小于人工增雨可能的相对增率,表明可采用此方案在自然背景上检出人工增雨的信息。由于随机抽样不是唯一的,致使假效果也并非唯一,存在变化范围,该例在 −5%～0% 之间,且分布较集中,均值为 −2.97%,标准差为 0.62%。

④影响效果评价准确度各因子的数值试验。影响评价效果的因子包括区域雨量相关性、样本容量、增雨效果及对比样本和待催化的自然样本经验分布函数的相同性。第一个和最后一个因子对效果评价的准确度影响较显著。采用统计数值模拟方

法进行数值试验,仍采用辽宁的相同资料。

数值试验时,区域雨量相关系数 r 分别取 0.30～0.40,0.40～0.50,0.50～0.60 和 0.60～0.70。催化效果 $\theta=0\%$ 时,不同相关系数假效果的频率分布如图 6.2 所示。分析结果表明,随着 r 增大,假效果的统计值 E 的均值向 $E=0\%$ 趋近,从 4 到 1 分别为 -3.23,-3.20,-2.97 和 -2.61;假效果统计值 E 的变化范围随 r 增大而向 E 的均值收敛,说明区域雨量相关性直接影响评价效果的准确度。对辽宁(1978—1987 年)的资料,应取 $r>50\%$。

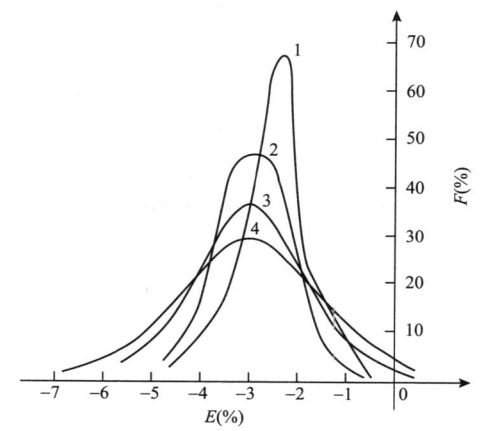

图 6.2 不同雨量相关性时假效果频率分布
1. $r=0.60\sim0.70$;2. $r=0.50\sim0.60$;3. $r=0.40\sim0.50$;4. $r=0.30\sim0.40$
(中国气象局科技发展司,2003:226)

区域控制模拟试验方案效果评价的关键是检验对比样本和待催化的自然降水样本经验分布函数的相同性。若此两样本服从正态分布,且其方差和均值无显著差异,则可认为此两样本的经验分布函数相同。可通过 F 检验和 t 检验法来检验此两种样本的经验分布函数的相同性。由样本值求出统计量 F 和 t 值后,查表可得相应的显著性水平 α 值。按上述相同降水资料,在给定增雨效果 $\theta=20\%$ 情况下,数值试验结果列于表 6.9 和表 6.10。从数值试验结果可见,不同 F 和 t 时,增雨效果频率分布特征与图 6.2 类似,F 和 t 值分别趋近于 1 和 0,效果统计值 E 分布越向真值的催化效果收敛,而且其变化范围越小,表明降水自然起伏的影响随 F 趋近于 1 和 t 趋近于 0 而减小;增雨效果统计值,不仅随 F 和 t 值减小而越来越接近于真值,且 E 的标准差越来越小,准确度越来越高,且越来越稳定。说明对比样本和待催化样本的自然样本经验分布函数相同性的显著性,明显影响效果评价的客观性和准确性。对辽宁飞机人工增雨效果评价,分别取 $t<0.06$ 和 $F<1.20$ 为宜。

表6.9 不同 F 值时 $E(\%)$ 的统计特征量($\theta=20\%$)(中国气象局科技发展司,2003:227)

F	均值(%)	标准差(%)	相对误差(%)
1.03~1.05	19.50	1.51	0.25
1.05~1.10	19.83	1.73	0.85
1.10~1.15	19.50	2.61	2.50
1.15~1.20	19.89	3.02	5.55
1.20~1.25	17.97	5.33	10.15

表6.10 不同 t 值 $E(\%)$ 的统计特征量($\theta=20\%$)(中国气象局科技发展司,2003:227)

t	均值(%)	标准差(%)	相对误差(%)
0.01~0.05	19.85	1.37	0.75
0.05~0.2	19.68	1.69	1.60
0.2~0.4	19.01	2.52	4.99
0.4~0.6	18.42	3.11	7.90
0.6~0.8	17.63	5.74	11.85

⑤相似天气对比样本的选择

针对区域控制模拟试验评估作业效果,叶家东等(1998)指出,该方法的实质是在对历史相似天气样本的选择中,利用统计数值模拟方法将"不相似"的样本(实质是含少数极值个例的样本)从相似天气系列中剔除,从而把具有较大离差的历史对比样本人为地修匀,以达到形式上提高效果评估功效的目的。这样处理不符合统计抽样和统计检验的原则。这种只选择长序历史资料中的某些样本作为相似样本,实际引进了人为的主观偏倚,将人为的主观删除效应引入效果分析中。

若要从相似天气长序列中进行随机抽样而进行统计数值模拟试验,似应采用规范的复随机化试验或自然复随机化试验进行效果检验或功效分析。其中并未引入任何人为的删除效应,它是客观的,但也难以直接提高效果检验的功效或灵敏度。真要提高历史回归分析检验效果的功效,仍应从物理指标上深入研究,结合播云原理、具体催化过程,引进更为有效的物理控制变量,提高样本的物理相似性。

非随机化作业效果评估中关键的问题是如何减小或消除主观意识在选择作业对象时,给效果评估带来的偏倚。在现有的监测设备和作业条件下,叶家东(1998)对相似天气对比样本的选择提出如下3种方案。

(1)作业区域趋势对比双比分析评估方案。事先根据雷达观测、卫星云图,选择云系结构与作业区相似的邻近地带作对比区,分别收集两区作业时段的雨量 y_2, x_2 以及作业前时段相应的雨量 y_1 和 x_1。在自然情况下,假定对比区作业期前后时段的

雨量比 $\frac{x_2}{x_1}$，与作业区作业期前后时段的对应比值 $\frac{y_2}{y_1}$ 相同。这意指两区处于降水系统的同一发展阶段，故对比区以选择雷达回波结构及其演变趋势与作业区大体相似的侧风方为宜，在这样的假设下，如果人工催化作业无效，应有双比值：

$$R = \frac{y_2/y_1}{x_2/x_1} = 1$$

此双比也可写成：

$$R = \frac{y_2/x_2}{y_1/x_1} = 1$$

即指假定自然降水情况下作业时段，作业区与对比区雨量比值与作业前期的相应比值相同。如果 $R>1$，意味着有正效果；$R<1$，对应负效果。这在一定程度上有利于减少由于飞行作业技术人员往往选择云层结构发展旺盛的云区进行作业所引发的主观预报偏倚。

（2）区域相关时间回归分析方案：属事后分析方案，是对一系列催化结束后进行的总体效果评估方案。选择与作业区作业时段天气形势和云层条件相似的对比区，相似判据为：

①天气形势相似，指对比区对比时段所处天气系统中的部位（如距天气系统中心距离、方位等）与作业区作业时段相似（作业时段与对比时段，一般取同一时段）。

②自然云系的雷达回波结构相似，如作业时段前 1 h 的回波顶高、回波强度、强回波区面积和垂直厚度等参量两区相近。

③自然云（作业时段前 1 h）卫星红外云顶温度及水汽含量两区也相近。

上述分析均需在雨量资料分析前进行，切忌根据地面雨量资料选择对比区对比时段。效果评估方法：

①基本资料：作业时段前一时段对比区区域面积平均雨量 x_1'，作业区雨量 y_1'；作业时段对比区雨量 x_2'，作业区雨量 y_2'。

②雨量资料正态性检验，选择正态性最佳的变数变换作为统计变量 x_1, y_1, x_2, y_2。

③分析 x_1 与 x_2，x_1 与 y_1 的统计相关性；若两种相关均显著，则建立 y_1 与 x_1 的线性回归方程 $y_1 = a + bx_1$，并检验回归系数的显著性。

④假定作业区作业时段的自然降水量 y_2 与作业期对比区雨量 x_2 的相关（回归）关系与作业期前一时段两区的雨量对应关系 y_1 与 x_1 的回归关系相似，则以 x_2 代入回归方程 $y_1 = a + bx_1$，求出作业区作业时段自然雨量估计值 $\hat{y}_2 = a + bx_2$，人工增雨效果由 $\Delta y = y_2 - \hat{y}_2$ 或 $R = \frac{\Delta y}{y_2}$ 进行评估，并检验其统计显著性。

此法避免了人为选择历史相似天气这一繁难却易引入主观偏倚和有争议的操作

程序。

（3）区域协变量多元回归分析方案，属一种总体效果评估方案，对比区的选择原则同方案(1)。

效果评估方法：

①作为基本资料，协变量取作业区作业时段前 1 h 雨量 x_1；对比区作业时段雨量 x_2，作业区作业时段前 1 h 雷达回波最大垂直厚度 x_3，最大回波强度 x_4；强回波区面积 x_5；卫星云图红外探测云顶温度 x_6。

②自然降水的协变量回归方程：选择相似天气条件下未作业的自然雨量 y_2（取原始雨量 y' 的正态化变量 $y^{1/2}$，$y^{1/3}$ 或 $\lg y$ 中之一，余同）与 x_1, x_2, x_3, x_4, x_5 和 x_6 的统计相关性；其中 y 与 x_3, x_4 和 x_5 之间的相关性宜取对数变量 $\lg y$ 与 $\lg x_5 + \lg x_4$ 之间的相关，分别检验各相关系数的显著性，剔除不显著的相关变量。

参照多元回归分析方法建立自然降水的多元回归预报方程（检验方程）：

$$y = a + b_1 x_1 + b_2 x_2 + b_3 x_3 + \cdots$$

并进行回归方程和回归系数的显著性检验，最后剔除回归系数不显著的预报变量，将回归方程的自变量个数减至最少几个（每剔除一个变量，需重新计算多元回归方程的系数）；

③利用协变量多元回归方程估计作业区作业时段自然降水量：

将作业区作业时段的协变量观测值 $x_1, x_2, x_3, \cdots$ 代入多元回归方程，求出作业区作业时段的自然降水量估计值 $\hat{y}$。其中隐含假设，即协变量 $x_1, x_2, x_3, \cdots$ 不受人工催化影响；

④将作业区作业时段的实测雨量 y 与 $\hat{y}$ 对比，求出增雨量 $\Delta y = y - \hat{y}$，或 $R = \dfrac{\Delta y}{y}$，对 Δy 或 R 以至多次作业的平均增雨量 $\overline{\Delta y}$ 或 $\overline{R}$ 进行显著性检验或区间估计；

⑤当相似天气的自然雨量样本难以选择，样本太少而不足以建立上述自然降水的多元回归预报方程时，替代的方法是利用对比区作业时段相应的 $x_1', x_2', \cdots, x_6'$，再按上述步骤建立对比区的协变量多元回归方程：

$$x_1 = a' + b_2' x_2' + b_3' x_3' + \cdots + b_6' x_6'$$

从中选择回归系数显著的变量，剔除不显著的变量，以此作为作业区自然降水量的预报方程，将作业时段的资料回代，求出 x_1 的估计值 $\hat{x}_1$，这时 $\hat{x}_1$ 已是作业区作业时段的自然降水量估计值，将它与实测雨量比较评估作业效果。其中附加了假设对比区的协变量与雨量的统计相关与作业区的相应关系在统计上是一致的。

[例 6.4] 根据河南省的地理条件和历史天气资料，在郑州市东偏南侧选取一面积为 1.17×10^4 km² 的作业影响区（A 区），内设有 11 个自记雨量站；在郑州市南偏西方向约 80 km 以远选一面积为 1.26×10^4 km² 的对比区（B 区），内设 12 个自记雨

量站。B区位于A区西南方(图略)。

河南省主要的作业天气系统有冷锋、切变线和低涡云系。选取1996年和1997年上述云系影响下的$n=29$个非催化单元(3 h时段雨量),对雨量分布进行正态性检验,表明取3 h区域面积平均雨量的立方根值,其分布正态性较好,故作为统计变量。

分析X_1与Y_1及X_1与X_2的统计相关性,发现X_1与Y_1的相关系数$r_{X_1 Y_1}=0.6769$,X_1与X_2的相关系数$r_{X_1 X_2}=0.8351$,均大于$r_{0.01}=0.487$,但X_1与Y_1的区域相关性仍较差。利用一元线性回归分析方法建立了X_2依X_1的时间相关一元回归方程:

$$X_2 = 0.1638 + 1.0917 X_1$$

假设对比区前后时段的时间相关一元回归关系适用于作业区的对应关系,于是作业区作业时段的自然雨量估计值$\hat{Y}_2$可用下式表示:

$$\hat{Y}_2 = 0.1638 + 1.0917 Y_1$$

式中,Y_1是作业区作业时段前1 h的区域雨量(立方根值)。

利用该方程对29个作业区实测自然雨量进行回报检验,其平均绝对偏差达1.25 mm/3 h,平均相对偏差达76%,可见由于X_1与Y_1的区域相关性较差,将上述对比区的回归关系用于作业区,回归分析的功效较差。

作为一个算例,对河南省飞机人工增雨在上述作业区A实施作业而B区未作业的7个例进行效果检验,结果列于表6.11。

由表6.11可见,7次作业平均绝对增雨量1.1(mm/3 h),相对增雨量为24.7%,按照成对试验符号秩和检验法对这一增雨量进行显著性检验,负秩和为−9.5,查表得显著度$\alpha=0.262$,不显著。

如上所述,由于区域相关性较差,这种方法在本例的计算中,检验效率并不高。

表6.11 区域相关时间回归分析检验飞机人工增雨效果(李大山,2002:338)

作业序号	Y_2'(mm)	$Y_1(\text{mm})^{\frac{1}{3}}$	$\hat{Y}_2'$(mm)	$\Delta Y'$(mm)	$\Delta Y'$秩次
1	10.3	1.3389	4.3	6.0	7
2	8.8	0.9655	1.9	1.5	8.5
3	9.5	1.4422	5.3	4.2	6
4	3.7	1.6005	7.0	−3.3	−5
5	4.2	1.1447	2.8	1.4	2
6	1.7	1.0627	2.3	−0.6	−1
7	6.1	1.6510	7.6	−1.5	−3.5
总和	44.3		31.20	7.70	−9.50
平均	6.32		4.45	1.10	

[**例 6.5**] 试验区的设置同算例 1,选取的协变量包括:作业区作业时段前 1 h 区域面积平均雨量立方根值 x_1;对比区作业时段(3 h)区域面积平均雨量的立方根值 x_2;作业区作业时段前 1 h 雷达回波最大强度平均值的自然对数值 x_3 和最大回波顶高度的自然对数值 x_4。待检验(或预报)的量是作业区作业时段(3 h)区域面积平均雨量的立方根值 Y。所有的变数变换均因统计分布正态性而作。对 1996 年、1997 年主要作业天气系统影响下的 33 个非催化单元的 Y 与各协变量的相关分析,结果表明 $r_{yx_1}=0.8392, r_{yx_2}=0.6863, r_{yx_3}=0.8683, r_{yx_4}=0.8239$,均大于 $r_{0.001}=0.554$,相关显著。利用多元回归分析方法建立作业区自然降水的协变量多元回归预报方程(检验方程):

$$\hat{y} = -1.0413 + 0.3921x_1 + 0.2011x_2 + 0.2825x_3 + 0.6319x_4$$

回归方程的复相关系数 $r=0.9279$,用 F 检验法对回归方程作显著性检验,得 $F=43.3358 \gg F_{0.01}=4.07$,回归方程高度显著。利用上述检验方程对河南省飞机人工增雨在作业区 A 实施作业的个例进行效果检验,结果列于表 6.12。

表中 y' 为作业区催化后的 3 h 实测区域平均雨量;x_1 为作业区作业时段前 1 h 区域平均雨量的立方根值;x_2 为对比区作业时段区域平均雨量的立方根值;x_3 和 x_4 分别为作业区作业时段前 1 h 最大回波强度和最大回波顶高度的自然对数值。

表 6.12 协变量多元回归分析检验飞机人工增雨作业效果(李大山,2002:339)

作业序号	y' (mm)	x_1 (mm)$^{\frac{1}{3}}$	x_2 (mm)$^{\frac{1}{3}}$	x_3 ln(dBZ)	x_4 ln(km)	$\hat{y}$ (mm)	$\Delta y'$ (mm)	秩数 $\Delta y'$
1	10.3	1.3389	2.3870	3.5553	1.6677	8.3	2.0	7
2	3.3	0.9655	0.7368	3.2189	1.5686	2.7	0.6	5
3	9.5	1.4422	2.4329	3.4657	1.5686	7.8	1.7	6
4	3.7	1.6005	0.5848	2.9957	1.6094	3.9	−0.2	−2
5	4.2	1.1447	1.9220	3.1365	1.3868	3.8	0.4	4
6	1.7	1.0627	1.1187	2.7081	1.3350	1.8	−0.1	−1
7	6.1	1.6510	1.5741	3.2581	1.5041	5.8	0.3	3
总和	44.3					34.10	4.70	−3
平均	6.32					4.87	0.67	

由表 6.12 可见,上述作业个例催化后 3 h 平均增雨量 0.67 mm,平均相对增雨量约 13.8%。按成对试验符号秩和检验法对这一增雨效果进行显著性检验,得 $\alpha=0.039$,表明增雨效果显著,显著性水平优于 5%。

由此可见,利用物理协变量作为控制因子,可以提高作业区自然降水量估计值的准确度,这表明按照这样的思路,不断改进或引入新的更有效的协变量,包括设置相关性更强的对比区在内,有可能提高非随机化作业的效果评估效率。

6.2.1.2 常用的非随机化试验的效果统计方案的分析比较

利用福建古田水库人工降雨随机试验中,试验区 1975—1988 年 4—6 月非催化单元资料(3 h),以功效、准确度、灵敏度为标准,对序列试验、区域对比试验和区域回归试验的试验方案进行分析比较。分析时采用自然复随机化法进行统计数值模拟。

模拟试验时,区域回归试验统计变量取降水量的 4 次方根(正态拟合度达 0.87 以上,两区相关系数 $r>0.79$),效果显著性检验采用方差不等的双样本回归分析法,区域对比试验统计量取降水量,不作变数变换,效果显著性检验采用非参数性秩和检验法;序列试验统计量也取降水量的 4 次方根,效果显著性检验采用 u 检验法。

模拟结果见表 6.13。表中 θ 为催化效果,E 为催化效果的统计值,$\alpha(E)$ 为 E 的显著度,N 为样本容量,η 为失真率,P 为 $\alpha=0.05$ 时的功效值。

表 6.13 福建古田水库人工降雨非随机化试验方案统计数值模拟分析结果

(中国气象局科技发展司,2003:221)

	θ(%)	$N=30$				$N=100$				$N=250$				$N=320$			
		E(%)	α(E)	η(%)	P	E(%)	α(E)	η(%)	P	E(%)	α(E)	η(%)	P	E(%)	α(E)	η(%)	P
序列试验	0	26.64	0.41		0.11	43.88	0.39		0.34	25.43	0.41		0.10	18.4	0.44		0.07
	10	39.30	0.36	293.00	0.27	58.26	0.30	482.60	0.53	37.97	0.37	279.7	0.24	30.27	0.39	202.40	0.21
	20	51.97	0.32	159.85	0.33	72.65	0.26	263.25	0.42	50.51	0.33	152.55	0.29	42.08	0.36	110.46	0.28
	30	64.63	0.28	115.43	0.40	87.04	0.22	190.13	0.60	63.06	0.29	110.20	0.38	53.92	0.32	79.73	0.37
	50	89.96	0.21	79.92	0.61	115.81	0.15	131.62	0.87	88.14	0.21	76.29	0.59	77.59	0.25	55.18	0.56
	70	115.29	0.15	64.67	0.88	144.59	0.10	106.56	0.95	113.23	0.16	61.76	0.87	101.27	0.19	44.67	0.79
	100	153.28	0.08	53.28	0.97	173.37	0.06	92.63	1.00	150.86	0.09	50.86	0.96	136.79	0.01	36.97	0.91
区域对比试验	0	−10.51	0.44		0.11	−8.19	0.47		0.01	−13.93	0.45		0.01	−10.08	0.43		0.01
	10	−1.56	0.49	115.60	0.05	0.99	0.46	90.10	0.01	−4.78	0.50	147.80	0.04	−1.92	0.48	119.20	0.06
	20	7.39	0.46	63.05	0.10	10.18	0.44	49.10	0.11	4.37	0.50	78.15	0.07	7.90	0.44	60.50	0.11
	30	16.34	0.41	45.53	0.13	19.36	0.43	35.47	0.15	13.53	0.45	54.90	0.09	16.89	0.40	43.70	0.14
	50	34.24	0.32	31.52	0.36	37.72	0.37	24.38	0.38	31.83	0.41	36.34	0.32	34.87	0.30	30.26	0.35
	70	52.14	0.24	25.51	0.53	56.00	0.19	24.57	0.57	50.34	0.24	28.39	0.51	52.86	0.22	24.29	0.55
	100	78.99	0.14	21.01	0.87	83.63	0.23	46.37	0.89	77.58	0.15	22.42	0.87	79.83	0.12	20.17	0.86
区域回归试验	0	−9.32	0.20		0.21	−4.15	>0.20		0.11	−3.22	0.20		−5.94		0.20		0.25
	10	−0.25	>0.20	102.47	0.05	5.43	>0.20	45.67	0.15	6.46	>0.20	35.39	0.31	3.46	>0.20	65.40	0.21
	20	8.82	0.20	55.90	0.13	15.02	>0.20	24.91	0.60	16.14	0.19	19.30	0.68	12.86	0.10	35.70	0.59
	30	17.89	0.10	40.37	0.65	24.60	0.03	17.99	0.79	25.82	0.01	13.94	0.81	22.27	0.05	25.77	0.87
	50	36.03	<0.05	27.95	0.87	43.77	<0.01	12.45	0.97	45.17	<0.01	9.65	1.00	40.08	<0.01	17.84	1.00
	70	54.16	<0.01	22.62	1.00	62.95	<0.01	10.59	1.00	64.53	<0.01	7.81	1.00	59.89	<0.01	14.44	1.00
	100	81.73	<0.01	18.37	1.00	91.70	<0.01	8.30	1.00	93.57	<0.01	6.43	1.00	88.10	<0.01	11.90	1.00

(1) 降水自然起伏的影响：从表 6.13 可见，3 种非随机试验方案在效果检验中均产生"假效果"（非催化样本，对其统计，"催化效果"应为零，若不为零，即表明因降水的自然起伏，引起了所谓"假效果"）。假效果的大小不仅与试验方案有关，而且随样本容量 N 和催化效果 θ（事先设定）的变化而变化。对古田水库试验区非催化单元资料来说，序列试验引起的假效果最大，而且大于人工降水可能的实际效果；区域回归试验假效果最小，但也仅在样本容量较大时才能容忍。对某种方案来说，降水自然起伏引起的假效果并非固定值，随样本容量而变化，但变化规律不明显。设定的催化效果不同，降水起伏引起的假效果也明显变化，一般催化效果越大，假效果的绝对值也越大。

(2) 灵敏度分析：不同试验方案效果的灵敏度差异很大，序列试验、区域对比试验灵敏度很低。区域回归试验的灵敏度较前两种方案高。但也很难满足人工降雨效果检验要求，如 $\theta=20\%$ 时，α 仍大于 0.05。灵敏度随催化效果增大而提高，但灵敏度随样本容量变化而改变的规律不明显。只有区域回归试验，在大样本时（$N \geqslant 100$），才能满足人工降水效果检验对灵敏度的要求。

(3) 准确度分析：对人工催化可能的效果（10%~20%），$N=320$，序列试验失真率 η 高于 110.46%，区域对比试验 $\eta>60.50\%$，$N=250$，区域回归试验 $\eta>19.30\%$。准确度随样本容量变化的规律不明显，但准确度随催化效果增大而提高。3 种方案中只有区域回归试验在 $N=100$ 和 $N=250$ 时，准确度才大于 75%。

(4) 功效分析：区域回归试验的功效高于另两种方案，但区域对比试验的功效低于序列试验，这可能与区域对比试验采用非参数性秩和检验有关。但不论何种方案，试验功效总是随催化效果的增加而增大。如区域回归试验，$N=100$，$\theta=10\%$ 时，功效 $P=0.11$；$\theta=20\%$ 时，$P=0.60$。若以检出率 80% 为条件，区域对比试验方案和序列试验方案不宜用于评价人工降水效果，区域回归试验方案只有在大样本情况下，才能满足人工降水效果评价的要求。

正是由于各地地理环境和天气气候差异极大，所以，人工降水方案设计时，应采用统计数值模拟方法，选择适当的统计评价方案和确定试验周期。

6.2.1.3 随机化试验效果统计评价方案及其比较

人工影响天气的试验研究计划，一般采用随机化试验方案。随机化试验不同于前述，它不依赖历史资料，而是对适于催化的云块、降水时段、降水过程，通过随机抽样来决定是否作业。原则上随机试验可做到完全适于随机抽样规则，因而可根据随机抽样理论，定量地检验效果并指明其可靠程度。但是随机化试验方案要损失约一半的作业机会，这是业务化作业所不易或不能采用此类方案的最重要的因素。

(1) 单区随机试验：又称随机序列试验。将随机化用于单目标区，抽签决定试验期适于作业的试验单元，一部分作为作业区，一部分作为对比区，统计检验二者差异的显著性。由于自然降水变率大，此方案仍可掩盖小或中等的播云效果，灵敏度偏低。单区随机试验采用非参数性不成对的秩和检验法，检验作业效果的显著性。以美国 Climax 地形云随机试验为例，经 6 年共取得 625 个试验日，才获得肯定的结论。后来还有人在评述中对其随机化设计实施中的一些疑点提出非议。

(2)区域随机回归试验：选择一个目标区和一个或一个以上对比区，用抽签法决定在部分适于播撒的试验单元对目标区作业，另一部分试验单元不作业，对比区始终不作业，形成作业单元与对比单元，每一单元中又各有成对或不成对的目标区和对比区资料。用对比单元两区或多区资料建立目标区雨量估计回归方程，以作业单元对比区雨量作为预报因子代入方程，求得作业单元目标区自然雨量估计值，再统计检验效果的显著性。

这里假设了两单元中两区或多区雨量的相关性是一致的，它比假定历史气候的相似性要可靠，由于应用预报因子，保存了回归预报的优点，估计值较准确，功效也比单区随机试验高。

福建古田水库进行的人工降水随机试验就采用此方案，它是迄今为止持续时间最长(1975—1986 年)，并已取得增加降水 20% 的统计学结论的成功试验。该试验的试验单元取 3 h，这里考虑了试验区范围和试验云体的移速，移出目标区约 1.5 h，作业不到 0.5 h，这样可在试验期内取得更多样本，试验结束前，按自然降水变异的随机试验功效检验，在 90% 的检出率下，增雨效果达 20%～30%，估计需 250 个左右的样本数，该试验累计样本数 244 个，催化与未催化各半。经检验发现 3 h 区域面积加权平均雨量的 4 次方根的正态性很好，拟合率达 0.91，区域降水相关系数也达 0.83 以上，故取作统计变量。对试验效果进行回归分析时，采用了多个事件 t 检验和方差不等的双样本回归分析法，结果表明区域平均相对增雨量为 23.8%，绝对增雨量为 1.21 mm/3 h，显著性检验水平均为 $\alpha<0.01$。还按云型、天气条件、雷达回波顶温度和自然雨强进行分类统计，以探索有利的作业条件。

(3)随机交叉试验：选择两雨量相关性好而彼此又不污染的试验区，每个试验单元都按随机规则决定在其中一区催化，另一区作为对比区，然后比较催化日雨量和对比日雨量，以评定催化效果。由于每一试验单元都在某一区催化，显然提高了试验效率。若 A 区作为催化区，B 区作为对比区，实测雨量分别为 R_A, R_{0B}；而 B 区作为催化区，A 区作为对比区，实测雨量分别为 R_B, R_{0A}，则效果为 $E = (\dfrac{R_A R_B}{R_{0A} R_{0B}})^{1/2}$，这相当于两区雨量的几何平均之比。试验对 E 做统计显著性检验。

随机交叉试验可在某种程度上消除雨量自然起伏造成的偏斜和导致错误的可能性。R_A 和 R_{0B} 属同一单元组，R_B, R_{0A} 属另一单元组，只要两区密切正相关，则 A（或 B）区的雨量自然起伏，在一定程度上被 B（或 A）区同一天（或更短时段的同一单元)类似的起伏所抵消。

以色列进行的冬季过冷大陆积云人工降水试验-Ⅰ(1961—1967年),就采用上述随机交叉试验方案。

(4)区域随机交叉回归试验:设 A_1 和 A_2 为两个目标区,B 为对比区。按随机化规则决定 A_1 区催化(A_2 区不催化)或相反,B 区始终不催化,留作对比。采用方差不等双样本回归分析法统计出 A_1 区催化(B 区对比)的效果统计量 R_3,以及 A_2 区催化(B 区对比)的效果统计量 R_3',则该方案效果统计量 $R_4 = (R_3 \cdot R_3')^{1/2}$。效果的显著性可采用秩和检验或 t 检验法检验。

区域随机交叉回归试验,实际上是将区域随机回归试验和区域随机交叉试验相结合,吸取两种方案的优点,以缩短试验周期,提高灵敏度。

(5)各种随机方案的比较:利用古田水库非催化单元资料(1975—1986年),采用自然复随机化试验方法。通过分析不同试验方案的功效、准确度、灵敏度,对各试验方案进行比较。数值试验时,催化效果人为给定。各随机试验方案效果统计量分别为:

单区随机试验(J_1)取 $R_1 = \theta \dfrac{\overline{y_1}}{\overline{y_2}}$,$\theta$ 为催化效果(效果指标),$\overline{y_1}$,$\overline{y_2}$ 分别为目标区催化单元和对比单元的降水量指标平均值,采用不成对试验的秩和检验法。

区域随机回归试验(J_2)取 $R_2 = \dfrac{\frac{1}{k}\sum_{i=1}^{k}(\theta y_i - \hat{y}_i)}{\overline{\hat{y}_i}}$,$y_i$,$\hat{y}_i$ 分别为催化单元目标区实测降水量和通过回归分析对自然降水量的估计值,k 为催化单元的样本容量,$\overline{\hat{y}_i}$ 是催化单元目标区自然降水量估计值的平均值,即 $\overline{\hat{y}_i} = \dfrac{1}{k}\sum_{i=1}^{k}\hat{y}_i$。采用多个事件 t 检验法。

区域随机交叉试验(J_3)取 $R_3 = \theta\left[\dfrac{\overline{y_1}}{\overline{x_1}}\Big/\dfrac{\overline{y_2}}{\overline{x_2}}\right]^{1/2}$,$\overline{y_1}$ 和 $\overline{x_1}$ 为 y 区催化 x 区对比的单元,两区降水量指标的平均值,$\overline{y_2}$ 和 $\overline{x_2}$ 为 x 区催化 y 区对比的单元,两区降水量指标的平均值。采用秩和检验法。

区域随机交叉回归试验(J_4)取 $R_4 = (R_3 \cdot R_3')^{1/2}$,$R_3$,$R_3'$ 分别为 A_1 区催化(A_2 区不催化)和 A_2 区催化(A_1 区不催化),根据随机回归试验计算出的效果统计量。采用秩和检验法或 t 检验法。

(6)催化单元和对比单元的划分:将试验单元的雨量资料随机排列,根据随机数字发生器随机产生 0 或 1,顺序抽样,把资料随机分成催化样本和对比样本。为保证两组样本有基本相同的容量,抽样按成对方式进行。整个抽样过程由计算机执行。

(7)比较结果:功效、准确度、灵敏度分析结果表明,区域随机交叉回归试验是上述 4 种随机方案中功效、准确度和灵敏度最高的效果统计检验方案。

表 6.14 列出区域雨量相关系数 $r=0.85$ 时，4 种方案在给定检出率 P、失真率 η 和灵敏度 α 下所需的样本数。综合考虑功效、准确度和灵敏度，单区随机试验方案周期太长，无法采用。区域随机交叉回归试验所需样本容量是区域随机回归试验的一半。对古田水库人工降雨随机试验若取 $\theta=20\%\sim30\%$，区域随机交叉回归试验方案仅需 150~90 个试验单元，远小于其他方案所需的试验周期。

表 6.14 4 种试验方案所需样本容量估计值($r=0.85$)(中国气象局科技发展司,2003:224)

方案	$\theta=20\%$			$\theta=30\%$		
	检出率=90%	$\eta=20\%$	$\alpha=5\%$	检出率=80%	$\eta=20\%$	$\alpha=5\%$
J_1	>300	>300	>300	>300	>300	>300
J_2	180	300	105	85	150	70
J_3	210	210	300	55	120	160
J_4	85	150	75	45	90	50

(8) 影响随机试验效果检验结果的其他因子分析

①区域降水量相关性的数值试验：分析表明功效与区域降水量相关系数 r 关系密切，它随 r 的增大迅速提高，在 $r>0.70$ 时尤为显著。而且随 r 的增大，失真率 η 显著下降（即准确度明显提高）。灵敏度随 r 的增大显著提高，在样本容量较小时提高更为迅速。由此表明，在人工降水试验中，目标区和对比区的选择极为重要。综合考虑功效、准确度和灵敏度，古田水库人工降雨试验效果统计分析时，两区雨量相关系数应大于 80%。

②统计变量不同变数变换的数值试验：回归分析时，由于采用方差不等的双样本回归分析法，要求参加统计的变量具有正态分布。故要对降水量进行变数变换，不同变数变换的统计功效的数值试验表明，各统计变量的统计功效随样本容量和催化效果的增大而增大，变量 $R=(R')^{1/n}(n=1,2,3,\cdots)$ 之间的功效差异不大，只有 $R=\lg R'$ 的功效偏低；失真率同样随样本容量和催化效果的增大而降低，变量 $(R')^{1/n}$ 之间的准确度差异不大，仅 $\lg R'$ 准确度略偏低，$R=(R')^{1/n}$ 的准确度较高；由于统计量 R，$\lg R'$ 的正态拟合度极差，导致其统计分析时灵敏度极低，随着正态拟合度提高，灵敏度也相应提高。综合考虑古田水库人工降雨效果统计分析时，统计变量取 $(R')^{1/4}$ 和 $(R')^{1/5}$ 最好。各地降水分布概型不同，在效果检验之前，应进行数值试验，以确定样本容量、催化效果、区域降水量相关系数以及统计量变换等因子的最佳取值。

6.2.1.4 人工增雨作业统计检验方法简介

(1) 历史回归窜渡法：汪学林和刘健(1992)提出用现时雨量检验即时效果的统计

方法。对不能按统计设计进行试验的地区,有一定参考价值。按天气系统、地形相似和雨量相关较好的选区要旨,将作业区划分为 8 个矩形小区(50 km×80 km),短边垂直于作业时 700 hPa 盛行高空风(图 6.3)。将每次作业的小区作催化样本,其他 7 个小区作对比样本,这样在 8 个小区中得到一系列催化与未催化样本。与对应的未催化样本求各区的相关,从中选出两个相关最好的区域(所有相关系数 $r>0.8$),并将其对应雨量进行正态拟合,再对两组的雨量进行多个事件回归分析和双比分析,求得定量的增雨效果。

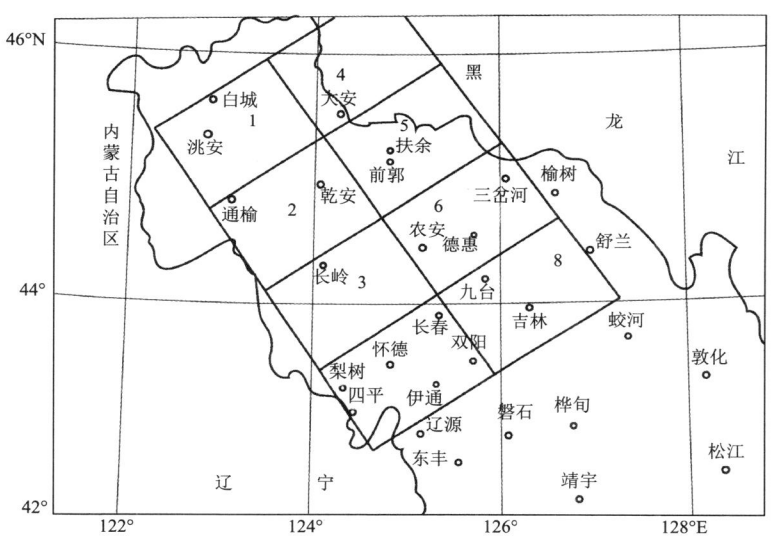

图 6.3　作业统计区划分图(中国气象局科技发展司,2003:229)

雨量资料取 24 h 区域面积平均雨量,统计时用自然雨量,采用 t 检验和柯尔莫哥洛夫定律分别进行效果检验和正态分布的拟合度检验。

先对两两相关较好的小区,用其未催化单元的雨量建立回归方程,并求得各小区的雨量增加值,然后讨论平均增雨值的显著度,在雨量的总体分布具有正态分布的前提下,采用 t 检验法。进而还可对云状、云顶温度、云层厚度进行分层统计。

对增雨量和降水有关的 13 个宏观因子(云状、中云厚、低云厚、中云云底高度、低云云底高度、中云云底温度、低云云底温度、中云云顶温度、低云云顶温度、0 ℃层高度、作业层温度、暖层厚度和过冷层厚度等)进行逐步回归计算,得到增雨量预报值:

$$\overline{y} = a + b_1 x_1 + b_2 x_2 + b_3 x_3 + b_{10} x_{10} + b_{13} x_{13}$$

宏观因子分别为云状,中云厚(km),低云厚(km),0 ℃层高度(km),过冷层厚度(km)。

考虑到当前人工增雨作业水平只能定出大体效果区域,对外场作业增雨效果预报要求在相当准确的范围内,其判据愈简单愈有实用性,为此把人工增雨区间分为3档(0 mm,1 mm和5 mm),对上述5个因子进行逐步判别,3类判别函数分别归为:

$$y_i = a_i + b_{1,i}x_1 + b_{2,i}x_2 + b_{13,i}(x_1,x_2,x_{13}) \tag{6.12}$$

可称为半定量预报效果指标。对3类判别函数的回代结果准确率为64%～86%。

(2)层状云催化移动目标区效果评估:夏彭年等于20世纪70年代末提出的移动目标区人工降水效果检验法颇有参考价值。

催化对象和条件:降水性、雨层云或蔽光高层云,云厚≥2 km;云负温层厚≥1 km,催化区处于天气系统前部上升气流区;飞机在-5 ℃层以上播云。

影响区和对比区的划分,由于干旱区很广,播云不可能集中在固定目标区。为此设计了移动影响区—对比区效果检验法。采用3条曲线(图6.4)划分影响区(A)、对比区(C)和空白区(B)。曲线方程分别为:

$$\frac{x^2}{(55)^2} + \frac{y^2}{(44)^2} = 1 \quad (椭圆) \tag{6.13}$$

$$y^2 = 14(x+25) \quad (抛物线) \tag{6.14}$$

$$y^2 = 22(x+35) \quad (抛物线) \tag{6.15}$$

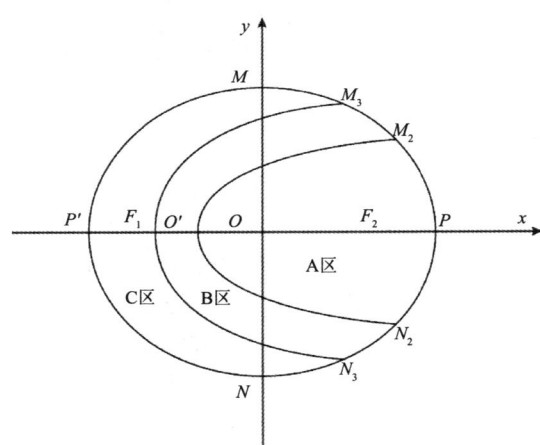

图6.4 移动目标区和对比区划分(中国气象局科技发展司,2003:230)

曲线式(6.13)和曲线式(6.14)构成影响区A,曲线式(6.13)和曲线式(6.15)构成对比区C。A和C之间有空白区B隔开,以减小催化剂污染影响。A,B和C这3个区的面积分别为12920 km²,5384 km²和12108 km²,X轴沿500 hPa风向,播云区位于Y轴与曲线(6.13)式所围区域中。每次作业均按形状和面积都不变的影响区、对比区和空白区 3 区处理,但地点不同。

效果检验:雨情资料由 50~60 km 间隔的自记雨量计和 20~30 km 间隔的雨量站网提供,规定 3 h 观测一次雨量,平均每 200 km² 一个雨量测点,据此确定区域平均雨量。

统计量包括 0~3 h,3~6 h,6~9 h,0~6 h 及 0~e(终止)h 催化降水量。由于在天气系统前部播云,影响区都呈现雨量由小变大的过程。与此同时,处于上风方和对比区的降水常由大变小,这样不论催化与否,下风方影响区的降水似应比上风方对比区大。为此,必须分析催化前的雨量和催化前后的总降水量,共计 7 个时段的雨量。

雨量差值的显著性检验:A 和 C 两区各时段的雨量差异是否显著,将催化试验分为符合条件和不符合条件两类,用 W-M-W 法检验。结果表明,符合条件的试验,催化后两区雨量以及总雨量都有明显差异,显著性检验水平 $\alpha \leqslant 2.2\%$;催化前两区雨量无显著差异;不符合条件的试验,对降水量的影响不显著,$\alpha \geqslant 2.2\%$。合并统计,在 $\alpha = 2.2\%$ 的水平上,差异还是显著的。

空白试验:增雨播云总要选择降水条件好的云区,若不催化,A 区雨量是否也大于 C 区?在效果检验中,实际上作了未经验证的假设:A 和 C 两区的自然雨量没有显著差异。进而若要定量估算增雨值,还得作另一假设,A 和 C 两区雨量密切相关。

为了进行验证,应进行"空白试验"。实际作业中,由于各种原因,总会漏掉或放过一些可做试验的机会,可把它们汇集并作鉴别,以充作不催化的空白试验。它们也应满足前述催化条件,并采用相同的统计检验,结果证实了前述隐含的第一个假设。

为讨论第二个假设,对区域雨量作变换,为了计算方便,采用 $\sqrt{R}$(拟合概率达 0.82),得不同时段 $\sqrt{R}$ 的区域回归方程 $y = a + bx$,并给出了相关系数 r,其中 $r_{\min} = 0.81$,说明 A 和 C 两区雨量相关性较好,说明第二个假设也是合理的。由于空白试验的统计检验是事后做的,虽然力求在相似条件下进行,但并非随机决定,故对效果的定量分析并不严格。

对 A 和 C 两区雨量分别进行 F 检验,认为两样本方差相等。按上述区域回归方程,可计算催化试验的效果,并对多次试验平均效果的统计显著性采用 t 检验。结果发现,符合条件的试验效果显著,不符合条件的试验效果不显著。合并统计后的平均增雨量 2.2 mm,显著度 α 优于 0.25%。

(3)利用水文资料(径流量、流量)作为统计参量对人工降水进行效果检验:新疆克拉玛依平均年降水量不足 100 mm,供水依赖集水面积 2116 km² 的白杨河及白杨河水库。在人工降水作业前的 22 年(1962—1983 年)历史期,有完整的径流资料。白杨河年径流量主要来自山区冬季积雪融化。开展人工增雪试验 12 年(1984—

1995年)。为了对白杨河径流量在人工降水作业期的增值进行序列试验,对其历史期年径流量的分布进行检验,结果表明,历史期径流量的二次方根服从正态分布,用 F 检验对白杨河历史期和作业期径流量方差的变化进行显著性检验,结果表明,人工催化作业前后方差无显著差异。用 t 检验对克拉玛依山区人工增水效果评价,得出:

①同历史期相比,播云期间目标区和控制区的年径流量均呈增长趋势,增率分别为 33.8% 和 18.7%,目标区比控制区高 15.1%。

②对年径流量增值进行显著性检验,目标区显著性检验水平达 $\alpha=0.025$,90% 概率的增率为 11.6%,但控制区的增值未达最低可接受的显著性检验水平。

③对目标区和控制区播云前后的年径流量分别进行秩和检验,得出目标区播云后的年径流量,在 $\alpha=0.025$ 的显著性检验水平上明显增长,而控制区未达最低可接受的显著性检验水平。

上述几项比较一致的检验结果表明,播云引起白杨河径流量增加具有较高的可信度。

黄河上游河曲地区人工增水试验,在效果统计检验中,采用了地面月平均降水量和黄河河曲段上、下游站的月平均流量,作为检验参量运用历史回归统计检验方法。

6.2.2 人工防雹效果的统计检验

科学的客观的防雹效果检验,对提高防雹水平,验证和改进防雹理论和方法非常重要,它有赖于科学的试验设计、作业前后云的宏、微观特征观测以及资料的收集和分析。

在人工防雹的效果统计检验中,选作对比的统计变量有:雹灾面积、降雹日数、雹灾损失、防雹经济效益等。对雹灾面积和雹灾损失要求达到客观、定量并非易事,因各种作物之间差异很大,受生长期、栽培技术等影响较大。考虑到雹暴同时带来一定降水,有利于干旱地区或干旱季节作物的生长,故评价雹灾损失还需对作业区的降水进行仔细的统计分析,着重弄清楚防雹的同时是增雨还是减雨。

所采用的统计学方法,不外乎人工降水效果检验的参数检验和非参数检验。作为我国防灾抗灾的防雹作业必须采取非随机化方法,因此在防雹催化作业设计上主要有序列试验分析、区域对比试验和区域回归试验分析。由于冰雹是小概率事件,从统计学方面考虑,自然变率愈大,愈需要长期试验才能检出防雹效果,以获得确切的定量的防雹效果的结论。

序列试验:根据作业区雹灾面积的历史资料,统计得到该作业区雹灾面积的历史平均值作为作业区作业期自然降雹的期待值,然后与实测值作比较,得出人工防雹减灾面积效果的估计值。

[例 6.6] 山西昔阳防雹前有 9 年雹灾面积资料,平均受灾面积 13.3 万亩[①],开展防雹面积 8 年资料,平均受灾面积 7.1 万亩,若防雹效果按 $E=(\overline{S_n}-\overline{S_s})/\overline{S_n}$ 计,$E=46.6\%$,其中 $\overline{S_n}=13.3$,$\overline{S_s}=7.1$。

采用不成对的秩和检验法,把防雹前 9 年的雹灾面积资料为 A 组,防雹作业的 8 年雹灾面积资料为 B 组,列于表 6.15。防雹后的秩和 $T=1+3+4+5+6+9+11+12=51$,据 $n_A=9$,$n_B=8$,查秩和检验表(中国气象局人工影响天气办公室 等,1994:124),取显著性检验水平 $\alpha=0.025$,得 $T_\alpha=51$,因为 $T\leqslant T_\alpha$,所以 A 和 B 有显著差异,确认昔阳 8 年防雹作业有效,雹灾面积平均减少 46.6%,可信度达 97.5%。

表 6.15 山西昔阳防雹前后 17 年雹灾面积(万亩)秩次(中国气象局科技发展司,2003:232)

秩次	1	2	3	4	5	6	7	8	9	10	11	12	13	14	15	16	17
A 组		2.5					8.7	9.4		10.9			14.7	16.6	18.6	18.9	19.0
B 组	0.7		4.0	6.0	6.7	7.1			9.6		11.2	11.5					

河北涿鹿防雹前有 21 年雹灾面积资料,1977 年以来开展高炮防雹作业至 1989 年前,共 13 年,使平均雹灾面积减少 55.5%。经 Welch 检验,显著度 $\alpha<0.005$。但雹灾面积本身起伏很大,21 年中最大 31.66 万亩,最小仅 0.11 万亩。为了考察防雹期间自然降雹是否明显减少,对该县所属地区未开展防雹的邻近 7 县(耕地面积占地区总耕地面积的 30%),1977 年前、后相应时期雹灾面积有无显著变化进行了检验,也采用 Welch 公式作统计显著性检验,结果发现 7 县在 1977 年前、后雹灾面积无显著变化。由此推测,涿鹿冰雹气候亦无显著变化,可认定该县雹灾面积减少是防雹作业的显著效果。

区域回归试验:区域回归试验不用历史平均值,但借助于对比区,并根据历史资料建立目标区和对比区的历史回归方程(两区相关性较好),进行参数检验或预测,即用对比区作业期的实测雹灾面积估计目标区的自然雹灾面积。对比区的选择条件基本上与人工增雨试验类同。

[例 6.7] 河北满城 1986—1990 年开展由雷达直接指挥炮点作业的人工防雹试验。试验期每年 5—9 月,试验区内有耕地 49 万亩。高炮防雹控制面积 200~300 km²,作业影响区 320~480 km²。选取邻县(易县)作为对比区(位于试验区上风方),对比区的受灾情况(年平均降雹 5.8 次)与试验区(5.7 次)相当,成灾面积稍大于试验区(表 6.16)。试验期两区所受的天气系统影响基本一致。

---

① 1 亩=1/15 hm²,下同。

表 6.16　河北满县防雹试验效果统计分析(中国气象局科技发展司,2003:232)

	年份	x_i	y_i	$(x_i-\overline{x}_n)^2$	$(y_i-\overline{y}_n)^2$	$x_i-\overline{x}_n$	$y_i-\overline{y}_n$
历史期	1965	12.7	9.4	61.62	26.62	7.85	5.16
	1966	4.7	2.5	0.02	3.03	−0.15	−1.74
	1967	2.7	3.8	4.62	0.19	−2.15	−0.44
	1968	0.5	0.5	18.92	13.99	−4.35	−3.74
	1969	1.2	1.0	13.32	10.50	−3.65	−3.24
	1970	0.7	2.0	17.22	5.02	−4.15	−2.24
	1971	0.5	1.6	18.92	10.50	−4.35	−3.24
	1972	3.9	0.2	0.90	16.32	−0.95	−4.04
	1973	12.0	10.0	51.12	33.18	7.15	5.76
	1974	9.6	12.0	22.56	60.22	4.75	7.76
	合计	48.5	42.4	209.22	179.57		
	平均	4.85	4.24				
试验期	年份	1986	1987	1988	1989	1990	平均
	x_i	3.96	5.19	8.31	6.40	6.60	6.24
	y_i	3.19	0.5	0.46	0.31	0.29	0.95

注:x_i 和 y_i 为对比区和试验区年雹灾面积(万亩);$\overline{x}_n$ 和 $\overline{y}_n$ 为对比区和试验区年平均雹灾面积(万亩)。

设对比区成灾面积为 x_i,目标区成灾面积为 y_i,据防雹前10年资料求出变量 (x_i,y_i) 的相关系数 $r=0.903$,对应自由度 $(10-2)=8$,$\alpha=0.001$,查表得,$r_a=0.872$,由于 $r>r_a$,表明 x_i, y_i 间相关性很好。

由历史资料建立区域回归方程,求得回归系数:

$$b = \sum_{i=1}^{10}(x_i-\overline{x}_n)(y_i-\overline{y}_n)/\sum_{i=1}^{10}(x_i-\overline{x}_n)^2 = 0.837, a = \overline{y}_n - b\overline{x}_n = 0.181$$

$$\hat{y}_k = 0.181 + 0.837\overline{x}_k \tag{6.16}$$

1986—1990年试验区、对比区年平均雹灾面积分别为 $\overline{y}_k=0.95$ 万亩,$\overline{x}_k=6.24$ 万亩,代入式(6.16)得估计值 $\hat{y}_k=5.4$ 万亩,$\overline{y}_k-\hat{y}_k=-4.45$ 万亩。

采用 t 检验,要求雹灾面积统计量服从正态分布,因 n 较小,采用 H 检验,经检验确定两区雹灾面积均属正态分布。采用多个事件检验法检验多年试验的平均效果,即:

$$t = (\overline{y}_k-\hat{y}_k)/\sqrt{\frac{1-r^2}{n-2}\sum_{i=1}^{n}(y_i-\overline{y}_n)^2\left[\frac{1}{k}-\frac{1}{n}+\frac{\overline{x}_k-\overline{x}_n}{\sum_{i=1}^{n}(x_i-\overline{x}_n)^2}\right]} \tag{6.17}$$

式中,$k=5$;$n=10$;$\overline{x}_k=6.24$;$\overline{y}_n=0.95$;$\overline{x}_n=4.85$;$\overline{y}_k-\hat{y}_k=-4.45$;

$\sum_{i=1}^{n}(x_i-\overline{x}_n)^2=209.22$;$\sum_{i=1}^{n}(y_i-\overline{y}_n)^2=179.57$;故 $t=-3.944$,t 服从自由度 $r=8$ 的 t 分布,查 t 分布的数值表(中国气象局人工影响天气办公室,中国气象局科技教育司,1994:136)得 $t_{0.01}=3.355$。因此 $t<-t_{0.01}$,即雹灾面积减少值是显著的,单边检验显著度超过 0.005。相应的雹灾面积相对减少量 $\eta=\dfrac{\overline{y}_k-\hat{y}_k}{\overline{y}_k}=82\%$。

[**例6.8**]新疆昭苏 1974—1982 年高炮防雹影响降雹日数,该地有 18 年(1956—1973 年)自然雹日历史资料,已积累 9 年防雹雹日资料,分设目标区和对比区。同时考虑到该地降雹期长,作业试验期短,故把作业期定为影响期,余下的降雹期(前、后两段)定为对比期。两期日数差不多,经统计在历史资料期内的雹日、雹次、雹强分布等参数,两期差异很小,这样增加了判断在试验期目标区和对比区之间的相关参量是否有变化及变化程度如何的依据。经柯尔莫哥洛夫拟合度检验,目标区和对比区防雹前、后在影响期与对比期的逐年降雹日数均符合正态分布。

用单边 t 检验,$\alpha=0.005$,对防雹后年雹日均值变化的检验表明,防雹后目标区影响期年雹日数均值显著减少,显著性检验水平可达 0.05;相反,对比期自然雹日数均值趋于增加,经人工防雹后,置信度为 90% 的年雹日数减少 2.8 d。

由于冰雹的自然变率太大,在试验的统计设计中,可供选择的统计变量还可列举落雹面积,雹量、雨质量、雨雹合成质量等,应充分运用参数化检验、非参数化检验等各种统计检验技术,进行综合分析评判。

统计检验是人工影响天气效果检验的一种基本方法。但由于该方法完全撇开物理因子,以及由于降水时空巨大起伏,且又受多种因子的综合作用,因而要得到客观、定量的结果十分困难。另外,统计得到的效果也只有在获得物理上的解释并为观测到的物理效应所证实时,其所检验的效果才能够完整,令人信服。

6.3 人工影响天气效果的物理检验

人工影响天气效果的物理检验主要目的在于为评估效果提供相应的物理学证据。物理检验的作用主要包括两方面,一方面是通过观测检验对云施加影响后所期望发生的一系列物理过程是否发生了;另一方面是为统计检验提供物理学证据。只有通过周密的设计和监测才能使物理检验所提供的信息具有更高的价值。为此在进行物理检验时,需对自然云物理本地特征和自然变率加强监测和研究。

物理检验要求有较好的监测手段及方案设计,它是从云和降水形成原理和人工影响天气物理机制出发,利用直接探测、遥感探测和示踪技术,针对催化的物理效应及相应的物理量指标,探测播云对象的云和降水宏观动力学效应和微观物理效应演变过程,并通过比较人工影响天气前后各项物理指标是否显著改变,来证实播云作业取得的效果。近年来，我国不少地方除应用卫星云图、雷达等常规业务装备外，通过引进和研制，在人工影响天气工作中还开始采用了国际上一些先进的探测技术，包括对云中粒子全覆盖观测的粒子测量系统、双偏振雷达、云水量的遥感测量等，显著地扩大了云和降水监测领域，提高了监测质量，也为普遍开展物理检验打下基础。

物理检验可为效果统计检验结果提供物理依据，同时也可为数值模式的发展与模拟研究提供比对基础数据。物理检验提供的各种证据和信息，对于人工影响天气的物理基础及作业技术方法的改进和作业方案设计都具有重要的指导作用。具体检验内容包括以下几个方面。

(1) 从云、降水形成原理和人工影响的物理机理出发，通过直接探测和遥感技术，针对催化的物理效应及相应的物理量指标，包括微物理效应（冰晶数浓度、大云滴数浓度、水滴、冰晶谱宽、液态含水量等）和动力学效应（上升气流速度、云体厚度、宽度、云内温度分布、云的生命期等），以比较人工催化前、后这些指标是否显著改变。必须强调的是，所有这类物理量指标，也同降水量和冰雹尺度、数浓度一样，是受众多因素制约的，它们在试验中并非唯一地决定于催化方式和强度，存在着相当大的自然变差，要从中检测出人工催化的物理效应，除了效应特别明显或云结构的时空变化小以外，一般仍需采用统计检验方法。

(2) 直接测量或通过示踪技术证实催化剂进入云区的部位和影响范围，致冷剂播撒区播撒前、后冰晶数浓度以及降水物银离子含量分析，针对碘化银催化采用冷台冻滴技术观测降水水样中的冻结核浓度及其变化等，提供催化剂参与云、降水核化、水凝物增长的物理证据。

(3) 地面降水特征的连续监测，包括地面降水粒子谱、降水粒子形态的变化特点等。

物理检验可为人工影响效果提供物理证据，但它却无法给出定量的结果。要想定量的评估人工影响天气作业效果，就必须通过统计学的办法来推断。以上物理检验的各项指标也容易受到多种因素的制约，存在相当大的自然变差，从统计学角度考虑，就越需要长期试验才能检出真实的效果。实际人工影响天气作业中，除了效应特别明显或作业对象结构的时空变化很小情形之外，要想检测出人工播云效应，一般仍需要采用统计的办法来评估，即"物理效应的统计检验"。它是将催化云或降水物理参数作为效果检验的统计量，用统计推断的方法对未作业情况下云和降水的物理参数作出推断，并与作业后云和降水物理参数的实测值进行比较来检验人工影响的效果，具体做法与统计检验方法相似。

6.3.1 人工降水效果的物理检验

尽管物理检验已日益受到重视，但由于其技术难度大，要求装备水平高，至今仍处于探索发展阶段。我国早在20世纪60—70年代已重视催化前、后云体外形特征变化、云内温度分布和垂直速度的变化。福建古田水库人工降雨试验后期就曾对试验区进行大气冰核浓度、自然和人工催化后的雨滴谱、雨水中 Ag^+ 含量分析以及雷达回波参量变化的观测、统计分析工作,对人工降雨效果的统计分析结论给予一定的物理解释。

催化云和非催化云雷达回波参量分析:古田水库人工降雨试验中,通过对具有比较完整的雷达回波资料 109 个试验单元的分析,可用以检验催化引起云的宏观结构的变化。由于催化(56 个)和非催化(53 个)在作业前就存在差异,故采用双比分析法,取双比值:

$$\overline{D} = \frac{\overline{A_1}/\overline{A_8}}{\overline{A_{10}}/\overline{A_{20}}} \tag{6.18}$$

式中,$\overline{A_1}$ 和 $\overline{A_8}$ 分别表示催化和非催化正点开始每隔 10 min 雷达观测回波参量的算术平均值;$\overline{A_{10}}$ 和 $\overline{A_{20}}$ 分别为催化和非催化正点前 10 min 回波参量算术平均值。

合计双比分析结果表明,催化作业后 30~40 min,云宏观参量发生明显变化,回波顶高增加 10.9%($\alpha<0.05$),厚度增加 17.2%($\alpha<0.05$),强度增加 11.1%($\alpha<0.05$);40~50 min 回波强度仍发生明显变化,增加 17.2%($\alpha<0.05$)。按云型分类:双比分析得其中积层混合云在催化后 30~40 min 回波顶高增加 16.4%($\alpha<0.05$),厚度增加 21.4%($\alpha<0.05$),强度增加 12.4%($\alpha<0.05$);40~50 mm 回波强度增加 20.9%($\alpha<0.05$)。但层状云和积状云变化不明显($\alpha<0.10$)。

回波参量在催化后 30~40 min 发生的明显变化,与古田水库人工降水试验出现增雨效果的时间基本一致,为人工降水统计结果提供了佐证。

图 6.5 给出了美国犹他州 2003 年 12 月 21 日一次增雪作业后 TAR 2D-C 探头观测的冰晶浓度变化情况(Super and Heimbach Jr,2005)。容易看出,在催化影响时段,观测的冰晶浓度明显要高于非催化影响段,催化影响使得冰晶浓度大量增加,与自然降雪过程下观测的冰晶相比,其平均尺度减小,谱宽变窄。

陕西省人工影响天气中心于 2000 年 3 月 14 日 14:15—15:49(北京时)在陕西关中与陕南西部地区组织了一次飞机播撒 AgI 人工增雨作业。播云后卫星观测图像和云迹的微物理反演特征可以清楚地反映出由于飞机人工增雨播云作业形成的一条持续时间超过 80 min、宽达 14 km、深达 1.5 km 的云谷(图 6.6)。利用卫星反演技术分析比较云迹线与其周围云的光谱特征、亮温、亮温差、云顶粒子有效半径等云微物理特征以及它们之间的差异,都清晰表明了播云作业在云内产生的明显的物理响应特征(Khain et al.,2005b)。

在"十五"期间,利用吉林人工增雨综合探测资料,结合飞机 GPS 探测的飞行路线和高度以及作业记录,分析了作业前后 PMS 观测得到的云中各种云粒子谱和含水量的演变,以获取催化后云物理参量响应的证据(肖辉,2005)。

· 152 ·　当代人工影响天气原理与方法

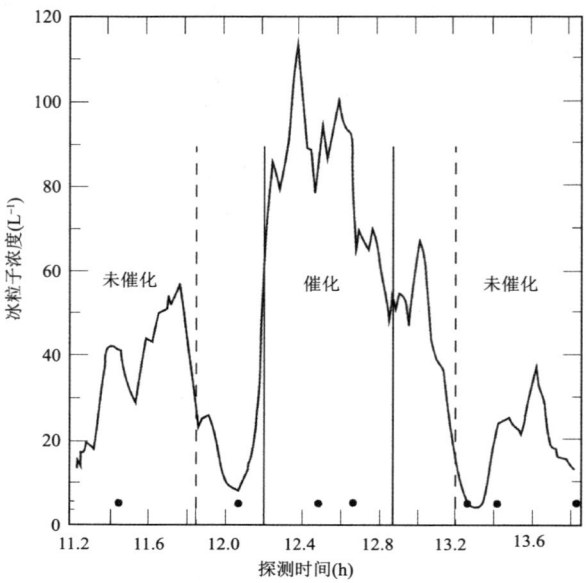

图 6.5　2D-C 探测的催化前后冰晶浓度变化
（左，虚线中间为催化段，两侧为未催化段）
（邓北胜，2011:149）

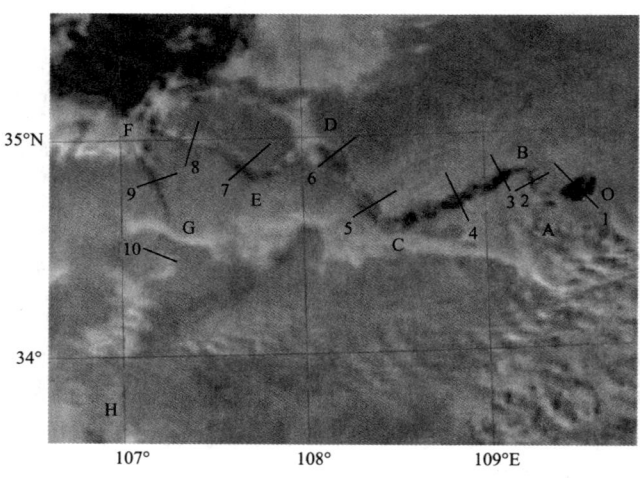

[彩]图 6.6　2000 年 3 月 14 日陕西飞机增雨后 NOAA/AVHRR 卫星观测的 0.6 μm 反射率（红）、3.7 μm 反射率（绿）及 10.8 μm 亮温（蓝）彩色合成云图（Rosenfeld et al.，2005）

由图 6.7 看到,由 FSSP-100 探头获得的播云前后 2~47 μm 尺度范围云粒子浓度谱和云含水量谱分布显示,作业后直径 $D<26$ μm 的云粒子数浓度和含水量均在作业前的变化范围内,而 $D>26$ μm 的云粒子数浓度 N 和含水量 Q 均比作业前明显增大(3 倍左右)。2-DC 探头获得的探测结果也表明,作业后较大粒子的数浓度 N 和含水量 Q 是增加的。分析其原因认为,在云中过冷却(-2 ℃)部位播撒液态二氧化碳致冷剂后产生的冰相粒子,通过 Bergeron 过程使云中尺度较小的过冷云水转移到冰相大粒子上。而且,一部分对冰面过饱和的水汽通过凝华过程转化为冰相大粒子,使得小粒子减少而大粒子增加。

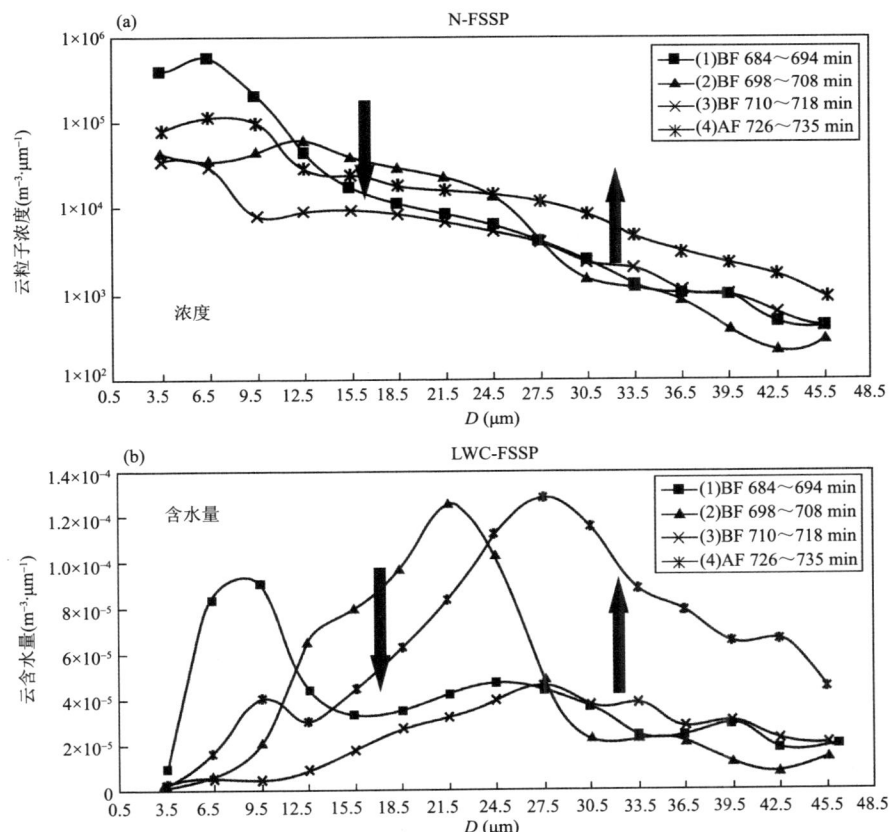

图 6.7 播云前后 FSSP 云粒子浓度(a)和云含水量(b)的谱分布
(邓北胜,2011:150)

进一步分析作业前后影响区和对比区各时次雷达回波强度的演变,发现催化作业后影响区的雷达回波强度增强,30 dBZ 以上的强回波区范围扩大(图 6.8)。这充分说明,这次飞机人工播云试验云物理参量的响应是明显的,符合人工播云的原理,从而获得了人工增雨效果的物理证据。

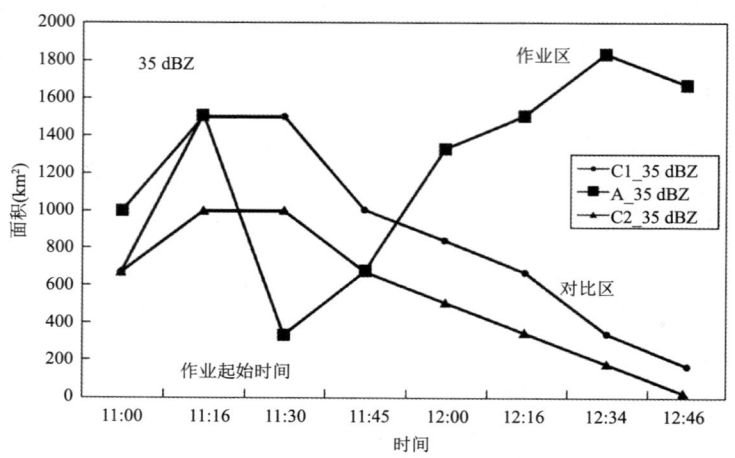

图6.8 催化作业前后及作业区(A)和对比区(C1,C2)中强回波区累积面积的变化
(邓北胜,2011:151)

6.3.2 人工防雹效果的物理检验

物理检验主要选用与雹云和降雹物理特征密切相关的物理量作为防雹效果检验的特征参量,包括雷达回波形态、强度、顶高或雷达回波综合指标以及冰雹特征参量,后者为与雹灾损失、雹块尺度、数浓度有关的冰雹动能、冰雹动能通量、冰雹质量通量等。有两种比较,一种是同一块雹云比较作业前、后的变化;另一种是选择大致相同的两块雹云:一块作业;另一块不作业,然后进行比较。

动态雷达回波参量法:常采用多个参量进行综合评估,选取与冰雹形成、增长关系密切的相对独立的参量,估算作业后回波参量发生的时间、强度、顶高变化的界限。先根据冰核核化、凝华与结凇增长,估算形成冰雹所需的时间。据河北张家口、满城17次冰雹天气过程711雷达观测资料统计,雹云从跃增或迅速发展阶段至降雹,平均约需16 min,假设"三七"高炮弹在0 ℃层以上爆炸,AgI粒子随上升气流进入-12 ℃层以上区域约需3 min,冰晶凝华、结凇增长至雹胚并参与竞争过冷水分需8~12 min,合计11~15 min;711雷达回波高度最大误差0.9 km(仰角误差≤0.5°),强度误差6~8 dBZ,相应确定回波强度、高度的界限分别为10 dBZ,1 km。

由于雹云雷达回波的自然变化很大,采用简单的对比作业前、后的回波参量的变化还不能判断防雹效果,必须把这些回波参量作为统计量进行显著性检验,并要求显著性检验水平 $\alpha \leqslant 0.05$。

总体来说,物理检验可为人工影响天气效果提供物理证据,但它却无法给出定量的结果。要想评定最佳的评估人工影响天气作业效果,就必须通过统计学的办法来推断。以上物理检验的各项指标也容易受到多种因素的制约,存在相当大的自然变差,从统计学角度考虑,就越需要长期试验才能检出真实的效果。实际人工影响天气作业中,除了效应特别明显或作业对象结构的时空变化很小情形之外,要想检测出人工播云效应,一般仍需要采用统计的办法来评估,即"物理效应的统计检验"。它是将催化云或降水物理参数作为效果检验的统计量,用统计推断的方法对未作业情况下云和降水的物理参数做出推断,并与作业后云和降水物理参数的实测值进行比较来检验人工影响的效果,具体做法与统计检验方法相似。

[例 6.9] 1992—1994 年,山东济阳对 16 次高炮防雹作业和相应 711 数字化雷达回波参量进行综合分析。选择的回波参量为回波顶高 H_T,回波强度 Z,强回波(30 dBZ)顶高 H_{30},并假定了参量随时间的变化,可表征雹云随时间的变化,即 $\frac{dX}{dt} = \frac{dH_T}{dt} + \frac{dZ}{dt} + \frac{dH_{30}}{dt}$。根据作业时间界限(15 min),将此式简化成差分,并根据雷达回波参量可能出现的误差对 3 个参量值分别除以 1 km,10 dBZ,1 km,变为无量纲判别式:

$$\Delta X = \Delta H_T + \Delta Z + \Delta H_{30} = (H_{T_1} - H_{T_2}) + (Z_1 - Z_2) + (H_{30,1} - H_{30,2})$$

式中,下标 1 和 2 分别表示作业前的回波参量和作业 15 mm 时的回波参量。将雷达参量综合无量纲值 ΔX 与降雹实况比较分析,以确定作业前、后雷达回波参量综合无量纲值变化范围,并得临界值 $\Delta \hat{X}$。

当 $\Delta X > \Delta \hat{X}$ 时,防雹效果明显,$(\Delta X - \Delta \hat{X})$ 差值越大,防雹效果越好;$\Delta X \leqslant \Delta \hat{X}$,作业效果不明显或有雹灾,$(\Delta X - \Delta \hat{X})$ 越小,受灾越严重。从表 6.17 可见,取 $\Delta \hat{X} = 3.5$。

表 6.17 1992—1994 年济阳雷达回波参量判别统计(中国气象局科技发展司,2003:236)

日期	ΔH_T	ΔZ	ΔH_{30}	ΔX	降雹实况
1992-05-22	1.8	1.8	1.5	4.2	
1992-06-05	2.0	1.0	2.6	5.6	
1992-07-22	2.5	1.5	2.0	6.0	
1992-07-27	0.9	0.5	0.8	2.2	轻灾
1992-07-27	2.4	1.0	1.4	4.8	
1993-05-24	2.0	0.9	0.6	3.5	1 轻灾
1993-06-14	0.1	−0.5	−0.3	−0.73	重灾(3340 亩)
1993-06-16	2.5	1.2	4.0	7.7	

续表

日期	ΔH_T	ΔZ	ΔH_{30}	ΔX	降雹实况
1993-06-16	1.0	1.0	2.5	4.5	
1993-06-22	0.9	0.5	−0.1	1.3	雹灾(931亩)
1993-06-24	1.5	1.0	−0.2	2.3	轻灾(520亩)
1993-07-08	0.2	0.5	0.1	0.8	重灾(9561亩)
1993-07-09	1.0	1.0	1.6	3.6	
1993-07-11	2.4	1.3	2.0	5.7	
1994-07-08	3.0	1.5	1.5	6.0	
1994-08-03	1.2	1.2	1.5	3.9	

对回波参量综合无量纲值 ΔX 按绝对值大小排列成秩次,并在秩次上附符号,对 $\leqslant 3.5$,赋以负号,求小秩次之和:

$$T_a = |T_负| = |-1| + |-2| + |-3| + |-4| + |-5| + |-6| = 21$$

对 $n=16$, $T_a=21$,在符号秩次统计量表中(中国气象局人工影响天气办公室 等,1994:127)查得 $\alpha < 0.007$,说明在显著性检验水平 $\alpha < 0.007$ 下,可确认 1992—1994 年济阳高炮防雹作业效果显著。

冰雹特征参量检验法:程序包括选择能反映降雹特征、雹灾损失的物理参量,如冰雹落地动能 E_T、冰雹质量通量 M_T 等,作为防雹效果统计变量;据测雹板资料和降雹时间计算物理参量;采用秩和检验或 t 检验(样本须遵从正态分布),检验作业与不作业情况下统计量差值的显著性($\alpha \leqslant 0.05$)。

[**例 6.10**] 1987—1990 年河北满城防雹试验区和对比区共 11 次降雹天气的雹块尺度、数浓度与降雹持续时间。据此探讨其防雹作业效果。

物理参量计算:

(1)冰雹下落末速度 U_T 计算公式为:

$$U_T = \left(\frac{4\rho_h g}{3\rho_a C_D}\right)^{1/2} d^{\frac{1}{2}} = V_0 d^{\frac{1}{2}} \text{(m/s)}$$

$$V_0 = \left(\frac{4\rho_h g}{3\rho_a C_D}\right)^{1/2}$$

式中,设雹块为球形,d 为直径;ρ_h 为雹密度;ρ_a 为空气密度;C_D 为阻力系数。

(2)冰雹落地动能 E_T,单个雹块动能为:

$$E = \frac{1}{2} m_i U_{T_i}^2 = (\pi \rho_h^2 g / 9 C_D \rho_a) d_i^4$$

单位面积(m²)上的冰雹动能 E_T 为:

$$E_T = K \sum_{i=1}^{n} n_i d_i^4 \; (\text{J/m}^2), \; K = \pi \rho_h^2 g / 9 C_D \rho_a$$

北京取 $\rho_a = 1.11 \times 10^{-3}$ g/cm³, $g = 980$ cm/s², $C_D = 0.6$, $\rho_h = 0.9$ g/cm³ (最高值), $K = 4.16 \times 10^{-6}$。

(3) 雹动能通量 $\dot{E}_T$：指单位时间通过单位面积(m²)的冰雹动能，有：

$$\dot{E}_T = \int_0^\infty (\pi \rho_h / 12 \times 10^6) n_i d_i^3 U_{T_i}^3 \mathrm{d}d = \frac{\pi \rho_h \overline{V_0^3}}{12 \times 10^5} (4.5)! N_0 \lambda^{-5.5} [\text{J}/(\text{m}^2 \times \text{s})]$$

式中，$N = N_0 \mathrm{e}^{-\lambda d}$，$N_0$ 和 λ 为雹谱参数，也可用 $\dot{E}_T = E_T / \Delta t$ (降雹持续时间)。

(4) 地面降雹强度（雹质量通量）$\dot{M}_T$：其中落地冰雹质量通量为：

$$\dot{M}_T = 0.47 \times 10^{-6} \sum_{i=1}^{n} n_i d_i \; (\text{kg/m}^2), \; \dot{M}_T = M_T / \Delta t$$

由雹谱资料 N_0, λ 可得：

$$\dot{M}_T = \int_0^\infty \left(\frac{\pi \rho_h}{6} \times 10^6 \right) d^3 U_T(d) N(d) \mathrm{d}d$$

$$\dot{M}_T = 26.6 \times 10^{-6} N_0 \lambda^{-4.5} [\text{kg}/(\text{m}^2 \times \text{s})]$$

显著性检验：采用柯尔莫哥洛夫检验法，检验 1987—1990 年满城未作业区冰雹落地动能遵从对数正态分布，用 t 检验法检验作业区冰雹动能平均值相对于未作业区的减少量是显著的，单边检验显著度超过 $\alpha = 0.025$。

采用类似上述方法也可对冰雹动能通量、冰雹质量以及降雹强度进行正态分布检验和 t 检验。最后得出 11 次冰雹天气过程，作业区的平均冰雹动能、动量通量、冰雹质量及降雹强度相对于未作业区分别减少 81%，59%，78% 和 50%，几项总体平均相对减少 67%。

6.4 人工影响天气效果的综合评价

多重响应变量的统计检验：增加降水或减小雹灾的效果统计检验，属于单个响应变量（即地面平均降水量或冰雹落地动能通量）概念模式，它虽比 20 世纪 50 年代初期主要关注催化作业的可见变化（云的宏观变化和地面降水特征）和定性分析有了很大进步，但仍属于"黑箱"试验，具有很大的局限性。早在 20 世纪 60 年代中期，美国科学院全国科学研究委员会在评述报告中就提出，整个降水发展过程可分为多个次过程链，故可对每个次过程相互之间的联系进行考察，并说明催化的相应效应。报告明确指出次过程很多(17 个)，但为了进行评价，应限于基本的次过程(约 6 个)，例如，对冷云的静力催化可分别考虑：以 2 个响应变量表征初始核化，2 个表征冰粒子增长，2 个表征降水形成落地。

美国 HIPLEX-1 高原试验是首次循此多重相应变量进行统计试验的计划。它是一种较为复杂的物理与统计密切结合的物理效应统计试验。它预先定义响应变量,通过随机试验进行观测验证,以便更多地了解播云催化的整体物理效应。即使演变链之间有些响应变量联系较弱,也不会使整个试验失败,我们可以评价在哪一环节有失误,做些调整,仍可取得设计所要求的响应结果。因此这种类型的试验计划,对播云概念模式的评价是十分有效的,而且可以充分运用数值模拟方法进行数值试验,使我们在大型试验之前处于主动和有利的地位。随后 SCPP-1 冬季地形云增水试验对此做进一步完善,要求对每个次过程中的第一响应变量测定该次过程的核心特征;第二个响应变量测定与下一个次过程之间的联系;这种处理程序导致了实施 3 个次过程的试验,既可评价它们之间的联系,也增强了对降水过程的了解和对催化引起次过程反应的评价。

作为美国西南合作计划(SWCP)的一部分,在得克萨斯州西部针对小的中尺度云团进行的动力催化试验(1987—1990 年),仍遵循上述思路,进一步明确一个合适的播云增雨计划必须对所关注的降水过程提出相应的综合自然和人工干预情况下的概念模式。这是实施一项试验研究计划不可缺少的重要步骤。概念模式是怎么对待一种特定的降水过程物理机制的、概括性的、有层次的科学见解。它们通常基于人们的直觉观念、过去的实验和外场观测结果以及当前初步获得的外场试验证据,必须在外场试验系统性资料收集之前建立。

通过 1987 年美国北达科他浓积云催化试验,已认识到 HIPLEX-1 最终未获预期效应,原因在于云中未能保持稳定的云水含量($>0.5 \text{ g/m}^3$),高含水量的平均云厚偏小($<1 \text{ km}$),进而说明只有伴随中尺度或天气尺度条件下,对小积云进行静力催化,由于其生命期较长,催化促使霰提前形成,从而再藉自然过程提前发展降水,人工增雨效益才明显。当前,随着探测技术和仪器装备的迅速发展、有关人工降水效果评价已趋向于直接测定播云假设的物理过程演变链的响应变量,把物理机制纳入完整的统计设计之中,并作为其主要组成部分。

人工影响天气效果评价的数值模拟:随着云、降水数值模拟的发展和进步,它不仅能描述云、降水的主要过程,而且能描述云的多种宏、微观相互作用的整体演变过程,并预计人工催化后引起的效果。当前,数值模拟已成为人工影响天气理论研究最重要的组成部分。

模式模拟效果也是采用同自然过程的计算一样的模式及相应的初始条件,只是在催化时,在播云部位引入催化作用来计算催化影响过程。计算自然过程和作业影响过程有一些误差(如模式误差、初始值误差),二者是相同的,而且并非随机性,但在计算效果时却是互相抵消的。

催化效果的模拟值(量、时间、部位等)总会有一定的误差,这在应用于作业设计和效果检验时必须充分估计到。只要从作业监测结果的统计检验得出的效果在一定程度上,首先是变化趋势,其次是量值,同理论预计一致,就能加强效果检验的可信度。模式模拟得到的不仅是增雨、减雹等最终值的变化,而且还包括云在发展演变各阶段的特征变化,这些物理量的监测、分析属物理检验的内容,模式模拟同样可以发挥指导作用,并可加强物理检验结果的可信度。

"积云动力可播度"的数值模拟,为积云动力催化选择催化目标云提供了依据,使得单个积云的动力催化试验总体统计功效高,检验比较好掌握,为数值模拟和作业设计、观测检验的良好结合创立了范例。目前,虽然对降水量(降雹强度)的数值模拟效果尚不理想,但在试验方案设计、效果检验、云条件和作业技术方法的选择等方面,仍可以起到积极的指导作用。

第7章 人工影响天气业务系统

7.1 人工影响天气业务系统的组成和功能

气候灾害和极端天气过程造成的巨大损失,使防灾减灾日益受到人们的高度重视。作为防灾减灾的重要手段之一,人工影响天气(简称人影)作业已由应急被动服务逐步成为一项常规业务,并在全国各地气象部门广泛开展。为提高作业效益,建立一套适合当地地形等条件、自动化程度较高、满足人工影响天气业务需要的人工影响天气业务技术系统是很重要的。逐步发展建立科学性强,并且能稳定运行的系统是保障人工影响天气工作稳步发展的关键之一。

7.1.1 发展历程

自1958年我国开展人工影响天气工作以来,全国各地区、各有关部门把人工影响天气作为防灾减灾的有力手段,作为农业公共服务体系建设的重要内容,作为保障水资源安全的有效途径,注重关键技术的科技创新,强化装备和基础设施建设,完善体制机制,努力提高人工影响天气的作业能力、管理水平和服务效益,为经济社会发展和人民群众安全福祉提供了坚实保障。

我国早期的人工影响天气作业,从观测资料获取到加工处理分析,大多采用人工劳动。由于当时的通信和计算条件的限制,导致信息处理和决策指挥不够及时。但通过老一代人工影响天气科学家多年坚持不懈的努力和科研积累,从方法、技术和认识等方面为后期人工影响天气自动化技术系统的开发提供了重要依据。1956年,毛泽东主席指示:"人工造雨是非常重要的,希望气象工作者多努力";1958年1月起,我国开始积极准备开展云雾物理及人工影响天气工作;1958年8月8日,为应对吉林严重干旱,我国首次进行了飞机增雨作业,取得良好效果;1958年12月,在北京召开了第一次全国人工降雨工作会议;继1958年吉林省首次开展人工增雨作业后,河北、湖北、安徽、甘肃、江苏、江西、辽宁、陕西、内蒙古等地先后开展了人工影响天气试验和作业。

1960年5月12日,国务院转发"关于1959年人工降雨工作及1960年计划安排的报告",指出,各地应密切结合生产需要和当地具体情况,积极开展人工控制天气,扩大人工降水试验,重视收集科学数据,加强科学研究。20世纪60年代,全国人影工作者克服各种不利因素的干扰,自主研发了三用滴谱仪、总含水量仪、云雾风速模量脉动仪、含水量探空仪等一系列云雾观测仪器,改装了里-2型、伊尔-13型飞机、研制了调温调压冷云室等设备,并将其应用于云物理观测、人工影响云雾试验研究和人工降水催化作业,室内实验和催化剂研发也陆续开展。

20世纪70年代,人工防雹工作取得了一定的进展,开展了雹云的探空观测和分析,研究雹云的活动规律、结构特征和闪电特征,建立了雹云物理概念模型,分析了成雹机制。人工防雹采用雷达和无线电工具,并用装有碘化银的高炮代替了土炮,研制了土火箭。这一时期人工增雨效果检验研究试验在多地开展,其中于1974年在福建古田地区开展的"人工降雨效果检验方法研究"持续了12年,推动了我国人工影响天气效果统计检验方法与实践,起到了示范作用,在国际上也有一定影响。

改革开放之后,我国人工影响天气工作得到了及时调整。1980年,中央气象局对人工影响天气工作提出了"加强科学研究,调整、整顿面上工作"的意见,加强了人工影响天气的科学试验,调整人工影响天气大规模作业,科研和技术开发不断得到加强,相继取得了一批重要的科技成果,保障了我国人工影响天气工作的持续健康协调发展;1981年,实施"北方层状云人工降水试验研究"项目,利用碰撞法采样技术在五个省、区开展云物理观测,项目研究成果在1993年获得国家科技进步奖二等奖。1987年,人工增雨为扑灭大兴安岭森林火灾做出重要贡献。1994年,国务院批准建立人工影响天气协调会议制度,各地也相应成立了人工影响天气领导机构。随后几年,在国家气象局指导下,各地人工影响天气工作在调整之后,积极推广应用科技成果,规模化作业相继恢复。云物理和人工影响天气科研与交流进一步加强,高效碘化银焰剂等新型催化剂和增雨防雹火箭等作业设备陆续研制成功并投入作业。

进入21世纪的2002年,国务院颁布《人工影响天气管理条例》,明确了人工影响天气的领导体制和各部门任务职责;2005年,国务院办公厅下发了《国务院办公厅关于加强人工影响天气工作的通知》(国办发〔2005〕22号),对做好人工影响天气工作提出了明确要求。这一阶段,全国人工影响天气作业规模快速增长并拓宽服务领域,各地加强人工影响天气现代化建设,提高作业科学水平和效益,组织开展多项国家级研究计划并取得一系列成果;2008年,中国气象局、国家发展和改革委员会发布了第一个人工影响天气发展规划《人工影响天气发展规划(2008—2012年)》,确定了各级人工影响天气工作的主要业务和建设任务,是指导我国人工影响天气事业发展的重要文件;2012年,全国第三次人影工作会议召开,随后国务院办公厅印发《关于进一步加强人工影响天气工作的意见》(国办发〔2012〕44号),强调了人工影响天气工作的基础性、公益性定位,人工影响天气进入中央统筹、区域协调发展的新阶段;2014年,国家发展和改革委员会、中国气象局共同印发《全国人工影响天气发展规划

(2014—2020年)》,提出全国六个区域发展布局,设立工程项目,是新时期全国人工影响天气发展的行动纲领。同年,中国气象局加快人工影响天气业务现代化体系建设,印发《全国人工影响天气业务发展指导意见》;2015年,开始实施《人工影响天气业务现代化建设三年行动计划》;2016年制定实施《人工影响天气安全管理行动计划》;2020年国务院办公厅印发《关于推进人工影响天气工作高质量发展的意见》。

纵观人工影响天气业务技术系统的发展历程,每个时期的进步都同当时的社会科技能力、气象业务现代化水平以及人工影响天气科研成果紧密相连。由于诸多条件尚不成熟,现阶段人工影响天气业务技术系统的功能还比较有限,需要不断吸收各种新技术、新成果,紧紧依托当地气象业务系统、突出重点、逐步改进和完善,争取更大的发展。

7.1.2 组成和功能

7.1.2.1 基本构成及相互关系

人工影响天气业务技术系统是支撑人工影响天气业务有效实施的技术保障系统。根据2014年颁发的《全国人工影响天气业务发展指导意见》,明确人影业务体系和业务内涵——四级管理、五级指挥、六级作业,五项实时业务、二项保障业务和科技支撑。按照不同的作用和功能划分,一套完整的人工影响天气业务技术系统应包括:监测分析、条件预报、决策指挥、作业实施、效果评估、装备保障、安全管理、科技支撑,其中前五项为实时业务,第六、七项为保障业务。各部分组成及其相互之间的关系如图7.1所示。

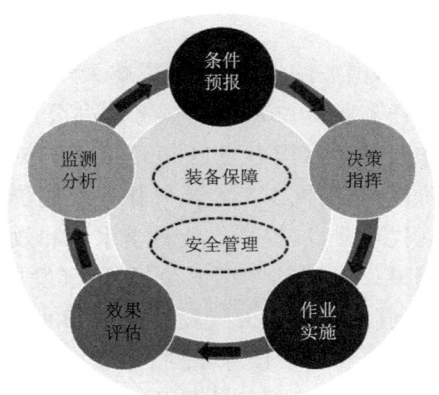

图7.1 人工影响天气业务系统部分组成及其相互之间的关系

当然,最终形成的各地业务技术系统,形式上可有不同的组合方式,适合当地情况、特色突出和实用性强是各类人工影响天气业务技术系统建设应努力达到的目标。

7.1.2.2 各部分组成及功能

(1)监测分析

人工影响天气监测网的建设应紧紧依托当地基本气象业务观测网,依据作业对象(层状云、对流云)多尺度结构不同时—空分辨率的需求,侧重于天气、云系、动力及微物理结构的观测及其催化效果的观测,有选择地进行观测站点、观测时次的加密和增添观测项目。专业监测网包括如下几个方面:

①常规气象业务监测网:地面气象观测站网、高空探测站网、天气雷达网、卫星云图及正在发展的地面自动气象站等新增的业务观测项目组网。

②加密(时-空)气象监测网:在常规气象观测项目基础上进行站点加密(如自记雨量站)和时次加密(如 3 h 探空、1 h 天气实况观测和 10 min 雷达观测等)。不同气象要素空间加密的程度依据观测对象的空间分辨率的要求而定;观测时次加密,依据不同业务时段观测对象的时间分辨率而定,并建立相应的加密观测制度。

③专项监测项目:地基:闪电定位仪、小型卫星云图接收仪、炮点观测站、自动雨量站、地面雨滴谱站、测雹板网、风廓线仪、双通道微波辐射仪及其他新发展的项目等,根据情况选择布点。空基:机载温、湿气象仪、GPS 全球定位系统、DMT 粒子测量系统和含水量仪等。

(2)条件预报

在复杂的天气、云系发展演变过程中,根据已有的认识规律,采用一定的技术方法,自动化实现对有利作业条件准确预测、判断识别和决策是建立人工影响天气业务技术系统的目的。因此,结合当地条件,根据作业对象的特点和发展演变规律,不断建立、发展、完善形成配套的预报系统是人工影响天气业务技术系统建设的基础。同时,建立科学的人工影响天气业务技术系统,通过在实际业务中运行,又能进一步促进预报系统的不断完善。

(3)决策指挥

在依托各地气象业务现代化通信和计算机网络系统基础上,根据监测网和条件预报系统的具体情况,需要进一步强化作业方案设计,提高作业空域申报审批效率(飞机作业空域申报、地面作业空域申报),加强作业调度指挥(飞机作业调度指挥、地面作业调度指挥),建立集约化作业指挥系统(通信传输系统、人工影响天气专用数据库、人工影响天气综合分析平台)。

其中,通信传输系统:

①常规气象通信:当前气象部门常用业务通信主要包括:"9210"卫星通信、X.25地面数据通信网、Internet 服务及各类计算机网络通信等。这些方式是国家、省、市、

县连接的主要途径,应作为人工影响天气通信的骨干网,在一定的权限范围内(以不影响正常气象业务为准)选择利用。根据当地气象部门地面通信网的建设条件,人工影响天气指挥中心应能方便登录使用1~2种通信网,完成部分常规及人工影响天气信息的上、下行传输。

②专用通信方式:在人工影响天气业务作业中,需要在很短的时间内将观测指令迅速下传各观测点,将不同地点的监测信息迅速自动集中到指挥中心,将不同时段的决策意见迅速下达到各催化单位(作业飞机、火箭、高炮点)和监测单位,同空中管制部门及时联系获得飞行或炮击的空域准许等。这些疏密不均的交互信息同常规气象信息的传递有较大的不同,需考虑快捷、安全和多功能。因此,在当地常规业务通信网不能满足人工影响天气特殊需要的时候,需要增设专用的通信网和点对点通信服务设备等。

人工影响天气专用数据库:

①资料库的分类:数据库的建立一般分历史数据库和实时数据库两类。每种数据库又可分不同的数据类型分别设计开发,形成功能不尽相同的专业数据子库,包括:常规资料库、专用资料库、临时资料库、微观资料库、宏观资料库、逐时雨量库、指导产品库、炮点资料库、实时作业信息库、空域申报批复数据库以及管理数据库和多媒体声像图片库等。

②资料库的功能:人工影响天气数据库同其他各类数据库一样,无论采用何种开发工具,除具有基本的查询、浏览、统计和打印等功能外,针对人工影响天气数据的复杂性,考虑方便保存和使用便捷两个方面,在输入和输出方式上可选择数据入库保存原数据格式,出库增加转格式的功能。根据需要,选择不同的格式转换。这样访问数据库后不仅能调用所需的资料,还能得到所需要的数据格式(如MICAPS),便于不同种类数据在同一分析平台上的叠加使用。

③资料库的共享和互补:各类常规、加密气象信息及专用信息是省、市、县等各级人工影响天气作业指挥的重要依据。为充分发挥各类信息在各级人工影响天气作业中的作用,不搞重复建设,人工影响天气数据库的建设应以省为单位统筹规划、分级实施、加强共享。省、市、县各类数据库的采集、输入分工明确,建成一级库、二级库、三级库等分级数据库,库与库之间互为补充和支撑,构成实时稳定的信息源。使各级人工影响天气的决策指挥及效果检验等拥有更加丰富的数据信息。

人工影响天气综合分析平台:

①常规天气综合分析平台:将常规气象综合信息分析平台进行开发,实现多种人工影响天气信息可直接在该平台下调用,同其他天气信息一起进行综合分析,除进行天气形势分析外,还可进一步了解催化作业目标云和云系的结构特征及所处的大、中尺度动力和热力场条件。

②人工影响天气地理综合分析平台：采用"3S"(RS：遥感系统，GPS：全球定位系统，GIS：地理信息系统)集成技术，开发研制以详细地理信息(地形、土壤、河流及地、县行政区划)为背景，可以集成云图、雷达、闪电、飞行轨迹、遥感墒情、实况雨量、模式产品、高炮(火箭)点、作业点和气象站等多类信息的人工影响天气地理综合分析平台。利用此平台，选择叠加各类信息和产品后，可实现作业方案设计、信息查询和效果分析等。这种综合分析平台一般多用于以指挥飞机作业为主的省级人工影响天气实时业务，并可用作事后的科学研究。

③雷达指挥平台：以雷达平面显示底图为工作平台，集成本区地理信息，包括市、县、乡界、气象观测点、雨量站、作业点(高炮点、火箭点)、专项加密点等。在同一平台上综合显示雷达回波、墒情、闪电、雨量和作业点位置等。实现直观分析各炮点作业条件，实时指挥炮点作业，分析作业前后回波和雨量变化情况，直观检验作业效果。这种平台一般多用于以指挥区域地面高炮、火箭作业为主的市、县级人工影响天气实时业务和对雷达观测要求比较多的各种分析。

我国一些典型云系监测判别研究如表 7.1 所示。

表 7.1 我国飞机人工增雨作业云系可播性宏、微观综合参考指标

判别内容	判别方法及途径	判别指标	
		层状云	积状云
云系及云状	云图及飞机实测等	Ns-As, As-Sc	积云
云底高度	飞机 DMT 实测、雷达、探空观测	<2 km	<1 km
云顶高度	飞机 DMT 实测、雷达、探空观测、卫星	$>4\sim6$ km	>5.5 km
云体厚度	飞机、探空等(不含干层)	$\geqslant2.0$ km	$\geqslant1.5$ km
过冷层厚度	飞机、雷达、探空	>1 km	>1 km
云顶温度	飞机、雷达、探空、云图	$-4\sim-24$ ℃	$-5\sim-10$ ℃
催化层高度	飞机及雷达实测	$4\sim6.5$ km	
催化层温度	飞机实测	$-4\sim-20$ ℃	
雷达回波强度	雷达实测	<30 dBZ	>30 dBZ
液水垂直累积量	地基遥感(微波辐射仪)	$L\geqslant0.3$ mm	
云中过冷水	机载	>0.1 g/m³(不考虑冰晶浓度)	
云中过冷水	机载	>0.1 g/m³(考虑冰晶浓度)	
平均冰晶浓度	平均冰晶浓度	$<$几个至几十个/L	

(4)信息综合分析——预报、决策和效果检验系统

根据业务运行过程中不同时段的不同需求，按照不同的原理和方法，通过对信息进行处理分析，自动生成人机交互完成人工影响天气所需的各种预测、识别、判断、方

案设计、决策和效果检验等。此系统的开发依赖于各地所建立的人工增雨识别方法以及所拥有的技术方法、手段及计算机技术等。由于各地技术条件、科研积累各不相同,该部分实现的方式,系统的组成有多种多样。按照多尺度人工增雨概念模型,可将人工增雨(消雹)作业的实际过程,由远及近划分五个业务时段,在不同的业务时段,由于对象不同、业务目的不一、对信息的监测和采集制度、分析处理的技术方法和手段等均有不同的要求,需要针对不同时段的主要业务目标,采用配套的技术方法,分别进行建设开发,形成完整的业务流程。五段业务流程、功能、目的及应采用的技术手段如图7.2所示。

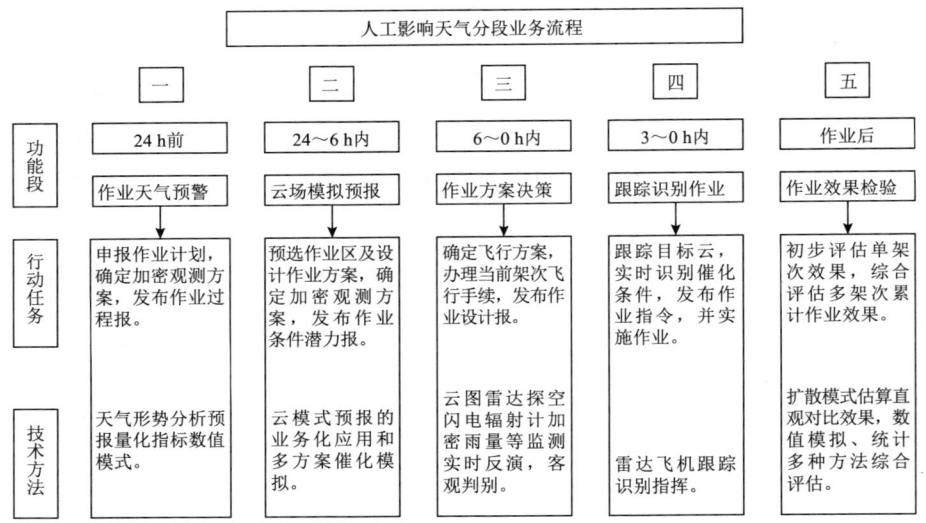

图7.2 人工影响天气业务流程、功能、目的及相应的技术手段

各个业务时段的主要工作任务、主要手段及目的:

①24 h作业天气预警:根据旱情等作业需求和中、短期天气预报,提前24 h人工增雨、防雹的天气预警,提出作业计划申请,发布加密观测一级指令。

②24~6 h云场拟预报:利用中尺度层状云系模式和对流云模式在24~6 h小时内计算预报层状云系降水的分布演变、可催化区位置以及对流云降雨、降雹的可能性和增雨、防雹作业的优化催化方法发布,发布加密观测二级指令。

③6~0 h作业方案决策:根据概念模型和实时资料(包括云图、雷达、探空、闪电、雨量和辐射仪等)进行的综合分析,考虑到催化判据和指标以及安全因素,参考数值模拟结果,提出当前飞机的航线和作业方案设计,提出地面作业方案和空域申请,发布加密观测三级指令。

④3~0 h跟踪识别作业:利用飞机GPS定位和气象、云物理观测结果,结合实时

的雷达监测资料,空一地结合,做出最佳的作业决策并实施。地面作业主要根据雷达的连续监测,自动识别催化云区,提出地面相应作业点的炮击或火箭发射参数(如方位角、仰角、弹量等),作业命令迅速下达到作业点实施作业。

⑤作业效果检验:根据风向、风速和云体移向、移速等,参考数值模拟的效果区域和时段,确定作业影响范围。根据实测的降雨(雹)量分析作业区(时段)和非作业区(时段)的差异,直观判断作业效果。

7.1.2.3 现阶段主要任务

针对监测分析,要进一步加强人工影响天气观测系统建设(飞机观测、地基云降水观测),建立资料实时收集业务(观测资料收集、观测资料处理与共享),完善空中云水资源评估,强化作业条件监测分析。

针对条件预报,要进一步完善作业天气过程预报,发展作业潜力预报,强化临近预报与预警。

针对作业指挥,要进一步强化作业方案设计,提高作业空域申报审批效率(飞机作业空域申报、地面作业空域申报),加强作业调度指挥(飞机作业调度指挥、地面作业调度指挥),建立集约化作业指挥系统(通信传输系统、人工影响天气专用数据库、人工影响天气综合分析平台)。

针对作业实施,要进一步发展飞机增雨作业能力,提高地面作业装备现代化水平,加强作业实施的规范化(飞机作业、地面作业),推进地面标准化作业站点建设。

针对作业效果评估,要进一步完善作业效果直观对比检验,作业效果定量统计检验,开展面向服务的综合效果评估。

针对装备保障与安全管理,要进一步健全技术标准和业务规范,加强人工影响天气装备的质量管理,加强作业安全的监督检查,加快新装备和新催化剂的推广应用。

针对科技支撑,要进一步开展云降水机理研究,发展人工影响天气数值模式;开展探测资料反演融合研究,提高作业条件监测水平;加强关键装备和实用作业技术研发,提高作业能力;开展大型科学试验,完善作业效果检验技术;加强科普宣传,科学回应社会关切。

同时,在2020年颁发的《关于推进人工影响天气工作高质量发展的意见》(国办发〔2020〕47号)从四个方面提出了推进人工影响天气工作高质量发展的具体举措:一是做好重点领域服务保障。强化农业生产服务,加大重点区域、重要农事季节的抗旱、防雹作业力度,保障国家粮食安全和重要农产品供给。支持生态保护与修复,发挥人工影响天气在水源涵养、水土保持、植被恢复、生物多样性保护、水库增蓄水等方面的作用。做好重大应急保障服务,完善应对森林草原火灾火险、异常高温干旱等事件的人工影响天气应急工作机制,及时启动相应的人工影响天气作业。二是增强基础业务能力。提升监测能力,构建"天基-空基-地基"云水资源立体探测系统。提升作业能力,发展高性能增雨飞机,推进作业飞机驻地专业保障基地和设施建设,加快地面固定作业点标准化建设,推进作业装备改造和列装。提升指挥能力,推进国家和地方人工影响天气指挥平台建设,提升指挥调度和区域协同水平。三是强化科技创新和人才支撑。聚焦关键核心技术攻关,支持人工影响天气基础研究、应用研究,加大重大科技攻关力度。改善科学试验基础条件,建设国家级人工影响天气科学试验基地和重点实验室,分类建设科学试验示范区。加强人才和专业队伍建设,加强人工影响天气科技创新团队和高层次人才队伍建设,加强基层专业化作业队伍建设。四是健全安全监管体系。落实安全生产领导责任,确保人工影响天气工作安全责任措施落实落地。加强重点环节安全监管,健全部门紧密协作的联合监管机制,切实消除安全隐患。提高安全技术水平,加强安全技术防范和信息化管理,推广物联网、智能识别、电子芯片、信息安全等技术应用。

《关于推进人工影响天气工作高质量发展的意见》还要求,要强化组织领导,全面加强对全国人工影响天气工作的统筹规划、政策指导和区域协调,地方各级人民政府要将其纳入当地经济社会发展规划统筹考虑。要完善联动机制,加强中央与地方之间、部门之间、区域之间的沟通协调,建立上下衔接、分工协作、统筹集约的人工影响天气工作机制。要切实加大投入,将人工影响天气工作相关经费列入政府预算,加大对中西部地区的支持力度。要依法依规管理,严格执行气象法、人工影响天气管理条例、民用爆炸物品安全管理条例等法律法规,完善配套规章制度。要加强科普宣传,开展多种形式的科普教育,提高全社会对人工影响天气的科学认识。

7.2 人工影响天气业务系统的应用现状

作为现代气象业务的重要组成部分,人工影响天气已发展成为基础性公益事业。经过几代人的长期不懈努力,中国已初步建成国家、省、市、县及作业点五级人工影响天气业务体系。为提高业务能力,全国大部分省(区、市)先后开展了人工影响天气业务技术研究与系统建设,取得了一些成果和业务应用,并在人影服务工作中发挥了积极作用。但目前仍存在一些问题,业务技术体系和技术标准缺乏,业务流程不清,各段业务任务不明;有效的业务平台缺乏,业务化程度、集成度不同、同基本气象业务的融合等不足;业务核心技术欠缺,重作业、重规模发展,对作业对象的认识,人影业务及业务系统的核心与关键技术重视不够,有针对性研究开发不足;观测系统、作业系统建设发展还存在一定的盲目性;业务机构、人员编制、岗位设置、运行机制等业务保障体系还不十分健全。现急需加快规范人工影响天气业务、构建完整业务体系、提升业务核心技术和能力、提高作业效率和服务效益、融入基本气象业务。

根据中国气象局《人影业务三年行动计划总体任务(2015—2017)》,围绕业务能力提升,通过三年时间,建立以国家级为龙头,省级为核心,市县为基础的现代人影业务体系,全面提升人影业务能力、科技水平和服务效益。主要任务有三个方面:实时业务任务、关键技术、业务系统建设。关键技术:发展人工影响天气数值模式;建立作业天气概念模型和作业条件指标体系;多种资料融合分析与作业条件及效果的监测识别;云水资源评估方法和技术。业务任务:作业天气过程预报;作业潜力预报;临近预报与预警;跟踪指挥;效果分析。系统建设:数据收集系统(业务网收集、空地网收集、空域申报、物联网);数据加工处理与作业指挥系统(综合加工处理、人影业务功能);数据存储管理系统(数据采集、数据存储、数据监控、数据检索);共享发布系统(产品发布系统、产品一键分发、作业指令发布、移动应用App)。

7.2.1 国家级人工影响天气中心

国家级人工影响天气业务指挥平台由国家级人工影响天气综合业务软件系统(V1.0)和作业监控会商系统、通信网络系统及环境平台等硬件系统构成。其中,国家级人影综合业务系统(V1.0)集成了实时采集存储管理系统、综合处理分析系统(CPAS-WMC)、产品共享发布和综合业务信息采集处理系统等,可实现面向全国的业务指导、会商指挥、作业监控和信息收集等。其中,核心业务系统(CPAS-WMC)是在近十年科研基础上发展的云降水精细分析系统(CPAS)。该系统经过近三年的业务转化,实现了业务运行,在国家级实现了对卫星、雷达、探空和飞机微物理探测等多源观测信息的实时处理、综合显示和融合处理分析功能,可完成人影作业条件预报分析、监测预警、作业方案设计、跟踪指导和作业效果分析等业务综合服务。

国家级(含区域中心)任务中,产品服务(日常业务)包含:作业条件预报类;作业条件监测分析类;作业信息和效果分析类。重大服务(专报、会商、跟踪指导)包含:作业过程预报和作业预案制定(72~24 h),国家中心主要负责制作并发布作业天气过程指导预报,开展联合会商,指导区域中心或有关省级中心编制飞机作业预案,区域中心主要负责编制飞机联合作业预案;作业条件潜力预报和作业方案设计(24~3 h),国家中心主要负责制作发布作业条件指导预报,区域中心负责飞机作业方案设计;作业条件临近预警和作业方案订正(3~0 h),国家中心:负责开展作业条件预警,区域中心:负责飞机作业方案修订和跟踪指挥业务;作业信息收集与效果分析检验(作业后),在跨区域联合作业时,由国家中心开展跨区域联合作业效果评估,在区域内联合作业时,由区域中心开展区域内作业效果评估。同时,国家级三类指导产品有:作业条件预报类、作业条件监测分析类、作业信息和效果分析类,具体信息如表7.2—表7.4所示。

表 7.2 国家级作业条件预报日常业务产品三年发展计划

	项目	2015 年		2016 年		2017 年	
		MM5_CAMS	GRAPES_CAMS	MM5_CAMS	GRAPES_CAMS	WRF_CAMS	GRAPES_CAMS
预报产品	产品特征	预报时效	48 h	48 h	48 h	48 h	72 h	72 h
		发布频次	2 次/日	2 次/日	4 次/日	4 次/日	4 次/日	4 次/日
		空间分辨率	15 km,27 层	25 km,17 层	15 km,27 层	25 km,17 层	3 km,30 层	10 km,17 层
		时间分辨率	1 h 一次	3 h 一次	1 h 一次	3 h 一次	1 h 一次	1 h 一次
		预报范围	东北,关注区域	全国	六大区域	全国	六大区域	全国
	产品类别	云宏观场产品	云带、垂直累积液态水、垂直累积过冷水、云顶温度、云顶高度		新增饱和区产品		新增过冷层厚度产品	
		云微观场产品	总水成物场,冰晶数浓度,各种水成物比含水量和数浓度场		不变		新增回波强度	
		云系垂直结构	云水含量,冰晶数浓度及温度垂直结构;雪和霰含水量、雨水含水量及高度垂直结构		不变		新增回波强度	
		降水场	1 h,3 h,24 h 地面累积降水量		1 h,3 h,24 h 地面累积降水量		1 h,3 h,24 h 地面累积降水量	
检验产品	产品特征	发布频次	1 次/季度/年		1 次/季度/年		1 次/季度/年	
		检验范围	模式预报范围		模式预报范围		模式预报范围	
	产品类别	降水场	降水场统计检验		不变		不变	
		宏观云场	\		新增宏观云场检验		宏观云场统计检验	

表 7.3 国家级作业条件监测分析日常业务产品三年发展计划

项目		2015 年	2016 年	2017 年
产品特征	数据源	卫星系列：FY2D/E；L 波段探空、地面自动站	卫星系列：新增 FY2F；雷达系列：新增雷达	卫星系列：FY2E/F；雷达系列：全国业务雷达	特种观测系列：新增：X 波段偏振雷达、GPS-MET、探空、雨滴谱等
产品特征	发布频次	48 次/日	6 次/小时	48 次/日	6 次/小时
产品特征	时间分辨率	30 min	10 min	30 min	10 min；X 波段偏振雷达：6 min；GPS/MET：30 min；雨滴谱：1 min
产品特征	空间分辨率	5 km×5 km	5 km×5 km	5 km×5 km	X 波段偏振雷达：1 km；GPS/MET、雨滴谱
产品特征	产品范围	全国	华北、中部区域	全国	六大区域	试验示范区
产品类别	宏观参量	1) 云黑体亮温 2) 云底高度 3) 云顶温度 4) 过冷层厚度	新增： 1) 0 ℃层高度 2) 云底高度 3) 暖区厚度	1) 组合反射率 2) 1 dBZ、18 dBZ 回波顶高 3) 4 km、5 km、6 km、7 km CAPPI	不变	新增：特征位置的回波垂直结构
产品类别	微观参量	1) 云光学厚度 2) 云粒子有效半径 3) 云液水路径	新增： 1) 0 ℃层亮带 2) 积分液态含水量	不变	不变	1) 区域水汽分布 2) X 波段偏振雷达产品 3) 雨强时间序列	1) 粒子数浓度时间序列 2) 雨滴谱时间序列

表 7.4 国家级人影作业信息收集与分析日常业务三年发展计划

项目			2015 年	2016 年	2017 年
作业信息收集	地面	主要内容	站点信息、装备信息、弹药信息、作业信息等	新增火箭（高炮）作业仰角、方位角信息；增加炮弹、烟条型号及 AgI 用量信息	新增作业前后宏观天气变化信息；部分作业点增加雷达、地面雨滴谱信息
		收集时效	24 h 内	6 h 内	实时
	飞机	主要内容	轨迹信息、催化剂信息、作业信息等	新增实时航迹、航速、高度及北斗系统信息	新增多种类催化剂实时播撒状态信息
		收集时效	24 h 内	实时	实时
作业信息统计分析产品	《全国人影作业信息报》	内容	全国飞机、地面作业信息汇总、分区域统计分析、人工影响天气行业工作动态等		
		频次	周报、季报、年报	增加日报	不变
		发送对象	相关管理单位及全国人影部门		
	《全国人影作业信息质量报》	内容	各省地面作业信息上报时效性统计及评分	新增飞机作业信息上报时效统计评分	新增作业方案时效性及科学性评分
		频次	1 次/月	1 次/周	1 次/周
		发送对象	相关管理单位及全国人影部门		

同时，不同业务系统的任务与值班工作不同。

条件预报业务任务及值班工作内容：每日预报则需要 8:00 收看中央台会商并了解天气形势和主要影响系统，8:30 查看人影产品共享发布平台并关注产品了解云系性质及结构、作业条件，9:00 查阅气象干旱、森林防火网并关注旱情、突发事件，9:15 进行前一日预报检验（模式预报云场、降水场、潜力区检验）；综合监测分析需要，13:30 在 CPAS 平台综合分析人影作业条件及潜力，16:00 进行专题会商，17:00 制作并发布潜力预报专报；每周一上午 9:30 前制作未来一周《全国人影作业需求分析》，并根据需求启动服务，10:30 前制作发布《人影作业过程预报》，同时总结整理上周服务情况，交接班。

监测预警业务任务及值班工作内容：每日在 09 时、15 时、21 时工作开始进行，对云降水监测产品反演处理并分析云降水综合观测资料，检验模式预报产品（利用实时监测产品检验模式预报云场），收集分析各地飞机增雨（探测）方案设计报，关注有增雨条件的省区飞机作业实施状况；根据需求适时启动作业条件预警和方案设计服务，综合监测分析云结构、性质，3～0 h 内作业条件预警并进行云系外推、预警和作业区追踪识别，然后在规定时间内设计出作业方案设计，其中包括飞机作业方案设计和地面作业方案设计。其中飞机作业方案设计包括飞行航线设计、飞机作业高度、时段、催化剂类型、用量等，地面作业方案设计包括作业站点、时段、用弹量、作业方式等；每周一上午总结整理上周服务情况，交接班；每年编撰《中国空中云水资源监测评估年度工作报告》。

信息和效果分析业务任务及值班工作内容：每日 9:00 收集处理各类邮件，并保证信息畅通，9:30 查看各类作业信息并了解作业动态；每周一制作《作业信息报》，供领导决策，总结整理上周服务情况，交接班；每月制作《信息质量报》，提高各省级上报质量；每季编撰《全国人影工作动态》；每年编撰《人影年鉴》。若遇重大或应急服务，需收集作业过程信息（观测、特种、作业信息数据等），计算飞机、地面作业影响区，多参量直观对比检验、模式检验等方法评估过程作业效果，制作作业过程效果评估报告，发送相关管理单位及服务区域人影部门。

系统开发保障业务任务及值班工作内容：每日 9:00 监测各业务系统情况并确保正常运行，9:30 监测各业务数据收集情况并确保数据完整做好备份，10:00 监测各业务平台正常运转，10:15 收集各类优化意见并记录在日志；每周五 16:00 向系统开发方反馈优化修改意见并做好每次升级修改的记录；每周一上午总结整理上周保障情况，交接班。若有数据服务需求，申请者先填写数据申请书，经领导审批后将申请书备份，最后提供相应数据；若有会商保障需求，提前 24 h 与会商单位联系并申请，会商单位需提前半小时准备并进行实时保障。

7.2.2 区域人工影响天气中心

中国气象局将在全国范围内建成 6 个区域人工影响天气中心,用以保障农业生产,降低气象灾害影响程度。2013 年,时任中国气象局应急减灾与公共服务司司长陈振林指出:"区域人工影响天气中心的建立,可以在抗旱、增雨、防雹等多个方面进行协调,达到区域性防灾减灾的目的。"六大区域人工影响天气中心分布如图 7.3 所示。区域保障重点各有侧重,东北、中部和东南 3 个区域重点保障粮食生产;西北区域重点保障生态安全;华北区域重点保障水资源安全;西南区域重点保障特色农业生产和水库蓄水发电。这一划分符合国家战略和区域发展,利于国家重点支持,同时突出保障重点更利于集中优势力量,在业务、科技等方面取得突破。

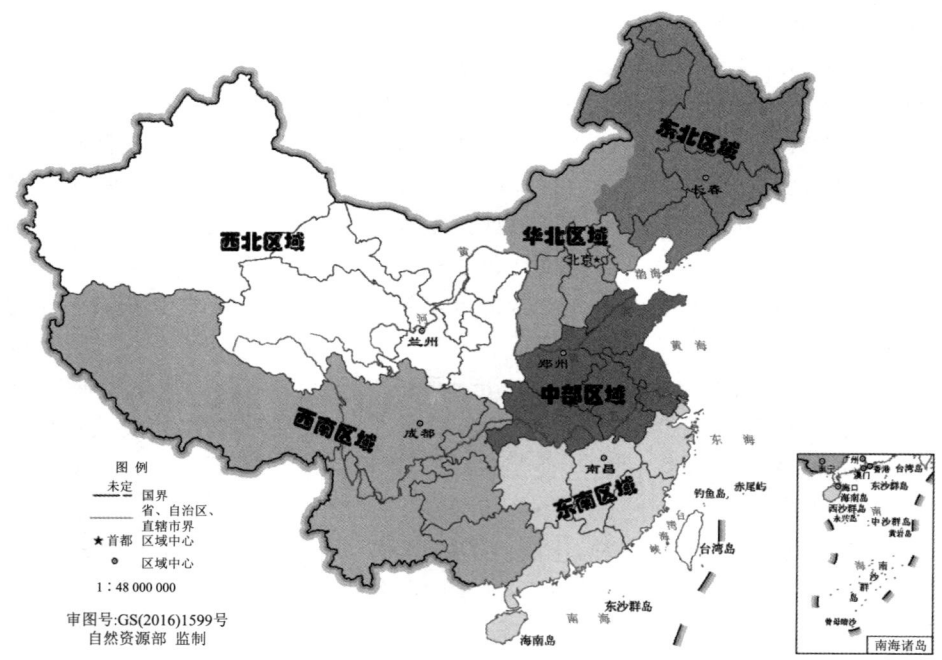

图 7.3 六大区域人工影响天气中心分布

7.2.2.1 东北区域人工影响天气中心

2013 年 8 月 30 日,东北区域人工影响天气(以下简称人影)中心在吉林省长春市挂牌成立,这是全国首个区域人影中心。东北区域人影中心是中国气象局的派出机构,代表中国气象局在东北区域内行使人影管理职能,承担区域内国家购买飞机的管理和运行、区域内地方飞机联合作业的协调指挥、区域重大应急人影作业的组织实施等职能。东北区域人影中心的成立在我国人影事业发展史上具有里程碑意义,有利于促进东北地区经济社会发展、农业增产增收和生态环境建设。

近年来,我国东北区域人影科技创新能力大幅提升,跨区域联合作业能力显著提高,作业效益明显。仅2012年,东北区域共增雨74.9亿m^3,防雹减灾效益达11.9亿元,共取得经济效益49.5亿元,为东北区域粮食连年大丰收做出积极贡献。东北区域人影中心在2013年8月落户长春以来,先后完成了飞机运行中心和区域作业指挥中心两个内设机构的搭建,在完善内部运行管理规章制度的同时与空域管理部门建立了协调机制。按照边建设、边投入使用、边发挥效益的原则,东北区域人影中心积极组织区域内各省(区)开展天气会商,协调跨省区联合作业。特别是针对2014年5月和8月的严重干旱,积极协调区域内各省多架飞机开展大规模集群式飞机增雨联合作业,共开展增雨作业飞行77架次,作业223 h,其中区域联合作业22架次,作业64 h,取得了良好的效果。东北区域人影工作在抗旱增雨、防雹减灾、防火灭火、生态环境建设等方面发挥积极作用。

7.2.2.2 西北区域人工影响天气中心

2017年9月20日,西北区域人工影响天气中心在甘肃省兰州市成立。这是继东北之后的全国第二个区域人影工程,对缓解西北水资源短缺、改善生态条件,促进区域经济社会可持续发展具有重要意义,将是我国人影历程中的里程碑。西北地区是我国生态功能区最为集中的区域,水源涵养型国家重点生态功能区占全国的50%,也是我国重要的农经作物生产区、石化等资源重地。中国气象局决定设立西北区域人影中心,对甘肃、陕西、宁夏、青海、新疆及内蒙古西部4个盟、市的人工增雨(雪)和防雹作业进行统一协调、指挥。

2018年5月18日到21日,西北区域人工影响天气中心联合西北五省(区)及内蒙古自治区开展大范围人工影响天气作业,作业影响区面积约5万km^2。这是西北区域人影中心成立以来,西北五省(区)及内蒙古自治区首次开展联合作业。为保证联合作业取得成功,西北区域人工影响天气中心确定了联合作业的机制和形式,制定下达联合作业指令和方案,对各省(区)作业需求和作业计划进行分析与布置,作出增雨潜力区预报。西北区域各省(区)发布省级人影指导产品和五段业务产品,积极协调组织空域申请,科学指挥各自区域内的飞机和地面人工增雨及防雹作业。西北区域人工影响天气中心积极发挥协调管理职能,不断完善区域中心运行机制,稳步推进西北人影工程建设。六省(区)全力提升人影现代化水平,完善人影安全管理制度,紧紧围绕区域经济社会发展需求,为区域内防灾减灾和生态文明建设作出了积极贡献。

7.2.2.3 中部、华北、西南、东南区域人工影响天气中心(建设中)

为了全面贯彻落实全国人工影响天气(简称人影)工作座谈会精神,强化区域统筹协调、联合作业和重大工程组织实施功能,推进新时期人影工作高质量发展,2020

年1月我国在中部、西南、华北、东南区域(简称四个区域)新建了人工影响天气业务组织协调机制。

按分工,中部区域人影业务由河南省气象局牵头,范围包括河南、江苏、安徽、山东、湖北等5省和陕西南部3个市;西南区域人影业务由四川省气象局牵头,范围包括四川、广西、重庆、贵州、云南、西藏等6省(区、市);华北区域人影业务由北京市气象局牵头,范围包括北京、天津、河北、山西等4省(市)和内蒙古中部4个地市;东南区域人影业务由江西省气象局牵头,范围包括江西、浙江、福建、湖南、广东、海南、上海等7省(市)。各牵头省份气象局将负责编制区域人影发展规划和年度作业计划,协调、调度和指挥实施区域内跨省(区、市)人影作业,申报、建设和管理人影工程项目,开展联合科技攻关和技术交流等。

按照规划部署,气象部门将建立区域人影业务联席协调制度以研究协调解决区域性业务问题;建立联合作业的决策协商机制,根据区域内各地天气系统发生、发展和演变趋势,开展联合会商,制定联合作业方案;建立联合作业的统一指挥机制,以发挥人工影响天气整体效益为原则,充分利用本区域作业指挥系统和网络资源,强化上下联动和区域联防;建立多部门联动保障机制,即本区域气象、军队、民航等部门共同参加的议事协调机制,健全空域协调、飞机调度、机场保障等联动机制;建立开放合作的科研协作机制,科学设计并组织实施工程研究试验,开放共享各区域工程建设的试验示范基地以及国家飞机探测平台等。

2020年7月7日,中国气象局召开中部区域人工影响天气能力建设工程推进工作会议,全面启动中部人影工程建设准备工作,强化组织管理,制定实施方案,为加快中部人影工程建设打好基础。会议指出,中部区域是我国重要的粮食主产区、水资源保有地和涵养地,面临着保障粮食安全、加强森林防灭火、增强生态自然恢复能力、改善水质和城乡大气环境、抑制湖区蓝藻蔓延等需求,中部人影工程项目建设意义重大。中部人影工程由河南省气象局牵头,山东、安徽、江苏、湖北、陕西省气象局共同建设,全面提升区域人工影响天气作业能力,为国家粮食生产核心区、南水北调中线水源涵养地和生态环境修复提供保障。

参考文献

陈倩,银燕,金莲姬,等,2013.气溶胶影响混合相对流云降水的数值模拟研究[J].大气科学学报,36(5):513-526.
陈万奎,严采蘩,2001.冰相雨胚转化水汽密度差的实验研究[J].应用气象学报,12(z1):23-29.
戴进,余兴,ROSENFELD D,等,2008.秦岭地区气溶胶对地形云降水的抑制作用[J].大气科学,32(6):1319-1332.
邓北胜,2011.人工影响天气技术与管理[M].北京:气象出版社.
董晓波,王晓青,付娇,等,2020.人工增雨防雹火箭弹道跟踪系统的研制及初步试验[J].气象,46(6):850-856.
酆大雄,陈汝珍,蒋耿旺,等,1995.高效碘化银焰火剂及其成冰性能的研究[J].气象学报,53(1):82-90.
福建省气象局,南京大学气象系,1975.福建省一九七四年八、九月份人工降水效果的统计分析[J].南京大学学报(自然科学版)(1):137-151.
高建秋,陈荣,陈炳洪,等,2020.基于云体催化适宜度的火箭作业决策矩阵[J].广东气象,42(6):74-77.
胡志晋,严采蘩,王玉彬,1983.层状暖云降雨及其催化的数值模拟[J].气象学报,41(1):79-88.
李大山,2002.人工影响天气现状与展望[M].北京:气象出版社.
梁志超,丁菊丽,费建芳,等,2022.气溶胶直接和间接效应对台风眼墙和外雨带的影响及其分离贡献[J].中国科学:地球科学,52(1):154-170.
刘敏,李礼,许丽萍,等,2014.RPG-HATPRO地基多通道微波辐射计的使用与维护[J].分析仪器(5):89-92.
刘伟,崔蕾,张霖,2019.自动化37 mm高射炮与人工影响天气作业安全性分析[J].中低纬山地气象,43(6):89-93.
楼小凤,傅瑜,苏正军,2021.人工影响天气碘化银催化剂研究进展[J].应用气象学报,32(2):146-159.
卢玩顺,李培仁,韩淑云,1996.BS-1型机载碘化银发生器的维护与改进[J].气象(10):39-41.
苏航,银燕,陆春松,等,2014.新型扩散云室搭建及其对黄山地区大气冰核的观测研究[J].大气科学,38(2):386-398.
汪晓滨,张蔷,陈跃,等,2005.新型AgI末端燃烧器在北京飞机增雨作业中的使用分析[J].气象(7):54-58.
汪学林,刘健,1992.吉林省1980—1987年播云降雨的效果检验及其判据[J].应用气象学报,3(4):

418-423.

王雨,银燕,陈倩,等,2017.沙尘气溶胶作为冰核对阿克苏地区一次多单体型强对流风暴降水及其微物理过程影响的数值模拟研究[J].大气科学,41(1):15-29.

王源睿,崔瀚,2019.基于Unity3D的人工增雨火箭弹作用过程视景仿真[J].电子测试(18):139-140.

吴明柱,2020.浅谈人工增雨防雹火箭系统的构成及发展趋势[J].山西电子技术(6):90-93.

吴宇鹏,2018.气象燃气炮工作机理研究[D].南京:南京理工大学.

肖辉,2005."十五"国家科技攻关课题"人工增雨效果检验技术方法研究"专题执行情况验收自评价报告[R].

许焕斌,2001.爆炸防雹中可能动力机制的探讨[J].气象学报,59(1):66-76.

许焕斌,段英,吴志会,2000.防雹现状回顾和新防雹概念模型[J].气象科技(4):1-12.

杨磊,银燕,杨绍忠,等,2013.南京地区冬季大气冰核特征及其与气溶胶关系的研究[J].大气科学,37(5):983-993.

杨瑞鸿,陈祺,丁瑞津,等,2015.机载液氮播撒装置的研制思路与操作方法[J].现代农业科技(1):187-188.

杨绍忠,楼小凤,黄庚,等,2007.一个观测冰核的15L混合云室[J].应用气象学报,18(5):716-721.

叶家东,1998.人工增雨试验中的反效果问题[J].应用气象学报,9(3):336-344.

叶家东,范蓓芬,1982.人工影响天气的统计数学方法[M].北京:科学出版社.

叶家东,罗幸贫,曾光平,等,1984.随机试验功效的数值分析[J].气象学报,42(1):69-79.

张蔷,郭恩铭,何晖,等,2011.人工影响天气试验研究和应用[M].北京:气象出版社.

赵立清,徐建国,李洋,2019.通辽地区人工增雨火箭安全射界图设计与制作[J].内蒙古气象(4):38-41.

曾光平,1999.人工增雨影响区自然降水量的一种估计方法[J].气象(2):11-15.

曾光平,吴章云,1997.人工降水[M].福州:福建科学技术出版社.

曾光平,朱鼎华,王祖炉,1997.古田人工降雨应用研究[J].气象(12):35-39.

中国气象局科技发展司,2003.人工影响天气岗位培训教材[M].北京:气象出版社.

中国气象局人工影响天气办公室,中国气象局科技教育司,1994.人工防雹指导手册[Z].

周筠珺,刘平,谭霞,等,2020.人工影响天气研究[M].北京:科学出版社.

ACKERMAN A S, HOBBS P V, TOON O B, 1995. A model for particle microphysics, turbulent mixing, and radiative transfer in the stratocumulus-topped marine boundary layer and comparisons with measurements[J]. Journal of Atmospheric Sciences, 52(8): 1204-1236.

AITKEN J, 1881. Dust, fogs, and clouds[J]. Nature, 23(591): 384-385.

ALBRECHT B A, 1989. Aerosols, cloud microphysics, and fractional cloudiness[J]. Science, 245: 1227-1230.

ANDREJCZUK M, GRABOWSKI W W, MALINOWSKI S P, et al, 2009. Numerical simulation of cloud-clear air interfacial mixing: Homogeneous versus inhomogeneous mixing[J]. Journal of the Atmospheric Sciences, 66(8): 2493-2500.

ANDREJCZUK M, GRABOWSKI W, REISNER J, et al, 2010. Cloud-aerosol interactions for boundary layer stratocumulus in the Lagrangian Cloud Model[J]. Journal of Geophysical Research: Atmospheres,115(D22).

ANTHES R A, 1984. Enhancement of convective precipitation by mesoscale variations in vegetative covering in semiarid regions[J]. Journal of Applied Meteorology and Climatology,23(4): 541-554.

BARTHLOTT C, HOOSE C, 2018. Aerosol Effects on Clouds and Precipitation over Central Europe in Different Weather Regimes[J]. J Atmos Sci,75(12): 4247-4264.

BENAS N, MEIRINK J F, KARLSSON K G, et al, 2020. Satellite observations of aerosols and clouds over southern China from 2006 to 2015: analysis of changes and possible interaction mechanisms[J]. Atmos Chem Phys, 20(1): 457-474.

BENMOSHE N, KHAIN A, 2014. The effects of turbulence on the microphysics of mixed-phase deep convective clouds investigated with a 2-D cloud model with spectral bin microphysics[J]. Journal of Geophysical Research: Atmospheres,119(1): 207-221.

BENMOSHE N, KHAIN A, PINSKY M, et al, 2012. Turbulent effects on cloud microstructure and precipitation of deep convective clouds as seen from simulations with a 2-D spectral microphysics cloud model[J]. J Geophys Res,117(D06220).

BERG W, L'ECUYER T, VAN DEN HEEVER S, 2008. Evidence for the impact of aerosols on the onset and microphysical properties of rainfall from a combination of satellite observations and cloud-resolving model simulations[J]. J Geophys Res,113.

BERGERON T, 1933. On the Physics of Cloud and Precipitation[C]. Proc 5th Assembly UGGI, Lisbon, 2:1-19, 173-178.

BERGERON T, 1949. The problem of artificial control of rainfall on the globe 1: II. The coastal orographic maxima of precipitation in autumn and winter[J]. Tellus,1(3): 15-32.

BERRY E X, REINHARDT R L, 1974. An analysis of cloud drop growth by collection: Part I. Double distributions[J]. Journal of Atmospheric Sciences,31(7): 1814-1824.

BIGG E K, 1953. The formation of atmospheric ice crystals by the freezing of droplets[J]. Q J R Meteorol Soc,79(342): 510-519.

BIGG E K, 1957. A new technique for counting ice-forming nuclei in aerosols[J]. Tellus,9(3): 394-400.

BIGG E, MOSSOP S, MEADE R, et al, 1963. The measurement of ice nucleus concentrations by means of Millipore filters[J]. Journal of Applied Meteorology and Climatology,2(2): 266-269.

BOE B A, STITH J L, SMITH P L, et al, 1992. The North Dakota Thunderstorm Project: A cooperative study of high plains thunderstorms[J]. Bulletin of the American Meteorological Society,73(2): 145-160.

BORLAND S W, SNYDER J J, 1975. Effects of weather variables on the prices of Great Plains cropland[J]. Journal of Applied Meteorology and Climatology,14(5): 686-693.

BOTT A, 1998. A flux method for the numerical solution of the stochastic collection equation[J]. Journal of the Atmospheric Sciences, 55(13): 2284-2293.

BOTT A, 2000. A numerical model of the cloud-topped planetary boundary-layer: Influence of the physico-chemical properties of aerosol particles on the effective radius of stratiform clouds[J]. Atmospheric Research, 53(1-3): 15-27.

BRAGA R C, ROSENFELD D, WEIGEL R, et al, 2017. Further evidence for CCN aerosol concentrations determining the height of warm rain and ice initiation in convective clouds over the Amazon basin[J]. Atmospheric Chemistry and Physics, 17(23): 14433-14456.

BRAHAM JR R, 1986. The cloud physics of weather modification, Part 2: Glaciogenic seeding for precipitation enhancement[J]. WMO Bull, 35(4): 307-314.

BRAHAM R R, 1985. Summary of the workshop on precipitation enhancement, 23-24 May 1984, Park City, Utah[J]. Bulletin of the American Meteorological Society, 66(3): 304-306.

BRAHAM R R, BATTAN L J, BYERS H R, 1957. Artificial nucleation of cumulus clouds[C]// PETTERSSEN J S S, HALL F, BRAHAM R R, et al. Cloud and Weather Modification. Boston: American Meteorological Society: 47-85.

BROWN K J, ELLIOTT R D, 1971. Large Scale Effects of Cloud Seeding. 1970-71 Season and Four Year Summary[Z]. AEROMETRIC RESEARCH INC GOLETA CA.

BUNDKE U, BINGEMER H, WETTER T, et al, 2006. The FINCH (Frankfurt Ice Nuclei Chamber) Counter-new developments and first measurements[C]. 7th International Aerosol Conference September.

BUNDKE U, NILLIUS B, JAENICKE R, et al, 2008. The fast ice nucleus chamber FINCH[J]. Atmospheric Research, 90(2-4): 180-186.

CAMPONOGARA G, FAUS DA SILVA DIAS M A, CARRIÓ G G, 2018. Biomass burning CCN enhance the dynamics of a mesoscale convective system over the La Plata Basin: a numerical approach[J]. Atmospheric Chemistry and Physics, 18(3): 2081-2096.

CHAKRABORTY S, FU R, MASSIE S T, et al, 2016. Relative influence of meteorological conditions and aerosols on the lifetime of mesoscale convective systems[J]. Proc Natl Acad Sci, 113 (27): 7426-7431.

CHAKRABORTY S, FU R, ROSENFELD D, et al, 2018a. The influence of aerosols and meteorological conditions on the total rain volume of the mesoscale convective systems over tropical continents[J]. Geophys Res Lett, 45(23): 13099-13106.

CHAKRABORTY S, SCHIRO K A, FU R, et al, 2018b. On the role of aerosols, humidity, and vertical wind shear in the transition of shallow-to-deep convection at the Green Ocean Amazon 2014/5 site[J]. Atmos Chem Phys, 18(15): 11135-11148.

CHANGNON JR S A, 1986. A perspective on weather modification evaluation[J]. The Journal of Weather Modification, 18(1): 1-5.

CHANGNON S A, LAMBRIGHT W H, 1987. The rise and fall of federal weather modification policy[J]. Journal of Weather Modification, 19(1): 1-12.

CHEN Q, FAN J, HAGOS S, et al, 2015. Roles of wind shear at different vertical levels: Cloud system organization and properties[J]. J Geophys Res, 120(13): 6551-6574.

CHEN Q, FAN J, YIN Y, et al, 2020. Aerosol impacts on mesoscale convective systems forming under different vertical wind shear conditions[J]. J Geophys Res, 125(3): e2018JD030027.

CHEN Q, YIN Y, JIANG H, et al, 2019. The roles of mineral dust as cloud condensation nuclei and ice nuclei during the evolution of a hail storm[J]. J Geophys Res, 124(24): 14262-14284.

CLAVNER M, COTTON W R, VAN DEN HEEVER S C, et al, 2018. The response of a simulated mesoscale convective system to increased aerosol pollution: Part I: Precipitation intensity, distribution, and efficiency[J]. Atmos Res, 199: 193-208.

COOPER W A, BRUINTJES R T, MATHER G K, 1997. Calculations pertaining to hygroscopic seeding with flares[J]. Journal of Applied Meteorology, 36(11): 1449-1469.

COOPER W A, LAWSON R P, 1984. Physical Interpretation of Results from the HIPLEX-1 Experiment[J]. J Appl Meteor, 23(4): 523-540.

COTTON W R, 1982. Modification of Precipitation from Warm Clouds—A Review[J]. Bulletin of the American Meteorological Society, 63(2): 146-160.

COTTON W R, 1986. Testing, implementation, and evolution of seeding concepts—A review [M]. Precipitation Enhancement—A Scientific Challenge: 139-149.

COTTON W R, ALEXANDER G D, HERTENSTEIN R, et al, 1995. Cloud venting—A review and some new global annual estimates[J]. Earth-Science Reviews, 39(3/4): 169-206.

COTTON W R, TRIPOLI G J, RAUBER R M, et al, 1986. Numerical simulation of the effects of varying ice crystal nucleation rates and aggregation processes on orographic snowfall[J]. Journal of climate and applied meteorology, 25(11): 1658-1680.

COZIC J, MERTES S, VERHEGGEN B, et al, 2008. Black carbon enrichment in atmospheric ice particle residuals observed in lower tropospheric mixed phase clouds[J]. J Geophys Res, 113 (D15): D15209.

CUI Z, CARSLAW K S, YIN Y, et al, 2006. A numerical study of aerosol effects on the dynamics and microphysics of a deep convective cloud in a continental environment[J]. J Geophys Res, 111: D05201.

DEMOTT P J, 1995. Quantitative descriptions of ice formation mechanisms of silver iodide-type aerosols[J]. Atmospheric Research, 38(1-4): 63-99.

DEMOTT P J, FINNEGAN W G, GRANT L O, 1983. An application of chemical kinetic theory and methodology to characterize the ice nucleating properties of aerosols used for weather modification[J]. Journal of Applied Meteorology and Climatology, 22(7): 1190-1203.

DEMOTT P J, PRENNI A J, LIU X, et al, 2010. Predicting global atmospheric ice nuclei distributions and their impacts on climate[J]. Proc Natl Acad Sci, 107(25): 11217-11222.

DEMOTT P J, PRENNI A J, MCMEEKING G R, et al, 2015. Integrating laboratory and field data to quantify the immersion freezing ice nucleation activity of mineral dust particles[J]. Atmos Chem Phys, 15(1): 393-409.

DEMOTT P J, SASSEN K, POELLOT M R, et al, 2003. African dust aerosols as atmospheric ice nuclei[J]. Geophys Res Lett, 30(14): 1732.

DIEHL K, WURZLER S, 2004. Heterogeneous drop freezing in the immersion mode: Model calculations considering soluble and insoluble particles in the drops[J]. J Atmos Sci, 61(16): 2063-2072.

DUAN J, MAO J, 2009. Influence of aerosol on regional precipitation in North China[J]. Chin Sci Bull, 54(3): 474-483.

DUDHIA J, 1989. Numerical study of convection observed during the winter monsoon experiment using a mesoscale two-dimensional model [J]. Journal of Atmospheric Sciences, 46 (20): 3077-3107.

ELLIOTT R D, SHAFFER R W, HANNAFORD J F, 1978. Randomized cloud seeding in the San Juan Mountains, Colorado [J]. Journal of Applied Meteorology and Climatology, 17 (9): 1298-1318.

FAN J, LEUNG L R, DEMOTT P J, et al, 2014. Aerosol impacts on California winter clouds and precipitation during CalWater 2011: local pollution versus long-range transport dust[J]. Atmos Chem Phys,14: 81-101.

FAN J, LEUNG L R, ROSENFELD D, et al, 2013. Microphysical effects determine macrophysical response for aerosol impacts on deep convective clouds[J]. Proc Natl Acad Sci, 110(48): E4581-E4590.

FAN J, OVTCHINNIKOV M, COMSTOCK J M, et al, 2009a. Ice formation in Arctic mixed-phase clouds: Insights from a 3-D cloud-resolving model with size-resolved aerosol and cloud microphysics[J]. Journal of Geophysical Research: Atmospheres,114(D4).

FAN J, ROSENFELD D, DING Y, et al, 2012. Potential aerosol indirect effects on atmospheric circulation and radiative forcing through deep convection[J]. Geophys Res Lett, 39(9): L09806.

FAN J, ROSENFELD D, ZHANG Y, et al, 2018. Substantial convection and precipitation enhancements by ultrafine aerosol particles[J]. Science,359(6374): 411-418.

FAN J, YUAN T, COMSTOCK J M, et al, 2009b. Dominant role by vertical wind shear in regulating aerosol effects on deep convective clouds[J]. J Geophys Res, 114(D22): D22206.

FAN J, ZHANG R, LI G, et al, 2007. Effects of aerosols and relative humidity on cumulus clouds [J]. J Geophys Res, 112(D14): D14204.

FINDEISEN W, 1938. Kolloid-meteorologische Vorgänge bei Neiderschlags-bildung[J]. Meteor Z, 55: 121-133.

FLETCHER N H, 1962. The Physics of Rainclouds[M]. Cambridge, UK: Cambridge University Press: 386.

FRITSCH J, CHAPPELL C, 1979. 3-dimensional numerical-simulation of seeded and unseeded convective cloud complexes[J]. Bulletin American Meteorological Society, 60(5): 564-564.

FUKUTA N, 1981. Side-skim Seeding for Convective Cloud Modificatiooin[J]. The Journal of Weather Modification, 13(1): 188-192.

GUO J, LIU H, LI Z, et al, 2018. Aerosol-induced changes in the vertical structure of precipitation: a perspective of TRMM precipitation radar[J]. Atmospheric Chemistry and Physics Discussions: 1-37.

HALL W D, 1980. A detailed microphysical model within a two-dimensional dynamic framework: Model description and preliminary results[J]. Journal of Atmospheric Sciences, 37(11): 2486-2507.

HASHINO T, TRIPOLI G, 2007. The Spectral Ice Habit Prediction System (SHIPS). Part I: Model description and simulation of the vapor deposition process[J]. Journal of the Atmospheric Sciences, 64(7): 2210-2237.

HASHINO T, TRIPOLI G J, 2008. The spectral ice habit prediction system (SHIPS). Part II: Simulation of nucleation and depositional growth of polycrystals[J]. Journal of the Atmospheric Sciences, 65(10): 3071-3094.

HASHINO T, TRIPOLI G J, 2011. The Spectral Ice Habit Prediction System (SHIPS). Part III: Description of the ice particle model and the habit-dependent aggregation model[J]. Journal of the Atmospheric Sciences, 68(6): 1125-1141.

HEIBLUM R H, KOREN I, ALTARATZ O, 2012. New evidence of cloud invigoration from TRMM measurements of rain center of gravity[J]. Geophys Res Lett, 39(8): L08803.

HOBBS P V, 1975. The nature of winter clouds and precipitation in the Cascade Mountains and their modification by artificial seeding. Part I: Natural conditions[J]. Journal of Applied Meteorology and Climatology, 14(5): 783-804.

HOBBS P V, BOWDLE D A, RADKE L F, 1985. Particles in the lower troposphere over the high plains of the United States. Part II: Cloud condensation nuclei[J]. Journal of Applied Meteorology and Climatology, 24(12): 1358-1369.

HOLTON J, 2004. An Introduction to Dynamic Meteorology[M]. New York: Elsevier.

HOOSE C, KRISTJáNSSON J E, CHEN J-P, et al, 2010. A classical-theory-based parameterization of heterogeneous ice nucleation by mineral dust, soot, and biological particles in a global climate model[J]. J Atmos Sci, 67(8): 2483-2503.

HSIE E-Y, FARLEY R D, ORVILLE H D, 1980. Numerical simulation of ice-phase convective cloud seeding[J]. Journal of Applied Meteorology and Climatology, 19(8): 950-977.

HU ZHIJIN, YAN CAIFAN, QIN YU, et al, 1987. Numerical Simulation of Precipitation Enhancement in Stratiform Cloud[J]. Journal of Weather Modification, 19(1): 62-66.

HUDAK D, LIST R, 1988. Precipitation development in natural and seeded cumulus clouds in southern Africa[J]. Journal of Applied Meteorology and Climatology, 27(6): 734-756.

HUFFMAN G J, NORMAN JR G A, 1988. The supercooled warm rain process and the specification of freezing precipitation[J]. Monthly Weather Review,116(11): 2172-2182.

HUTER M, PRELESNIK B, ČURIĆ M, et al, 1988. X-ray diffraction analysis of aerosols obtained by burning of the AgI based pyrotechnics[G]// PAUL G V, WAGNER E, Atmospheric Aerosols and Nucleation. Berlin: Springer: 670-673.

IGUCHI T, MATSUI T, SHI J J, et al, 2012a. Numerical analysis using WRF-SBM for the cloud microphysical structures in the C3VP field campaign: Impacts of supercooled droplets and resultant riming on snow microphysics[J]. Journal of Geophysical Research: Atmospheres,117(D23).

IGUCHI T, MATSUI T, TAO W-K, et al, 2014. WRF-SBM simulations of melting-layer structure in mixed-phase precipitation events observed during LPVEx[J]. Journal of Applied Meteorology and Climatology,53(12): 2710-2731.

IGUCHI T, NAKAJIMA T, KHAIN A P, et al, 2012b. Evaluation of cloud microphysics in JMA-NHM simulations using bin or bulk microphysical schemes through comparison with cloud radar observations[J]. Journal of the Atmospheric Sciences,69(8): 2566-2586.

ILOTOVIZ E, KHAIN A P, BENMOSHE N, et al, 2016a. Effect of aerosols on freezing drops, hail, and precipitation in a midlatitude storm[J]. Journal of the Atmospheric Sciences,73(1): 109-144.

ILOTOVIZ E, KHAIN A P, BENMOSHE N, et al, 2016b. Effect of aerosols on freezing drops, hail, and precipitation in a midlatitude storm[J]. J Atmos Sci, 73(1): 109-144.

IPCC,2013. Climate Change 2013: The Physical Science Basis. Contribution of working group I to the fifth assessment report of the Intergovernmental Panel on Climate Change Rep[M]. United Kingdom, Cambridge, and USA, New York: Cambridge Press.

JIANG H, XUE H, TELLER A, et al, 2006. Aerosol effects on the lifetime of shallow cumulus [J]. Geophys Res Lett, 33: L14806.

JIANG H, YIN Y, SU H, et al, 2015. The characteristics of atmospheric ice nuclei measured at the top of Huangshan (the Yellow Mountains) in Southeast China using a newly built static vacuum water vapor diffusion chamber[J]. Atmospheric Research,153: 200-208.

JIANG H, YIN Y, WANG X, et al, 2016. The measurement and parameterization of ice nucleating particles in different backgrounds of China[J]. Atmospheric Research,181: 72-80.

JIANG J H, SU H, HUANG L, et al, 2018. Contrasting effects on deep convective clouds by different types of aerosols[J]. Nat Commun, 9(1): 3874.

JIN M, SHEPHERD J M, 2008. Aerosol relationships to warm season clouds and rainfall at monthly scales over east China: Urban land versus ocean[J]. J Geophys Res, 113.

JIUSTO J E, 1971. Crystal development and glaciation of a supercooled cloud[J]. J Rech Atmos, 5 (2): 69-85.

JOHNSON B T, 2005. The Semidirect aerosol effect: Comparison of a single-column model with large eddy simulation for marine stratocumulus[J]. Journal of Climate,18(1): 119-130.

JOHNSON D B, 1982. The role of giant and ultragiant aerosol particles in warm rain initiation[J].

Journal of Atmospheric Sciences,39(2):448-460.

KESSLER E, 1969. On the distribution and continuity of water substance in atmospheric circulations[G]//On the distribution and continuity of water substance in atmospheric circulations. Springer:1-84.

KHAIN A P, 2009. Notes on state-of-the-art investigations of aerosol effects on precipitation: a critical review[J]. Environ Res Lett, 4(1):015004.

KHAIN A P, BEHENG K D, HEYMSFIELD A, et al, 2015b. Representation of microphysical processes in cloud-resolving models: spectral (bin) microphysics vs. bulk parameterization[J]. Rev Geophys, 2014RG000468.

KHAIN A P, SEDNEV I, 1996. Simulation of precipitation formation in the Eastern Mediterranean coastal zone using a spectral microphysics cloud ensemble model[J]. Atmospheric Research, 43(1):77-110.

KHAIN A, ARKHIPOV V, PINSKY M, et al, 2004. Rain enhancement and fog elimination by seeding with charged droplets. Part I: Theory and numerical simulations[J]. Journal of Applied Meteorology and Climatology,43(10):1513-1529.

KHAIN A, BEHENG K, HEYMSFIELD A, et al, 2015a. Representation of microphysical processes in cloud-resolving models: Spectral (bin) microphysics versus bulk parameterization [J]. Reviews of Geophysics,53(2):247-322.

KHAIN A, BENMOSHE N, POKROVSKY A, 2008a. Factors determining the impact of aerosols on surface precipitation from clouds: An attempt at classification[J]. Journal of the Atmospheric Sciences,65(6):1721-1748.

KHAIN A, COHEN N, LYNN B, et al, 2008b. Possible aerosol effects on lightning activity and structure of hurricanes[J]. J Atmos Sci, 65(12):3652-3677.

KHAIN A, LYNN B, DUDHIA J, 2010. Aerosol effects on intensity of landfalling hurricanes as seen from simulations with the WRF model with spectral bin microphysics[J]. Journal of the Atmospheric Sciences,67(2):365-384.

KHAIN A, OVTCHINNIKOV M, PINSKY M, et al, 2000. Notes on the state-of-the-art numerical modeling of cloud microphysics[J]. Atmos Res, 55(3-4):159-224.

KHAIN A, ROSENFELD D, POKROVSKY A, 2005a. Aerosol impact on the dynamics and microphysics of deep convective clouds[J]. Q J R Meteorol Soc,131(611):2639-2663.

KHAIN A, ROSENFELD D, POKROVSKY A, et al, 2011. The role of CCN in precipitation and hail in a mid-latitude storm as seen in simulations using a spectral (bin) microphysics model in a 2D dynamic frame[J]. Atmospheric Research,99(1):129-146.

KHVOROSTYANOV V I, CURRY J A, 2000. A new theory of heterogeneous ice nucleation for application in cloud and climate models[J]. Geophys Res Lett, 27(24):4081-4084.

KHVOROSTYANOV V I, CURRY J A, 2004. The theory of ice nucleation by heterogeneous freezing of deliquescent mixed CCN. Part I: Critical radius, energy, and nucleation rate[J]. J

Atmos Sci, 61(22): 2676-2691.

KHVOROSTYANOV V, KHAIN A, KOGTEVA E, 1989. A twodimensional non-stationary microphysical model of a threephase convective cloud and evaluation of the effects of seeding by crystallizing reagent[J]. Sov Meteor Hydrol, 5: 33-45.

KILROY G, SMITH R K, WISSMEIER U, 2014. Tropical convection: the effects of ambient vertical and horizontal vorticity[J]. Q J R Meteorol Soc, 140(682): 1756-1770.

KLEIN H, HAUNOLD W, BUNDKE U, et al, 2010. A new method for sampling of atmospheric ice nuclei with subsequent analysis in a static diffusion chamber[J]. Atmospheric Research, 96(2-3): 218-224.

KOGAN Y L, 1991. The simulation of a convective cloud in a 3-D model with explicit microphysics. Part I: Model description and sensitivity experiments[J]. Journal of the Atmospheric Sciences, 48(9): 1160-1189.

KÖHLER, W, 1925. An aspect of Gestalt psychology[J]. The Pedagogical Seminary and Journal of Genetic Psychology, 32(4): 691-723.

KOREN I, KAUFMAN Y J, REMER L A, et al, 2004. Measurement of the Effect of Amazon Smoke on Inhibition of Cloud Formation[J]. Science, 303(5662): 1342-1345.

KOREN I, REMER L A, ALTARATZ O, et al, 2010. Aerosol-induced changes of convective cloud anvils produce strong climate warming[J]. Atmos Chem Phys, 10(10): 5001-5010.

KRAUS E, SQUIRES P, 1947. Experiments on the stimulation of clouds to produce rain[J]. Nature, 159(4041): 489-491.

KRAUSS T, BRUINTJES R, VERLINDE J, 1987. Microphysical and radar observations of seeded and nonseeded continental cumulus clouds[J]. Journal of Applied Meteorology and Climatology, 26(5): 585-606.

LANGMUIR I, 1948. The production of rain by a chain reaction in cumulus clouds at temperatures above freezing[J]. Journal of the Atmospheric Sciences, 5(5): 175-192.

LEBO Z J, MORRISON H, 2014. Dynamical Effects of Aerosol Perturbations on simulated idealized squall lines[J]. Mon Wea Rev, 142(3): 991-1009.

LEBO Z, SEINFELD J, 2011. Theoretical basis for convective invigoration due to increased aerosol concentration[J]. Atmospheric chemistry and physics, 11(11): 5407-5429.

LEE S S, 2011. Dependence of aerosol-precipitation interactions on humidity in a multiple-cloud system[J]. Atmos Chem Phys, 11(5): 2179-2196.

LEE S S, DONNER L J, PHILLIPS V T J, et al, 2008a. The dependence of aerosol effects on clouds and precipitation on cloud-system organization, shear and stability[J]. J Geophys Res, 113(D16): D16202.

LEE S S, DONNER L J, PHILLIPS V T J, et al, 2008b. Examination of aerosol effects on precipitation in deep convective clouds during the 1997 ARM summer experiment[J]. Q J R Meteorol Soc, 134(634): 1201-1220.

LERACH D G, GAUDET B J, COTTON W R, 2008. Idealized simulations of aerosol influences on tornadogenesis[J]. Geophys Res Lett, 35: L23806.

LI G, WANG Y, ZHANG R, 2008. Implementation of a two-moment bulk microphysics scheme to the WRF model to investigate aerosol-cloud interaction[J]. J Geophys Res, 113(D15): D15211.

LI X, TAO W-K, KHAIN A P, et al, 2009a. Sensitivity of a cloud-resolving model to bulk and explicit bin microphysical schemes. Part I: Comparisons[J]. Journal of the Atmospheric Sciences,66(1): 3-21.

LI X, TAO W-K, KHAIN A P, et al, 2009b. Sensitivity of a cloud-resolving model to bulk and explicit bin microphysical schemes. Part II: Cloud microphysics and storm dynamics interactions [J]. Journal of the Atmospheric Sciences,66(1): 22-40.

LI Z, XUE H, CHEN J-P, et al, 2016. Meteorological and Aerosol Effects on Marine Stratocumulus[J]. Journal of the Atmospheric Sciences,73(2): 807-820.

LIN Y, WANG Y, PAN B, et al, 2016. Distinct Impacts of Aerosols on an Evolving Continental Cloud Complex during the RACORO Field Campaign[J]. J Atmos Sci, 73(9): 3681-3700.

LIN Y-L, FARLEY R D, ORVILLE H D, 1983. Bulk parameterization of the snow field in a cloud model[J]. Journal of Applied Meteorology and Climatology,22(6): 1065-1092.

LIU C, WANG T, ROSENFELD D, et al, 2020. Anthropogenic effects on Cloud condensation nuclei distribution and rain initiation in East Asia[J]. Geophysical research letters, DOI: 10.1029/ 2019gl086184.

LIU J, LI Z, CRIBB M, 2016. Response of marine boundary layer cloud properties to aerosol perturbations associated with meteorological conditions from the 19-month AMF-Azores campaign [J]. Journal of the Atmospheric Sciences,73(11): 4253-4268.

LOMINADZE D P, BARTISHVILI I T, GUDUSHAURI SH L, 1974. On the results of practical protection of valuable agricultural crops from hail by the THRI (Zaknigmi) method (the results of five years' work, 1969－1973)[C]. Proc WMOIIAMAP Sci Conf Weather Modification, Tashkent, WMO 399, 225-230.

LONG A B, 1974. Solutions to the droplet collection equation for polynomial kernels[J]. Journal of Atmospheric Sciences,31(4): 1040-1052.

LUO H, JIANG B, LI F, et al, 2019. Simulation of the effects of sea-salt aerosols on the structure and precipitation of a developed tropical cyclone[J]. Atmospheric Research,217: 120-127.

LYNN B H, KHAIN A P, DUDHIA J, et al, 2005a. Spectral (bin) microphysics coupled with a mesoscale model (MM5). Part I: Model description and first results[J]. Monthly Weather Review,133(1): 44-58.

LYNN B H, KHAIN A P, DUDHIA J, et al, 2005b. Spectral (bin) microphysics coupled with a mesoscale model (MM5). Part II: Simulation of a CaPE rain event with a squall line[J]. Monthly Weather Review,133(1): 59-71.

LYNN B, KHAIN A, 2007. Utilization of spectral bin microphysics and bulk parameterization schemes to simulate the cloud structure and precipitation in a mesoscale rain event[J]. J Geophys Res, 112(D22): D22205.

MANSELL E R, ZIEGLER C L, 2013. Aerosol effects on simulated storm electrification and precipitation in a two-moment bulk microphysics Model[J]. J Atmos Sci, 70(7): 2032-2050.

MATHER G, TERBLANCHE D, 1992. Cloud physics experiments with artificially produced hygroscopic nuclei[C]. Proc 11th Int Conf on Cloud Physics.

MATHER G, TERBLANCHE D, STEFFENS F, et al, 1997. Results of the South African cloud-seeding experiments using hygroscopic flares[J]. Journal of Applied Meteorology, 36(11): 1433-1447.

MEYERS M P, DEMOTT P J, COTTON W R, 1992. New primary ice-nucleation parameterizations in an explicit cloud model[J]. J Appl Meteorol, 31(7): 708-721.

MÖHLER O, DEMOTT P, STETZER O, 2008. the ICIS-2007 team: The Fourth International Ice Nucleation Workshop ICIS-2007[C]. Proceedings of 15th ICCP, Cancun, Mexico: 7-11.

MÖHLER O, STETZER O, SCHAEFERS S, et al, 2003. Experimental investigation of homogeneous freezing of sulphuric acid particles in the aerosol chamber AIDA[J]. Atmospheric chemistry and physics, 3(1): 211-223.

MONCRIEFF M W, 1978. The dynamical structure of two-dimensional steady convection in constant vertical shear[J]. Q J R Meteorol Soc, 104(441): 543-567.

MUHLBAUER A, HASHINO T, XUE L, et al, 2010. Intercomparison of aerosol-cloud-precipitation interactions in stratiform orographic mixed-phase clouds[J]. Atmospheric chemistry and physics, 10(17): 8173-8196.

NIREL R, ROSENFELD D, 1995. Estimation of the effect of operational seeding on rain amounts in Israel[J]. Journal of Applied Meteorology and Climatology, 34(10): 2220-2229.

OCHS III H T, GATZ D F, 1980. Water solubility of atmospheric aerosols[J]. Atmospheric Environment, 14(5): 615-616.

ORVILLE H D, CHEN J-M, 1982. Effects of cloud seeding, latent heat of fusion, and condensate loading on cloud dynamics and precipitation evolution: A numerical study[J]. Journal of the Atmospheric Sciences, 39(12): 2807-2827.

ORVILLE H D, FARLEY R D, HIRSCH J H, 1984. Some surprising results from simulated seeding of stratiform-type clouds[J]. Journal of Applied Meteorology and Climatology, 23(12): 1585-1600.

ORVILLE H D, HIRSCH J H, FARLEY R D, 1987. Further results on numerical cloud seeding simulations of stratiform-type clouds[J]. The Journal of Weather Modification, 19(1): 57-61.

PETERSEN W A, FU R, CHEN M, et al, 2006. Intraseasonal Forcing of Convection and Lightning Activity in the Southern Amazon as a Function of Cross-Equatorial Flow[J]. J Clim, 19(13): 3180-3196.

PHILLIPS V T J, DEMOTT P J, ANDRONACHE C, 2008. An empirical parameterization of heterogeneous ice nucleation for multiple chemical species of aerosol[J]. J Atmos Sci, 65(9): 2757-2783.

PHILLIPS V T, KHAIN A, BENMOSHE N, et al, 2014. Theory of time-dependent freezing. Part I: Description of scheme for wet growth of hail[J]. Journal of the Atmospheric Sciences, 71(12): 4527-4557.

PHILLIPS V T, POKROVSKY A, KHAIN A, 2007. The influence of time-dependent melting on the dynamics and precipitation production in maritime and continental storm clouds[J]. Journal of the Atmospheric Sciences, 64(2): 338-359.

PIELKE SR R A, MARLAND G, BETTS R A, et al, 2002. The influence of land-use change and landscape dynamics on the climate system: relevance to climate-change policy beyond the radiative effect of greenhouse gases[J]. Philosophical Transactions of the Royal Society of London. Series A: Mathematical, Physical and Engineering Sciences, 360(1797): 1705-1719.

PRENNI A J, DEMOTT P J, KREIDENWEIS S M, et al, 2007. Can ice-nucleating aerosols affect Arctic seasonal climate? [J]. Bulletin of the American Meteorological Society, 88(4): 541-550.

RANGNO A L, HOBBS P V, 1987. A reevaluation of the Climax cloud seeding experiments using NOAA published data[J]. Journal of Applied Meteorology and Climatology, 26(7): 757-762.

RAUBER R M, OLTHOFF L S, RAMAMURTHY M K, et al, 2000. The relative importance of warm rain and melting processes in freezing precipitation events[J]. Journal of Applied Meteorology, 39(7): 1185-1195.

REISIN T, LEVIN Z, TZIVION S, 1996a. Rain production in convective clouds as simulated in an axisymmetric model with detailed microphysics. Part I: Description of the model[J]. Journal of Atmospheric Sciences, 53(3): 497-519.

REISIN T, TZIVION S, LEVIN Z, 1996b. Seeding convective clouds with ice nuclei or hygroscopic particles: A numerical study using a model with detailed microphysics[J]. Journal of Applied Meteorology and Climatology, 35(9): 1416-1434.

REISNER J, RASMUSSEN R, BRUINTJES R, 1998. Explicit forecasting of supercooled liquid water in winter storms using the MM5 mesoscale model[J]. Quarterly Journal of the Royal Meteorological Society, 124(548): 1071-1107.

RICHARDSON L F, 1922. Weather Prediction by Numerical Process[M]. Cambridge: Cambridge University Press.

RIECHELMANN T, NOH Y, RAASCH S, 2012. A new method for large-eddy simulations of clouds with Lagrangian droplets including the effects of turbulent collision[J]. New Journal of Physics, 14(6): 065008.

ROGERS D C, DEMOTT P J, KREIDENWEIS S M, et al, 2001. A continuous-flow diffusion chamber for airborne measurements of ice nuclei[J]. Journal of Atmospheric and Oceanic Technology, 18(5): 725-741.

ROKICKI M L, YOUNG K C, 1978. The initiation of precipitation in updrafts[J]. Journal of Applied Meteorology and Climatology,17(6):745-754.

ROSENFELD D, 1999. TRMM observed first direct evidence of smoke from forest fires inhibiting rainfall[J]. Geophys Res Lett, 26(20):3105-3108.

ROSENFELD D, LOHMANN U, RAGA G B, et al, 2008. Flood or drought: How do aerosols affect precipitation? [J]. Science,321(5894):1309-1313.

ROSENFELD D, WOODLEY W L, 1993. Effects of cloud seeding in west Texas: Additional results and new insights[J]. Journal of Applied Meteorology and Climatology, 32(12):1848-1866.

ROSENFELD D, WOODLEY W L, 2003. Closing the 50-year circle: From cloud seeding to space and back to climate change through precipitation physics. Cloud Systems, Hurricanes, and the Tropical Rainfall Measuring Mission (TRMM) [J]. Meteor Monogr(51):59-80.

ROSENFELD D, YU X, DAI J, 2005. Satellite retrieved microstructure of AgI seeding tracks in supercooled layer clouds[J]. J. Applied Meteorology, 44, 760-767.

ROSENFELD D, ZHU Y, WANG M, et al, 2019. Aerosol-driven droplet concentrations dominate coverage and water of oceanic low-level clouds [J]. Science, 363 (6427), DOI: 10.1126/science.aav0566.

SALEEBY S M, COTTON W R, 2004. A large-droplet mode and prognostic number concentration of cloud droplets in the Colorado State University Regional Atmospheric Modeling System (RAMS). Part I: Module descriptions and supercell test simulations[J]. Journal of Applied Meteorology,43(1):182-195.

SCHAEFER V J, 1946. The production of ice crystals in a cloud of supercooled water droplets[J]. Science,104(2707):457-459.

SHARON D, 1981. The distribution in space of local rainfall in the Namib Desert[J]. Journal of Climatology,1(1):69-75.

SHIMA S-I, KUSANO K, KAWANO A, et al, 2009. The super-droplet method for the numerical simulation of clouds and precipitation: A particle-based and probabilistic microphysics model coupled with a non-hydrostatic model[J]. Quarterly Journal of the Royal Meteorological Society,135 (642):1307-1320.

SIMPSON E L, CONNOLLY P J, MCFIGGANS G, 2018. Competition for water vapour results in suppression of ice formation in mixed-phase clouds[J]. Atmospheric Chemistry and Physics,18 (10):7237-7250.

SIMPSON J and WIGGERT V, 1971. 1968 Florida cumulus seeding experiment: Numerical model results[J]. Monthly Weather Review, 99(2):87-11.

SIMPSON J, 1980. Downdrafts as linkages in dynamic cumulus seeding effects[J]. Journal of Applied Meteorology (1962—1982), 19(4):477-487.

SIMPSON J, DENNIS A S, 1972. Cumulus clouds and their modification[Z]. URL: https://repository.library.noaa.gov/view/noaa/11214.

SMALLEY K M, RAPP A D, 2021. A-Train estimates of the sensitivity of the cloud-to-rainwater ratio to cloud size, relative humidity, and aerosols[J]. Atmos Chem Phys, 21(4): 2765-2779.

SMITH P L, DENNIS A S, SILVERMAN B A, et al, 1984. HIPLEX-1: Experimental design and response variables[J]. Journal of Applied Meteorology and Climatology, 23(4): 497-512.

STORER R L, VAN DEN HEEVER S C, 2013. Microphysical processes evident in aerosol forcing of tropical deep convective clouds[J]. J Atmos Sci, 70(2): 430-446.

SUPER A B, HEIMBACH JR J A, 2005. Randomized propane seeding experiment: Wasatch Plateau, Utah[J]. Journal of Weather Modification, 37(1): 35-66.

TAO W K, LI X, KHAIN A, et al, 2007. Role of atmospheric aerosol concentration on deep convective precipitation: Cloud-resolving model simulations[J]. Journal of Geophysical Research: Atmospheres, 112(D24).

TELLER A, LEVIN Z, 2008. Factorial method as a tool for estimating the relative contribution to precipitation of cloud microphysical processes and environmental conditions: Method and application[J]. Journal of Geophysical Research: Atmospheres, 113(D2).

TELLER A, XUE L, LEVIN Z, 2012. The effects of mineral dust particles, aerosol regeneration and ice nucleation parameterizations on clouds and precipitation[J]. Atmospheric chemistry and physics, 12(19): 9303-9320.

THOMPSON G, RASMUSSEN R M, MANNING K, 2004. Explicit forecasts of winter precipitation using an improved bulk microphysics scheme. Part I: Description and sensitivity analysis[J]. Mon Wea Rev, 132(2): 519-542.

TOBO Y, PRENNI A J, DEMOTT P J, et al, 2013. Biological aerosol particles as a key determinant of ice nuclei populations in a forest ecosystem[J]. J Geophys Res, 118(17): 100-110.

TWOMEY S, 1977. The influence of pollution on the shortwave albedo of clouds[J]. J Atmos Sci, 34: 1149-1152.

TZIVION S, FEINGOLD G, LEVIN Z, 1987. An efficient numerical solution to the stochastic collection equation[J]. Journal of Atmospheric Sciences, 44(21): 3139-3149.

TZIVION S, FEINGOLD G, LEVIN Z, 1987. 1989. The evolution of raindrop spectra. Part II: Collisional collection/breakup and evaporation in a rainshaft[J]. Journal of the Atmospheric Sciences, 46(21): 3312-3328.

VALI G, 1975. Remarks on the mechanism of atmospheric ice nucleation[C]. Leningrad: Proc 8th Int Conf on Nucleation.

VALI G, 1994. Freezing rate due to heterogeneous nucleation[J]. J Atmos Sci, 51(13): 1843-1856.

VAN DEN HEEVER S C, CARRI, G. G, et al, 2006. Impacts of nucleating aerosol on Florida storms. Part I: Mesoscale simulations[J]. J Atmos Sci, 63(7): 1752-1775.

VONNEGUT B, 1947. The nucleation of ice formation by silver iodide[J]. Journal of Applied Physics, 18(7): 593-595.

WANG Q, LI Z, GUO J, et al, 2018. The climate impact of aerosols on the lightning flash rate: is it detectable from long-term measurements? [J]. Atmos Chem Phys, 18(17): 12797-12816.

WEISMAN M L, ROTUNNO R, 2004. "A Theory for Strong Long-Lived Squall Lines" Revisited [J]. J Atmos Sci, 61(4): 361-382.

WILLOUGHBY H, JORGENSEN D, BLACK R, et al, 1985. Project STORMFURY: A scientific chronicle 1962-1983[J]. Bulletin of the American Meteorological Society, 66(5): 505-514.

WOODCOCK A H, DUCE R A, MOYERS J L, 1971. Salt particles and raindrops in Hawaii[J]. Journal of Atmospheric Sciences, 28(7): 1252-1257.

WOODLEY W L, ROSENFELD D, KHANTIYANAN W, et al, 1994. Testing of dynamic cold-cloud seeding concepts in Thailand. Part I: Experimental design and Its Implementation[J]. Journal of Weather Modification, 26(1):61-71.

XUE H, FEINGOLD G, 2006. Large-Eddy Simulations of trade wind cumuli: Investigation of aerosol indirect effects[J]. J Atmos Sci, 63(6): 1605-1622.

XUE L, TELLER A, RASMUSSEN R, et al, 2010. Effects of aerosol solubility and regeneration on warm-phase orographic clouds and precipitation simulated by a detailed bin microphysical scheme[J]. J Atmos Sci, 67(10): 3336-3354.

XUE L, TELLER A, RASMUSSEN R, et al, 2012. Effects of aerosol solubility and regeneration on mixed-phase orographic clouds and precipitation[J]. J Atmos Sci, 69(6): 1994-2010.

YAMAGUCHI T, FEINGOLD G, KAZIL J, 2019. Aerosol-Cloud interactions in trade wind cumulus clouds and the role of vertical wind shear[J]. J Geophys Res, 124: 12244-12261.

YANG H, XIAO H, GUO C, et al, 2017. Comparison of aerosol effects on simulated spring and summer hailstorm clouds[J]. Adv Atmos Sci, 34(7): 877-893.

YIN Y, LEVIN Z, REISIN T, et al, 2000. Seeding convective clouds with hygroscopic flares: Numerical simulations using a cloud model with detailed microphysics[J]. Journal of Applied Meteorology, 39(9): 1460-1472.

YOUNG K C, 1974. A numerical simulation of wintertime, orographic precipitation: Part I. Description of model microphysics and numerical techniques[J]. J Atmos Sci, 31(7): 1735-1748.

YOUNG K C, 1975. The evolution of drop spectra due to condensation, coalescence and breakup [J]. J Atmos Sci, 32(5): 965-973.

ZHAO B, WANG Y, GU Y, et al, 2019. Ice nucleation by aerosols from anthropogenic pollution [J]. Nature Geoscience. DOI:10.1038/s41561-019-0389-4.

ZHAO C, LIN Y, WU F, et al, 2018. Enlarging rainfall area of tropical cyclones by atmospheric aerosols[J]. Geophysical Research Letters, DOI:10.1029/2018GL079427.

ZHU J, PENNER J E, 2020. Indirect effects of secondary organic aerosol on cirrus clouds[J]. Journal of Geophysical Research: Atmospheres. DOI:10.1029/2019jd032233.

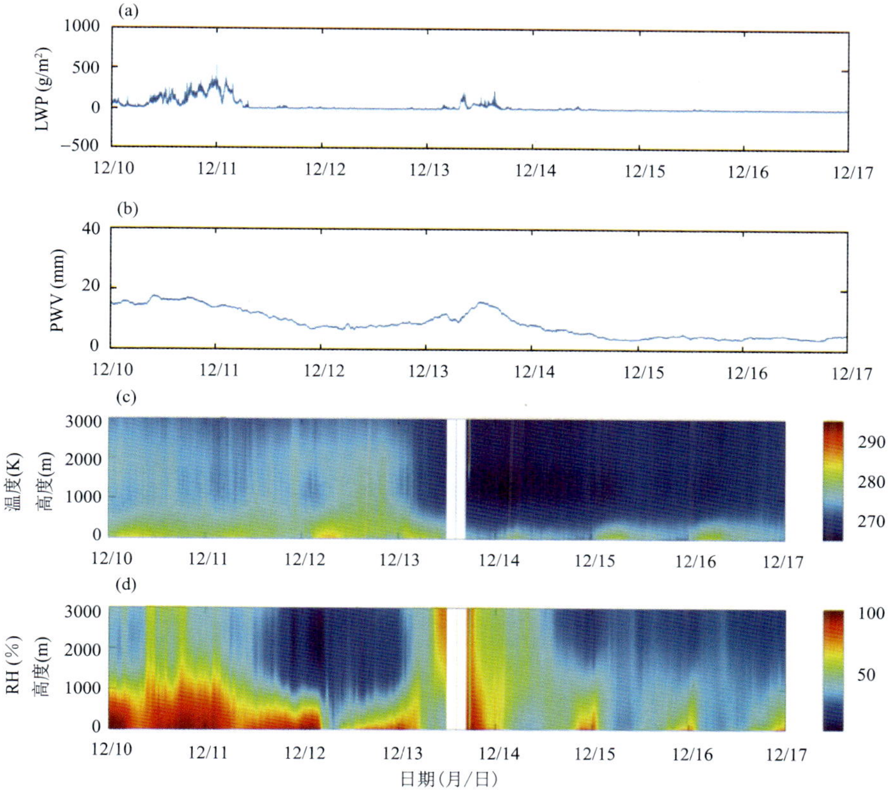

图 4.16 2020 年 12 月 10—16 日(世界时)南京浦口地区地基微波辐射计观测结果示意图
(a)液态水路径;(b)可降水量;(c)温度廓线;(d)相对湿度廓线

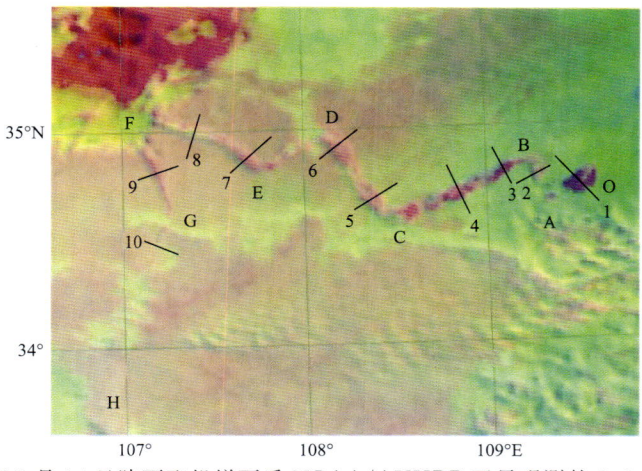

图 6.6 2000 年 3 月 14 日陕西飞机增雨后 NOAA/AVHRR 卫星观测的 0.6 μm 反射率(红)、
3.7 μm 反射率(绿)及 10.8 μm 亮温(蓝)彩色合成云图(Rosenfeld et al.,2005)

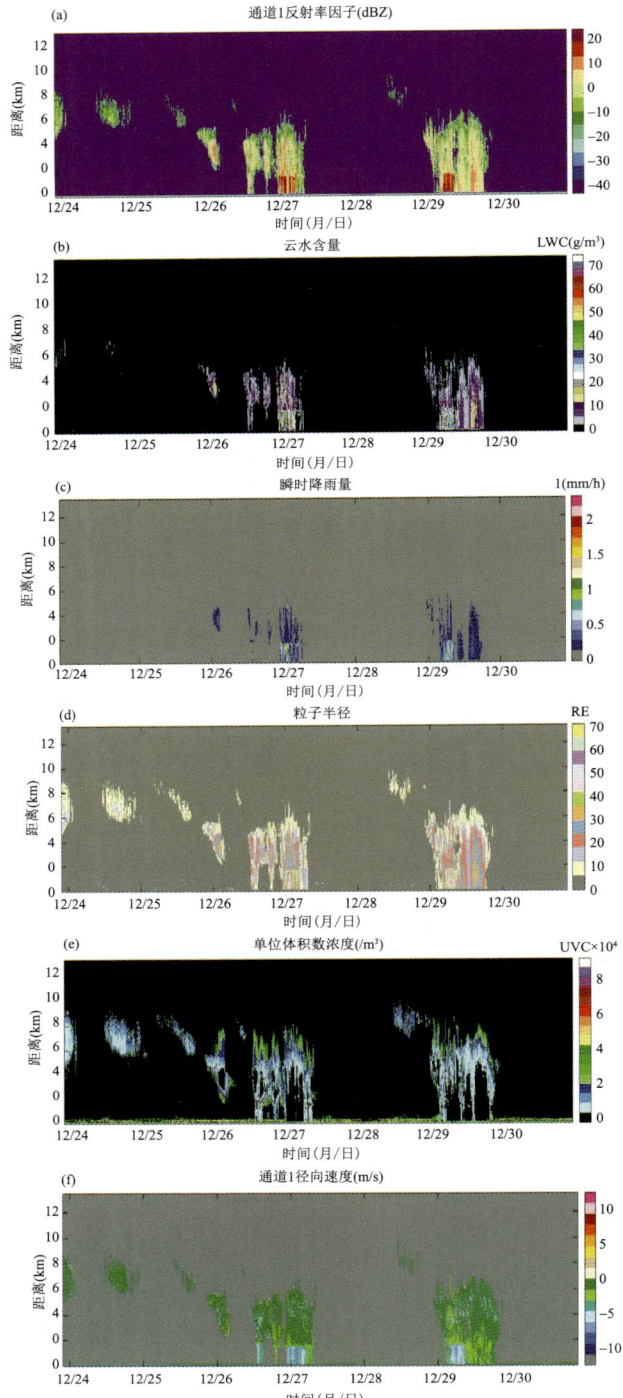

图 4.18 2020 年 12 月 24—30 日南京浦口地区毫米波云雷达观测结果示意图
(a)反射率因子;(b)云水含量;(c)瞬时降雨量;(d)粒子半径;(e)单位体积数浓度;(f)径向速度